U0077486

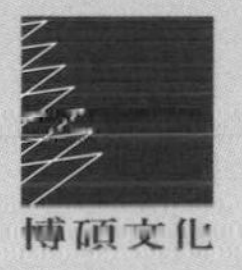
博碩文化

博碩文化

你的第一本

Linux 入門書

使用 WSL 建立 Linux 軟體開發與部署環境，一次學會容器化、版本控制、建立 AI 預訓練模型

陳會安 著

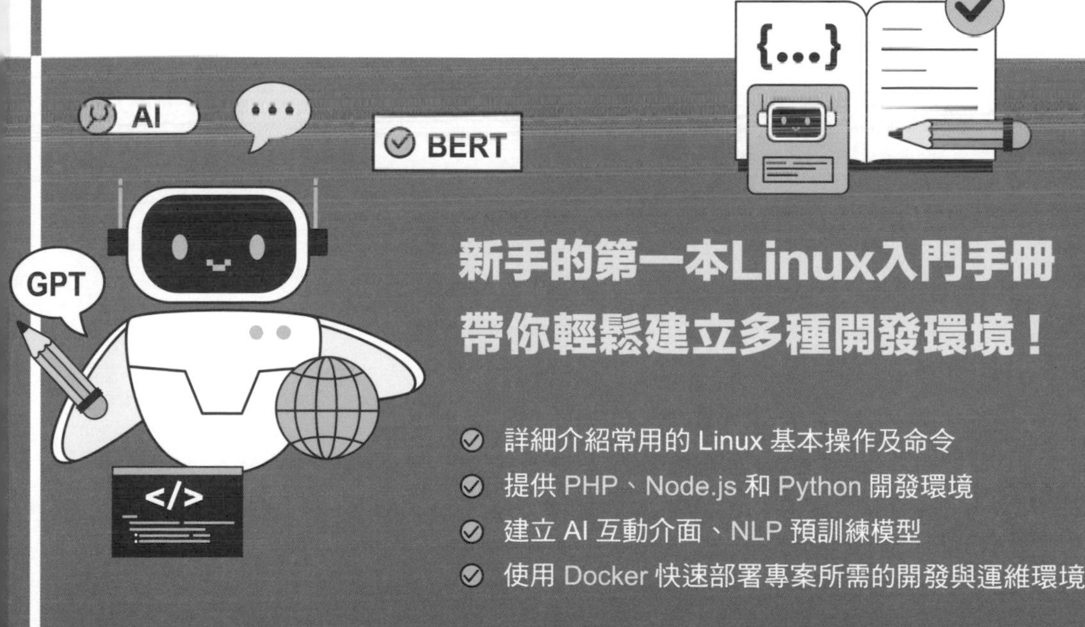

新手的第一本Linux入門手冊
帶你輕鬆建立多種開發環境！

- 詳細介紹常用的 Linux 基本操作及命令
- 提供 PHP、Node.js 和 Python 開發環境
- 建立 AI 互動介面、NLP 預訓練模型
- 使用 Docker 快速部署專案所需的開發與運維環境

作　　者：陳會安
責任編輯：Lucy

董 事 長：曾梓翔
總 編 輯：陳錦輝

出　　版：博碩文化股份有限公司
地　　址：221 新北市汐止區新台五路一段 112 號 10 樓 A 棟
　　　　　電話 (02) 2696-2869　傳真 (02) 2696-2867

發　　行：博碩文化股份有限公司
郵撥帳號：17484299　戶名：博碩文化股份有限公司
博碩網站：http://www.drmaster.com.tw
讀者服務信箱：dr26962869@gmail.com
訂購服務專線：(02) 2696-2869 分機 238、519
（週一至週五 09:30 ～ 12:00；13:30 ～ 17:00）

版　　次：2024 年 6 月初版

建議零售價：新台幣 620 元
I S B N：978-626-333-887-6
律師顧問：鳴權法律事務所 陳曉鳴律師

本書如有破損或裝訂錯誤，請寄回本公司更換

國家圖書館出版品預行編目資料

你的第一本 Linux 入門書：使用 WSL 建立 Linux 軟體開發與部署環境，一次學會 Docker、版本控制、建立 AI 預訓練模型 / 陳會安著 . -- 初版 . -- 新北市：博碩文化股份有限公司 , 2024.06

面；　公分

ISBN 978-626-333-887-6(平裝)

1.CST: 作業系統

312.54　　113007911

Printed in Taiwan

博碩粉絲團

歡迎團體訂購，另有優惠，請洽服務專線
(02) 2696-2869 分機 238、519

作者序

基本上，DevOps 開發與運維的環境大都是建構在 Linux 作業系統和 Docker 容器，由此可見 Linux 作業系統的重要性，對於 Windows 作業系統的開發者來說，事實上，你已經完全沒有任何理由不學習 Linux，因為透過 WSL，就可以直接使用你手上的 Windows 作業系統，輕鬆學習 Linux 作業系統和 Docker 技術，而本書就是你打通任督二脈，學習入門 Linux 與 Docker 功法的最佳秘笈。

微軟公司在 2017 年推出 WSL（Windows Subsystem for Linux，即 WSL 1），WSL 可以讓使用者在 Windows 作業系統建立 Linux 子系統的虛擬環境，WSL 2 是 WSL 的重大升級，在 WSL 2 的 Linux 子系統是使用真正 Linux 內核的作業系統，預設安裝 Ubuntu 發行版，這是一種 Linux 客製化套件版本（Distributions）。

事實上，WSL 2 的 Linux 子系統就是一種精簡版 Hyper-V 虛擬機器的虛擬化技術，WSL 2 就是在此輕量版虛擬機器上執行 Linux 作業系統，而在 Linux 上安裝的 Docker 容器，則是一種作業系統層級的虛擬化，可以讓我們使用虛擬化技術來建立 Node.js、Python 和 PHP 等各種不同的開發與部署環境。

對於軟體開發人員來說，一定會經常遇到這個問題：「開發的應用程式在我的電腦上執行都沒有問題，但是部署到客戶的電腦，執行程式時就會問題百出。」Docker 虛擬化技術就是在解決這個問題，因為 Docker 容器可以封裝執行應用程式所需的全部元件，確保應用程式使用相同環境來執行，而不用考量部署電腦的環境設定。

本書是一本 Linux 作業系統和 Docker 技術的入門書，也是一本探討虛擬化技術的圖書，可以讓初學者輕鬆在 Windows 作業系統學習 Linux 和 Docker 技術。在規劃上，這是一本教你如何使用 Linux 作業系統來建構專案所需開發環境的書。在內容上，首先詳細說明 Linux 作業系統的命令和如何建構 PHP、Node.js 和 Python 開發環境後，才真正進入 Docker，其目的是讓讀者擁有足夠的 Linux 能力，可以自行使用 Docker 打造出開發專案所需的開發和部署環境，即 Docker 容器。

讀完本書，你不只可以學會基本 Linux 作業系統的使用，在 Linux 作業系統架設伺服器、在 Linux 安裝 Node.js、使用 Miniconda 安裝 Python 開發環境，和建立支援 GPU 的 Keras 深度學習開發環境，更可以進一步學習如何使用 Docker 命令來建立、啟動、停止、暫停和移除容器，最後，使用 ChatGPT 幫助我們建立 Dockerfile 來建構部署專案所需的 DevOps 開發與運維環境。

因為微軟 Visual Studio Code 高度整合 WSL 和 Docker，所以，本書是在 Windows 作業系統啟動 Visual Studio Code，然後直接開啟安裝在 Linux 子系統和 Docker 容器的 Node.js 和 Python 開發專案，並且說明如何將專案出版至 GitHub 檔案庫，和使用 GitHub 進行版本控制。

如何閱讀本書

本書內容是循序漸進從微軟 WSL 2 的安裝與使用、Linux 作業系統的基本操作和 GUI 工具開始，然後在 Linux 安裝 Apache + PHP + MySQL、Node.js 和 Python 開發環境，也就是說，在學會 Linux 作業系統的操作後，才真正進入 Docker 虛擬化技術，可以讓讀者輕鬆學習 Linux 作業系統和 Docker 容器。

第一篇：虛擬化、Linux 作業系統與 WSL 的基礎

第一篇是 WSL 2 和 Linux 作業系統的基本操作，第 1 章說明什麼是虛擬化技術、Linux 作業系統和 WSL 後，安裝 WSL、Windows 終端機和 Linux 發行版 Ubuntu。第 2 章說明如何在 WSL 安裝與維護其他的 Linux 發行版、匯出 / 匯入散發套件和管理多個 Linux 發行版。在第 3 章是 Linux 系統管理 Bash Shell，詳細說明常用 Linux 命令。第 4 章說明套件管理和 Linux 應用程式安裝後，一一說明 WSL 常用的 Linux GUI 工具。

第二篇：虛擬機器的虛擬化：使用 WSL 2 的 Linux 子系統

在第二篇說明如何使用 Linux 子系統來安裝 Windows 所需的開發環境，第 5 章是在 Linux 作業系統安裝 Apache、PHP 和 MySQL 資料庫。在第 6 章建立 Miniconda 的 Python 開發環境、深度學習的 GPU 加速和 Jupyter Notebook。第 7 章說明如何使用 Visual Studio Code 在 WSL 安裝的 Node.js 和 Python 進行專案開發，並且在最後整合 GitHub 版本管理。在第 8 章說明如何使用 Gradio 介面快速部署 AI 預訓練模型。

第三篇：作業系統層級的虛擬化：使用 WSL 2 + Docker 容器

第三篇是使用 Docker 技術來建立軟體開發與部署環境，在第 9 章說明 Docker 基礎後，分別說明如何使用 Docker Desktop 和自行在 Linux 子系統安裝 Docker。第 10 章是 Docker 映像檔、容器和倉庫的基本使用，並且在最後說明如何將映像檔推送至 Docker Hub 倉庫。在第 11 章自行手動打造 Docker 容器的開發環境後，就使用 Visual Studio Code 直接開啟容器中的檔案來進行專案開發。第 12 章是 DevOps 基礎，說明如何使用 ChatGPT + Dockerfile 來建立開發與部署環境。

編著本書雖力求完美，但學識與經驗不足，謬誤難免，尚祈讀者不吝指正。

陳會安

於台北 hueyan@ms2.hinet.net

2024.5.30

範例檔案說明

為了方便讀者學習本書的 Linux 作業系統與 Docker 虛擬化，筆者已經將本書使用的相關檔案，都收錄在書附範例檔案之中，如下表所示：

資料夾	說明
ch03、ch04、ch06、ch07、ch08、ch11、ch12	本書各章 Node.js、Python 和 PHP 範例程式，Jupyter 筆記本、HTML 網頁、JSON 檔案、ChatGPT 提示文字的 .txt 檔和多媒體圖檔與影片等相關檔案

線上資源下載

範例程式檔、ChatGPT 提示文字檔下載

https://www.drmaster.com.tw/Bookinfo.asp?BookID=MP22427

版權聲明

目錄

第一篇 虛擬化、Linux 作業系統與 WSL 的基礎

04 WSL 支援的 Linux GUI 工具

第二篇 虛擬機器的虛擬化：使用 WSL 2 的 Linux 子系統

05 使用 WSL 架設伺服器：Apache + MySQL + PHP

06 建立 Python 開發環境與深度學習的 GPU 加速

07 使用 VS Code 在 WSL 與 GitHub 開發應用程式

08 部署 AI 模型：用 Gradio 部署 ResNet50、BERT 與 GPT-2 模型

第三篇 作業系統層級的虛擬化：使用 WSL 2 + Docker 容器

09 認識與安裝設定 Docker

10 Docker 基本使用

11 使用 VS Code 在 Docker 容器開發應用程式

12 DevOps 實作案例：用 Dockerfile 建立開發與部署環境

PART

1

虛擬化、Linux 作業系統與 WSL 的基礎

認識虛擬化、Linux 與安裝設定 WSL

1-1 認識程式開發的虛擬化技術

DevOps 開發與運維的主要目的就是在加速軟體交付與品質提升，基本上，DevOps 和虛擬化之間擁有密切的關係，我們使用虛擬化技術的目的就是提高資源的利用率與彈性，可以幫助 DevOps 團隊建立開發、測試和部署環境，從而實現更快速與更靈活的軟體交付。

對於軟體開發人員來說，一定會常常遇到一個問題：「開發的應用程式在我的電腦上執行都沒有問題，但是部署到客戶的電腦，執行程式就會問題百出。」這是因為每一台電腦的軟硬體配置不同，再加上軟體版本的衝突和軟體相容性問題所造成的結果，虛擬化技術的目的就是在解決目前複雜的軟體執行環境，所造成的軟硬體相容問題。

虛擬化技術是一種資訊科學的軟體技術，可以讓一台實體電腦模擬出多個執行環境，而且每一個執行環境都像是一台獨立電腦運行著自己的作業系統與應用程式。換句話說，虛擬化可以模擬出一個執行環境，讓程式可以在不同的電腦上執行相同的模擬環境，讓你開發應用程式的環境和測試與部署的環境都一模一樣。

虛擬化技術有很多種，在本書主要是說明虛擬機器，與作業系統層級的兩種虛擬化。

虛擬機器的虛擬化

虛擬機器（Virtual Machines）允許在一台實體電腦上運行多個模擬電腦硬體的虛擬機器，而且在每一台虛擬機器安裝自己的作業系統。常用的虛擬機器有：VMware、VirtualBox 和 Hyper-V 等。

例如：Windows 10 作業系統是宿主作業系統（Host OS），一共執行 2 台 Hypervisor 虛擬機器（微軟 Hyper-V 就是以 Hypervisor 為基礎的虛擬化技術）來分別運行 2 種不同的作業系統，稱為宿客作業系統（Guest OS），如下圖所示：

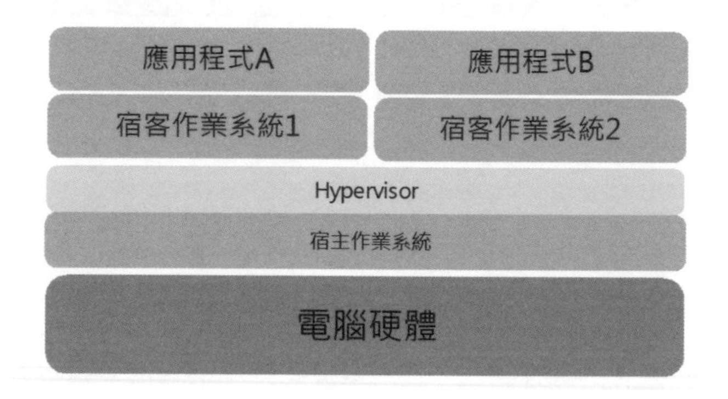

上述圖例的 2 台虛擬機器是完全獨立，擁有自己的虛擬硬體資源，這是使用軟體所模擬出的一台電腦，可以運行不同的完整作業系統，例如：一台是運行 Linux 作業系統 Ubuntu，另一台是運行 Windows 11 作業系統，應用程式 A 和 B 就是分別在不同的宿客作業系統來執行。

作業系統層級的虛擬化

作業系統層虛擬化（Operating System-level Virtualization）也稱為容器化（Containerization），此種虛擬化技術是透過容器管理員（Container Manager），直接將執行應用程式所需的程式碼和函式庫打包成獨立單元，稱為容器（Containers），常用的容器管理員有：Docker 和 LXC（Linux Containers）等。

因為容器是分配同一個宿主作業系統（Host OS）的資源來執行應用程式，所以並不需要安裝完整的宿客作業系統（Guest OS），可以大幅降低硬碟資源，而且不需等待宿客作業系統成功開機，就可以快速的啟動容器。例如：在同一台 Linux 作業系統上運行多個獨立的網路應用程式，而且每一個應用程式都是運行在自己的容器之中，共享相同的 Linux 宿主作業系統，如下圖所示：

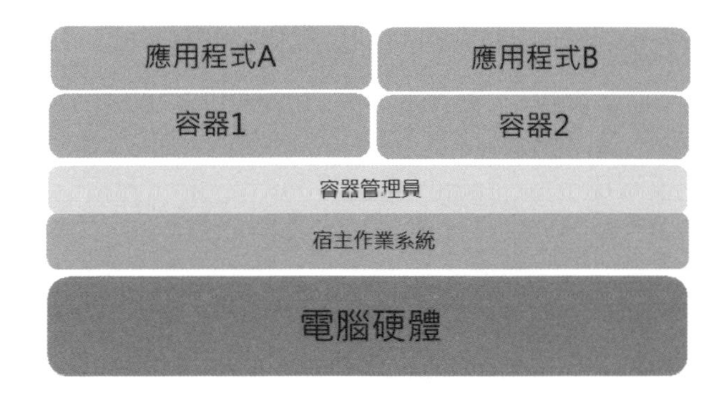

上述容器化技術是在單一宿主作業系統中運行多個隔離的應用程式執行環境，每一個執行環境稱為容器（Container），這些容器都有自己的檔案系統、行程和網路環境，並且共享宿主作業系統的資源。虛擬機器和容器的比較，如下表所示：

	虛擬機器	容器
啟動速度	以分鐘計	以秒計
硬碟容量	以 GB 單位計	以 MB 單位計
執行效能	比宿住作業系統慢	接近宿主作業系統
單機執行的數量	支援數十個虛擬機器	支援上千個容器

1-2 Linux 與 Windows 作業系統

Linux 作業系統是一種開放原始碼（Open Source，或稱開源）的作業系統，簡單的說，這些作業系統的原始程式碼（Source Code）可以自行下載，誰都看的到，如果你看得懂，你也可以修改它。

不同於 Windows 作業系統是微軟公司的財產，你只能購買、安裝和授權使用 Windows 作業系統，並不能下載其原始程式碼，也不允許使用者任意修改原始程式碼。

Linux 作業系統

Linux 作業系統核心（Kernel）是 Linus Benedict Torvalds 在 1991 年 10 月 5 日首次發布，最初只是支援英特爾 x86 架構 PC 電腦的一個免費作業系統，Linus Torvalds 希望在 PC 電腦也可以執行 Unix 作業系統，而 Unix 作業系統是當時大型電腦普遍執行的作業系統，換句話說，Linux 作業系統就是源於 Unix 作業系統的一種作業系統。

目前的 Linux 作業系統已經移植到各種電腦硬體平台，包含：單板電腦（例如：樹莓派）、智慧型手機（Android）、平板電腦、PC 電腦、路由器、智慧電視和電子遊戲機等，Linux 也可以在專業伺服器電腦和其他大型平台上執行，例如：大型主機、雲端運算中心和超級電腦。

嚴格來說，Linux 只是作業系統核心（Kernel），我們所泛稱的 Linux 作業系統是指基於 Linux 核心的一套完整作業系統，包含相關軟體應用程式、開發工具和桌面環境 GUI 圖形使用介面，稱為「套件版本」（Distributions），或稱為 Linux 發行版。

基本上，不同 Linux 套件版本都是針對不同需求所開發，它們都擁有相同的特點：使用相同 Linux 核心（版本可能不同）和都是開放原始碼（Open Source），而且大部分應用程式都可以在不同 Linux 套件版本執行，例如：針對 Debian Linux 開發的應用程式，也可以在 Ubuntu、Fedora、openSUSE 和 Arch Linux 等 Linux 套件版本上執行。

Windows 作業系統

Windows 作業系統是微軟公司開發的 GUI 圖形使用介面的作業系統，其主要操作邏輯是使用滑鼠和圖形使用介面的視窗與控制項來操作 Windows 電腦，我們幾乎不需要從鍵盤輸入任何文字命令，就可以操作 Windows 電腦。

對於熟悉 Windows 作業系統的使用者來說，Linux 作業系統是一種完全不同的使用經驗，我們在 Windows 作業系統熟悉的軟體工具不能在 Linux 作業系統上執行，還好，我們可以找到相同功能的 Linux 對應工具。

此外，目前很多使用者根本不曾使用過 Windows 作業系統「命令提示字元」視窗和下達 MS-DOS 命令，Linux 作業系統雖然提供桌面環境，不過，仍然有很多功能需要下達 Linux 命令來完成。Windows 與 Linux 作業系統對應使用介面的簡單說明，如下所示：

- **Windows 作業系統和 Linux 桌面環境**：事實上，Windows 作業系統是對應 Linux 作業系統的桌面環境，常用的 Linux 桌面環境有：GNOME、KDE Plasma、Xfce、LXQt 和 MATE 等。

- **命令提示字元視窗和終端機**：一般來說，Windows 作業系統並沒有人會預設就啟動進入「命令提示字元」視窗的命令列模式，Linux 作業系統的專業使用者大多預設進入命令列模式而不是桌面環境，這稱為 CLI（Command-Line Interface）命令列使用介面。簡單來說，這就是文字使用介面，我們只能使用鍵盤輸入 Linux 命令來操作電腦，滑鼠在 CLI 幾乎是英雄無用武之地，在第 3 章有進一步說明。

本書內容為了讓大多數熟悉 Windows 作業系統的使用者也能輕鬆使用 Linux 作業系統，所以主要是使用鍵盤輸入文字內容的 Linux 命令來完成相關操作，只有簡單介紹 Linux 作業系統的 GUI 工具。

1-3 認識 WSL 2

微軟公司是在 2017 年推出 WSL（Windows Subsystem for Linux，即 WSL 1），可以讓使用者在 Windows 作業系統建立一個 Linux 子系統的虛擬環境，也就是說，WSL 提供 Windows 10/11 作業系統直接運行 Linux 作業系統的能力。WSL 2 是 WSL 1 的下一個版本，如果沒有特別說明，在本書的 WSL 就是指 WSL 2，並不是 WSL 1。

WSL 2 是 WSL 的重大升級，這不僅僅是一個版本的升級，WSL 2 是在精簡版 Hyper-V 虛擬機器上執行 Linux 作業系統，可以提供更快、更多功能與更佳的軟體相容性，請注意！ WSL 2 執行的是真正 Linux 內核的作業系統，預設安裝 Ubuntu 發行版，這是一種 Linux 客製化套件版本（Distributions）。

WSL 2 除了預設安裝的 Ubuntu 發行版，還支援多種不同的 Linux 發行版，例如：OpenSUSE、Fedora、Kali、Debian 和 Arch Linux 等，所以，我們可以直接在 Windows 作業系統執行多種不同發行版的 Linux 作業系統來建立所需的開發、測試和執行環境。其主要特點如下：

- **使用完整 Linux 內核的作業系統**：WSL 2 使用真正 Linux 內核，WSL 1 只是在 Windows 作業系統模擬 Linux 行為，因為 WSL 2 提供完整的 Linux 作業系統，所以支援更多 Linux 應用程式，和提供接近在實機上執行 Linux 作業系統的性能與功能。

- **提供更佳的性能**：因為是使用真正 Linux 內核，WSL 2 提供比 WSL 1 更佳的性能，可以更加流暢和快速的運行 Linux 應用程式和開發工具，而且更適合開發人員和系統管理員來使用。

- **增強的文件管理功能**：WSL 2 提供更強的 Windows 檔案系統支援，可以讓檔案讀寫更速度，而且擁有更佳的檔案系統相容性。不只如此，WSL 2 更可以直接在 Linux 檔案系統之中，使用 Windows 檔案系統的功能。

- **更強的相容性**：WSL 2 兼容 WSL 1，提供更佳的 Linux 應用程式相容性，開發人員不只可以在 WSL 2 運行更多種 Linux 應用程式和開發工具，而且可以更容易地在 Windows 和 Linux 作業系統之間進行應用程式開發。

- **高度整合 Visual Studio Code 開發工具**：WSL 2 高度整合 Visual Studio Code 開發工具，開發人員可以在 Windows 作業系統使用 Visual Studio Code 建立 WSL 開發環境，透過 WSL 2 的 Linux 子系統來運行和測試應用程式，讓開發人員可以同時利用 Windows 和 Linux 兩個平台的優勢來開發應用程式。

1-4 安裝 WSL 2、終端機與 Linux 子系統

WSL 2 的軟體需求是 Windows 10 版 2004 和更新版本（組建 19041 和更新版本）或 Windows 11。我們可以直接在 Windows 10/11 作業系統使用 WSL 2 安裝 Linux 子系統後，在 Linux 子系統建立所需的 Linux 開發環境。

說明

請注意！安裝 WSL 2 會在 Windows 作業系統啟用【虛擬機器平台】功能，如此就會和市面上部分 Android 模擬器產生衝突，有些只會影響執行效能，有些根本無法啟動，重點是請勿修正此問題，否則 WSL 將會無法正常的啟動。

下載與安裝 WSL 2

雖然我們可以直接從 Microsoft Store 商店下載安裝 Linux 發行版來安裝 WSL，不過，因為微軟商店提供的並非最新版本，所以本書是從 GitHub 網站自行下載最新版本的 WSL 來安裝，其 URL 網址如下所示：

URL https://github.com/microsoft/WSL/releases

- Updating nft rules to also allow IPv6 traffic through a Linux container (solves #10663)
- Update WSLg to 1.0.61
- Improve the warning messages when mirrored networking cannot be enabled (solves #11331,#11332,#11359)
- Use the [System64Folder] property instead of hardcoding C:\windows\system32 during installation

請點選【2.2.2】版號，就可以在網頁下方的「Assets」區段看到下載的超連結，如下圖所示：

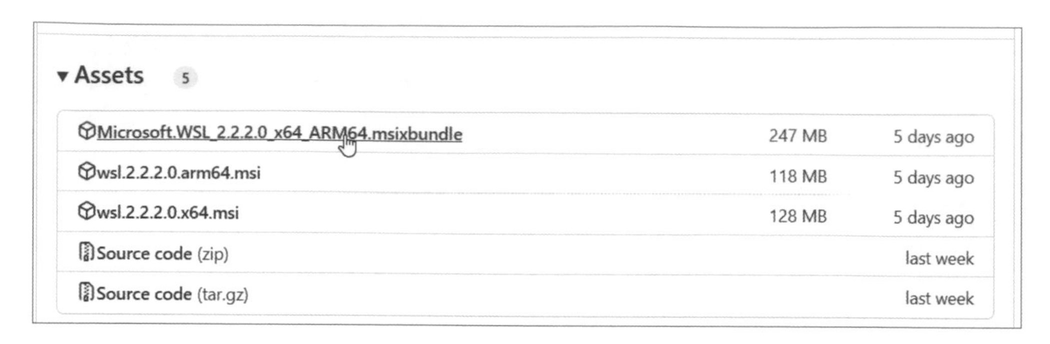

請點選【Microsoft.WSL_2.2.2.0_x64_ARM64.msixbundle】超連結下載安裝程式檔案來進行安裝。在安裝前，我們需要先查詢和更新 Windows 10 作業系統至最新版本，其安裝步驟如下所示：

Step 1 如果是 Windows 10 作業系統，請按 Windows 鍵 + R 鍵，在「開啟」對話方塊輸入 winver 命令後，按【確定】鈕。

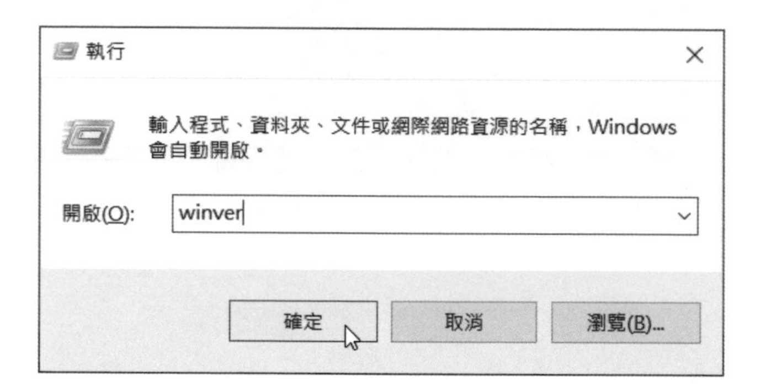

Step 2 可以看到 Windows 的版本，如下圖所示：

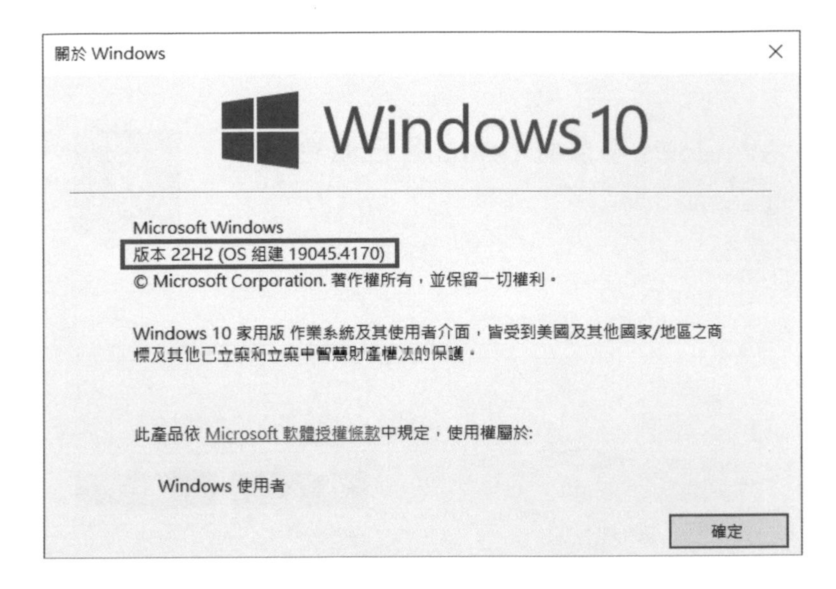

Step 3 如果上述組建不是 19041 或更新版本，請先更新 Windows 作業系統後，再進行 WSL 2 安裝。

Step 4 當成功更新 Windows 作業系統至 19041 或更新版本後，就可以雙擊下載的【Microsoft.WSL_2.2.2.0_x64_ARM64.msixbundle】程式檔案，按【安裝】鈕安裝 Windows 子系統 Linux 版。

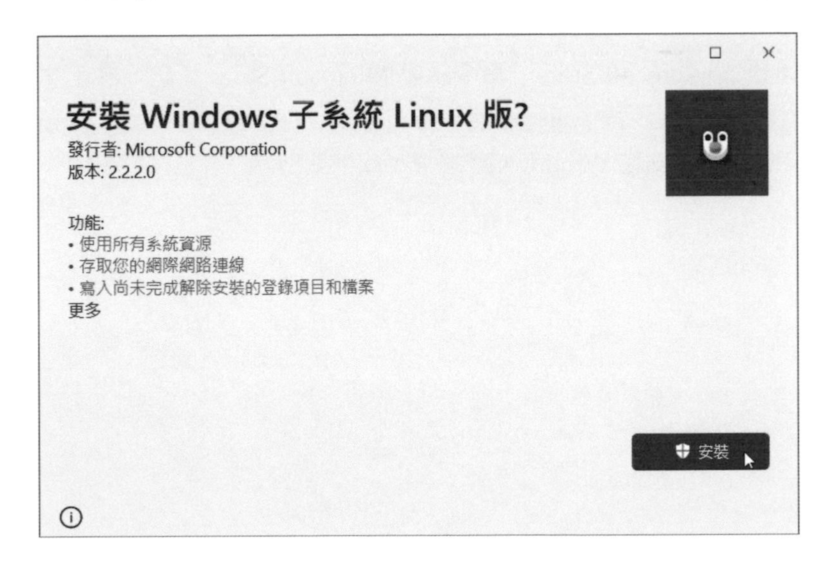

Step 5 如果看到使用者帳戶控制，請按【是】鈕，在稍等一下後，即可完成安裝後，請按【關閉】鈕。

從 Microsoft Store 商店安裝 Windows 終端機

Windows 終端機（Windows Terminal）就是 Windows 版的 Linux 終端機程式，因為 Windows 終端機高度整合 Windows 作業系統的檔案系統，所以在本書是使用 Windows 終端機來操作 WSL 的 Linux 子系統。

請執行「開始 >Microsoft Store」命令啟動 Microsoft Store 商店，在上方欄位輸入 Windows Terminal 後，按 Enter 鍵搜尋應用程式，在找到 Windows Terminal 程式後，按【安裝】鈕來安裝 Windows 終端機，如下圖所示：

當成功安裝 Windows 終端機後，就可以按【開啟】鈕啟動 Windows 終端機，如下圖所示：

在開始功能表也可以看到【終端機】命令來啟動 Windows 終端機。

啟動 Windows 終端機安裝 Linux 子系統

到目前為止，我們只有安裝 WSL，並沒有安裝預設 Linux 子系統的 Ubuntu 發行版，現在，我們就可以啟動 Windows 終端機來安裝 Linux 子系統，其安裝步驟如下所示：

Step 1 請執行「開始 > 終端機」命令啟動 Windows 終端機，然後在提示文字後，輸入下列命令來安裝 Linux 子系統，如下所示：

```
> wsl.exe --install Enter
```

或

```
> wsl --install Enter
```

Step 2 可以看到正在安裝 Ubuntu 訊息文字，和顯示目前的安裝進度，如下圖所示：

```
PS C:\Users\hueya> wsl.exe --install
安裝: Ubuntu
[=================          30.0%                    ]
```

Step 3 等到成功安裝 Linux 子系統 Ubuntu 後，我們需要設定 Ubuntu 的使用者帳號和密碼，請在 "Enter new UNIX username:" 提示文字後，輸入使用者名稱（並不用和 Windows 作業系統的使用者名稱相同），以此例是 hueyan 後，按 Enter 鍵，如下圖所示：

```
PS C:\Users\hueya> wsl.exe --install
安裝: Ubuntu
Ubuntu 已安裝。
正在啟動 Ubuntu...
Installing, this may take a few minutes...
Please create a default UNIX user account. The username
dows username.
For more information visit: https://aka.ms/wslusers
Enter new UNIX username: hueyan
```

Step 4 然後分別在 "New password:" 和 "Retype new password:" 提示文字後輸入 2 次相同的密碼，以此例是 A123456 後，按 Enter 鍵，如下圖所示：

```
PS C:\Users\hueya> wsl.exe --install
安裝: Ubuntu
Ubuntu 已安裝。
正在啟動 Ubuntu...
Installing, this may take a few minutes...
Please create a default UNIX user account. The username
dows username.
For more information visit: https://aka.ms/wslusers
Enter new UNIX username: hueyan
New password:
Retype new password:
```

Step 5 可以看到已經成功安裝 Linux 子系統 Ubuntu，和進入 Ubuntu，如下圖所示：

```
Retype new password:
passwd: password updated successfully
Installation successful!
To run a command as administrator (user "root"), use "
See "man sudo_root" for details.

Welcome to Ubuntu 22.04.3 LTS (GNU/Linux 5.15.150.1-mi

 * Documentation:  https://help.ubuntu.com
 * Management:     https://landscape.canonical.com
 * Support:        https://ubuntu.com/advantage


This message is shown once a day. To disable it please
/home/hueyan/.hushlogin file.
hueyan@DESKTOP-JOE:~$
```

上述訊息指出安裝的版本是 Ubuntu 22.04.3 LTS，使用者目錄位在「/home/hueyan」。

Linux 發行版的安裝目錄

在 WSL 2 安裝的 Linux 發行版預設是安裝在 Windows 系統的硬碟，其安裝路徑如下所示：

```
C:\使用者\<使用者名稱>\AppData\Local\Packages\
```

或

```
C:\Users\<使用者名稱>\AppData\Local\Packages\
```

在上述路徑可以找到以「CanonicalGroupLimited」開頭的子資料夾名稱，在「.」之後的 Ubuntu 是發行版名稱，此資料夾就是 Linux 發行版 Ubuntu 的檔案系統，如下圖所示：

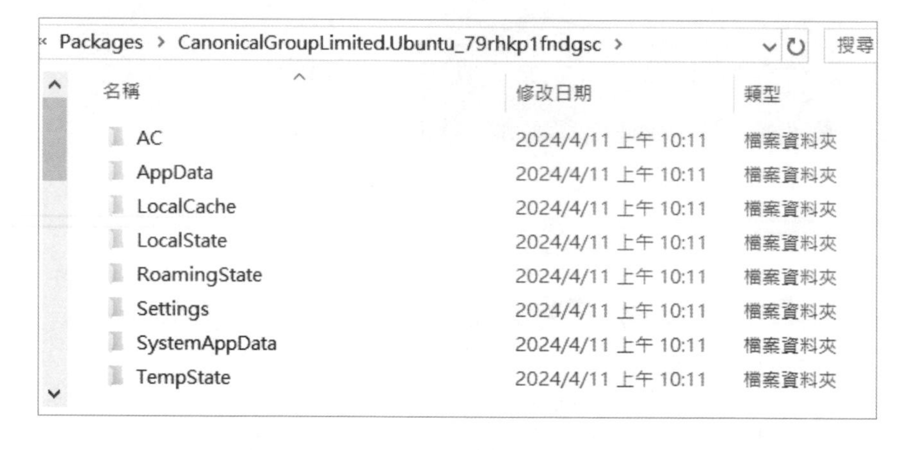

如果在 WSL 2 有安裝多個不同的 Linux 發行版，在 Packages 目錄下就會建立多個對應的資料夾，每一個資料夾就是一個 Linux 發行版的檔案系統。

1-5 WSL 的啟動、更新與關機

當成功安裝 WSL 2 和 Linux 子系統後，因為 WSL 仍然持續在更新中，所以，我們可以更新 WSL、顯示目前 Linux 發行版的狀態、進入 Linux 子系統（即第 3 章的 Bash Shell）和關機 Linux 子系統。

更新 WSL

請啟動 Windows 終端機，輸入 wsl 命令加上 --upgrade 選項來更新 WSL，如下所示：

```
> wsl --update Enter
```

上述訊息在檢查更新後，顯示目前已經是 WSL 的最新版本。在 Windows 終端機可以輸入 cls 或 clear 命令來清除終端機的內容。

查詢安裝的 Linux 子系統狀態

請啟動 Windows 終端機輸入 wsl 命令，然後加上 -l 選項（即 --list 選項）和 -v 選項（即 --verbose 選項）來查詢 Linux 子系統的狀態，在第 2 章有進一步的說明，如下所示：

```
> wsl -l -v Enter
```

上述命令顯示已安裝的 Linux 子系統清單，目前只有 Ubuntu，其狀態是 Stopped 停止；Running 是執行中。

啟動進入 Linux 子系統與切換至使用者目錄

在 Windows 終端機只需輸入 wsl 命令，就可以啟動和進入 Linux 子系統，預設切換至掛載 C 槽的使用者目錄「/mnt/c/Users/hueya」（hueya 是 Windows 的使用者名稱），如下所示：

```
> wsl Enter
```

```
hueyan@DESKTOP-JOE: /mnt/
PS C:\Users\hueya> wsl
To run a command as administrator (user "root"), use "s
See "man sudo_root" for details.

Welcome to Ubuntu 22.04.3 LTS (GNU/Linux 5.15.150.1-mic

 * Documentation:  https://help.ubuntu.com
 * Management:     https://landscape.canonical.com
 * Support:        https://ubuntu.com/advantage


This message is shown once a day. To disable it please
/home/hueyan/.hushlogin file.
hueyan@DESKTOP-JOE:/mnt/c/Users/hueya$
```

上述訊息在提示文字前的 hueyan 就是 Ubuntu 使用者帳號，因為我們是以 hueyan 使用者登入和啟動 Linux 作業系統 Ubuntu，這就是第 3 章 Bash Shell 的命令列介面。

請按上方【 + 】鈕新增一頁終端機的標籤頁，然後輸入下列命令來查詢目前 Linux 子系統的狀態，可以看到 Ubuntu 已經成為 Running 執行中，如下所示：

```
> wsl -l -v Enter
```

```
hueyan@DESKTOP-JOE: /n    Windows PowerShell
Windows PowerShell
Copyright (C) Microsoft Corporation. 著作權所有，並保

請嘗試新的跨平台 PowerShell https://aka.ms/pscore6

PS C:\Users\hueya> wsl -l -v
  NAME      STATE           VERSION
* Ubuntu    Running         2
PS C:\Users\hueya> |
```

請再新增一頁終端機的標籤頁，重複輸入 wsl 命令來進入 Linux 子系統，如下所示：

```
> wsl Enter
```

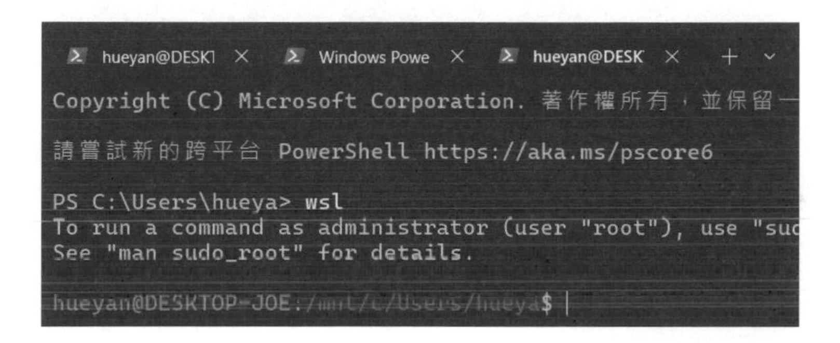

上述訊息因為目前狀態是 Running 執行中，所以進入 Linux 子系統顯示的訊息並不相同。然後，請輸入 cd ~ 命令切換至 Linux 使用者目錄「/home/hueyan」（也可以只輸入 cd 命令），如下所示：

```
$ cd ~ Enter
```

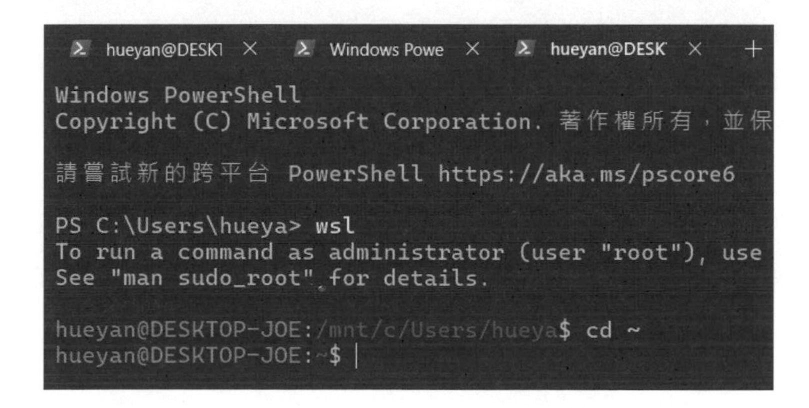

另一種方式，請新增一頁 Windows 終端機的標籤頁後，直接使用下列命令來進入 Linux 子系統和切換至使用者目錄，如下所示：

```
> wsl ~ Enter
```

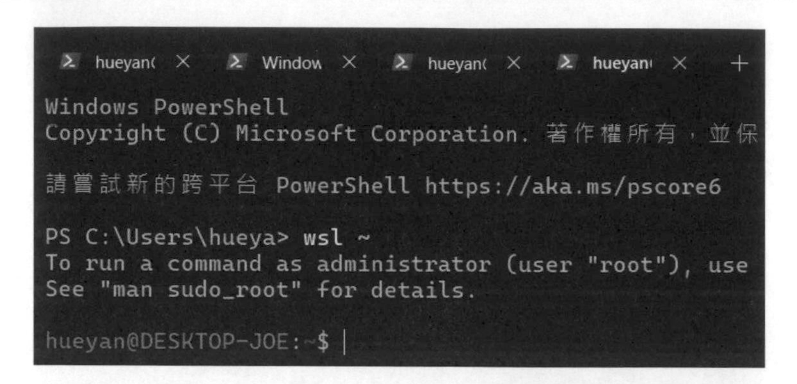

關機 Linux 子系統

Linux 子系統如果沒有關機，就是在背景持續的執行，如果已經進入 Linux子系統，我們可以使用下列命令來關機，如下所示：

```
$ sudo shutdown Enter
```

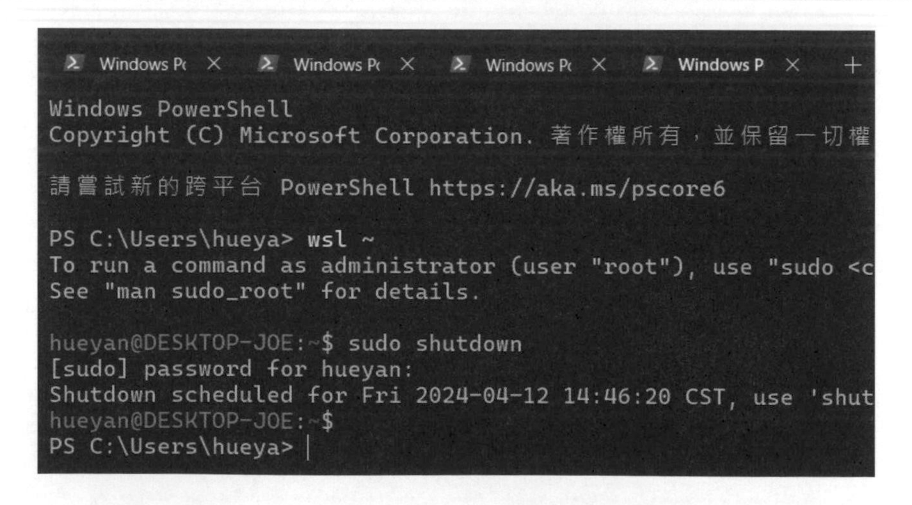

上述命令會顯示 "[sudo] password for hueyan:" 提示文字來輸入使用者密碼，在輸入密碼後，就會顯示排程關機的日期 / 時間，請稍等一下，等到排程到時，就會自動關機和回到 Windows 目錄，當看到 Windows 的使用者目錄，就表示我們已經成功關機 Linux 子系統。

如果沒有進入 Linux 子系統，我們可以使用 wsl 命令加上 --shutdown 選項來關機，請先使用 wsl 命令再次進入 Linux 子系統後，即可在 Windows 終端機新增一頁標籤頁，然後輸入下列命令來關機，如下所示：

```
> wsl --shutdown Enter
```

上述圖例在關機後，請再次執行 wsl -l -v 命令，就可以看到 Ubuntu 的目前狀態已經成為關機 Stopped。

查詢 wsl 命令的詳細語法選項

WSL 2 的 wsl 命令提供多種選項，我們可以使用 --help 選項來查詢 wsl 命令的詳細語法選項，如下所示：

```
> wsl --help Enter
```

```
使用方式: wsl.exe [Argument] [Options...] [CommandLine]

用於執行 Linux 二進位檔案的引數:

    如果未提供命令列，wsl.exe 會啟動預設殼層。

    --exec, -e <CommandLine>
        執行指定的命令，而不使用預設的 Linux 殼層。

    --shell-type <standard|login|none>
        使用提供的殼層類型執行指定的命令。

    --
        按原樣傳遞剩餘的命令列。

選項:
    --cd <Directory>
        將指定的目錄設定為目前的工作目錄。
        如果使用 ~，將會使用 Linux 使用者首頁路徑。如果路徑開頭為
        使用 / 字元，它將被解譯為絕對 Linux 路徑。
        否則，此值必須是絕對 Windows 路徑。
```

使用 WSL 管理多個 Linux 發行版

2-1 安裝與維護 Linux 發行版

WSL 2 可以同時安裝多個不同的 Linux 子系統，支援 OpenSUSE、Fedora、Kali、Debian 和 Arch Linux 等 Linux 發行版。換句話説，我們可以在 Windows 作業系統打造多種不同的 Linux 開發環境。

查詢 WSL 2 可用的 Linux 發行版

請啟動 Windows 終端機，首先輸入下列命令來查詢 WSL 2 可用的 Linux 發行版，請注意！ wsl 命令的選項有兩種寫法，「--」開頭是完整的選項名稱，也可以使用「-」開頭單一字元的簡化選項，如下所示：

```
> wsl --list --online Enter
```

或

```
> wsl -l -o Enter
```

```
PS C:\Users\hueya> wsl --list --online
以下是可安裝的有效發佈的清單。
使用 'wsl.exe --install <Distro>' 安裝。

NAME                                   FRIENDLY NAME
Ubuntu                                 Ubuntu
Debian                                 Debian GNU/Linux
kali-linux                             Kali Linux Rolling
Ubuntu-18.04                           Ubuntu 18.04 LTS
Ubuntu-20.04                           Ubuntu 20.04 LTS
Ubuntu-22.04                           Ubuntu 22.04 LTS
OracleLinux_7_9                        Oracle Linux 7.9
OracleLinux_8_7                        Oracle Linux 8.7
OracleLinux_9_1                        Oracle Linux 9.1
openSUSE-Leap-15.5                     openSUSE Leap 15.5
SUSE-Linux-Enterprise-Server-15-SP4    SUSE Linux Enterprise
SUSE-Linux-Enterprise-15-SP5           SUSE Linux Enterprise
openSUSE-Tumbleweed                    openSUSE Tumbleweed
PS C:\Users\hueya> |
```

上述圖例顯示可安裝的 Linux 發行版的清單，在【Name】欄的第 1 個 Ubuntu 是預設安裝的 Linux 發行版（即第 1 章安裝的版本），我們可以自行使用 Name 欄位的名稱來安裝其他 Linux 發行版。

在 WSL 2 安裝指定的 Linux 發行版

現在，我們準備在 WSL 2 安裝 Debian 的 Linux 發行版，在樹莓派的 Raspberry Pi OS 就是基於 Debian 的 Linux 作業系統。在 wsl 命令同樣是使用 --install 選項，只是需要在最後指明安裝的 Linux 發行版 Debian，如下所示：

```
> wsl --install Debian Enter
```

```
PS C:\Users\hueya> wsl --install Debian
安裝: Debian GNU/Linux
Debian GNU/Linux 已安裝。
正在啟動 Debian GNU/Linux...
Installing, this may take a few minutes...
Please create a default UNIX user account. The username
name.
For more information visit: https://aka.ms/wslusers
Enter new UNIX username: hueyan
New password:
Retype new password:
passwd: password updated successfully
Installation successful!
hueyan@DESKTOP-JOE:~$ |
```

請等待 Debian 的下載安裝，當成功安裝後，第 1 次啟動需要輸入使用者名稱和 2 次密碼，就可以進入 Debian 的使用者目錄。

接著，我們準備查詢 WSL 2 安裝的發行版狀態，因為目前已經進入 Linux 作業系統的 Bash Shell 介面，所以在第 1 章的 wsl -l -v 命令需改用 wsl.exe -l -v，如下所示：

```
$ wsl.exe -l -v Enter
```

```
hueyan@DESKTOP-JOE:~$ wsl.exe -l -v
  NAME      STATE       VERSION
* Ubuntu    Stopped     2
  Debian    Running     2
hueyan@DESKTOP-JOE:~$ |
```

上述清單共有 2 個 Linux 發行版，在 Name 欄前的「*」星號表示此為預設發行版，以此例就是第 1 章安裝的 Ubuntu。

在實務上，因為同一個 Linux 發行版也會有不同版本，例如：預設的 Ubuntu 是 22.04.3 版，如果我們需要舊版 Ubuntu 進行測試，一樣可以在 WSL 2 再安裝一個 20.04 版，因為目前是在 Debian 的 Bash Shell 介面，所以是使用 wsl.exe，如下所示：

```
$ wsl.exe --install Ubuntu-20.04 Enter
```

在輸入使用者名稱和 2 次密碼後，即可進入 Ubuntu-20.04 版的使用者目錄，然後，請輸入 wsl.exe -l -v 命令查詢 WSL 2 安裝的發行版狀態，可以看到我們已經安裝了 3 個 Linux 發行版，如下所示：

```
hueyan@DESKTOP-JOE:~$ wsl.exe -l -v
  NAME            STATE       VERSION
* Ubuntu          Stopped     2
  Ubuntu-20.04    Running     2
  Debian          Running     2
hueyan@DESKTOP-JOE:~$ |
```

在「C:\ 使用者 \< 使用者名稱 >\AppData\Local\Packages\」資料夾可以看到 3 個 Linux 發行版的系統目錄，如下圖所示：

```
CanonicalGroupLimited.Ubuntu20.04LTS_79rhkp1fndgsc
TheDebianProject.DebianGNULinux_76v4gfsz19hv4
CanonicalGroupLimited.Ubuntu_79rhkp1fndgsc
```

列出 WSL 2 已安裝的 Linux 發行版

在第 1 章我們已經說明過 wsl -l -v 命令，現在，我們準備完整說明其他選項，請啟動 Windows 終端機或新增標籤頁，然後使用完整命令來列出 WSL 2 已安裝的 Linux 發行版，如下所示：

```
> wsl --list --verbose Enter
```

```
PS C:\Users\hueya> wsl --list --verbose
  NAME            STATE           VERSION
* Ubuntu          Stopped         2
  Ubuntu-20.04    Running         2
  Debian          Running         2
PS C:\Users\hueya> |
```

上述命令顯示已安裝的 Linux 子系統清單，狀態 Stopped 是停止；Running 是執行中。在 wsl --list 之後使用 --all 選項可以列出所有發行版（此為預設選項，所以使用 wsl --list 或 wsl -l 命令即可），如下圖所示：

```
PS C:\Users\hueya> wsl --list --all
Windows 子系統 Linux 版發佈：
Ubuntu (預設)
Ubuntu-20.04
Debian
```

使用 --running 選項可以列出所有執行中的發行版，如下圖所示：

```
PS C:\Users\hueya> wsl --list --running
Windows 子系統 Linux 版發佈：
Ubuntu-20.04
Debian
```

如果是使用 --quiet 選項就只會顯示發行版名稱，如下圖所示：

```
PS C:\Users\hueya> wsl --list --quiet
Ubuntu
Ubuntu-20.04
Debian
```

執行特定的 Linux 發行版

當在 WSL 2 安裝有多個 Linux 發行版時，我們可以使用 --distribution 選項（或 -d 選項）指定執行的 Linux 發行版，例如：執行 Debian，如下所示：

```
> wsl --distribution Debian Enter
```

或

```
> wsl -d Debian Enter
```

```
PS C:\Users\hueya> wsl --distribution Debian
hueyan@DESKTOP-JOE:/mnt/c/Users/hueya$ |
```

如果需要使用特定使用者，請使用 --user 選項（或 -u 選項），例如：hueyan，如下所示：

```
> wsl --distribution Debian --user hueyan Enter
```

或

```
> wsl -d Debian -u hueyan Enter
```

```
PS C:\Users\hueya> wsl --distribution Debian --user hueyan
hueyan@DESKTOP-JOE:/mnt/c/Users/hueya$ |
```

設定預設的 Linux 發行版

除了使用 --distribution 選項指定執行特定的 Linux 發行版外，我們也可以使用 --set-default 選項（或 -s 選項）指定 Debian 是預設的 Linux 發行版，如下所示：

```
> wsl --set-default Debian Enter
```

或

```
> wsl -s Debian Enter
```

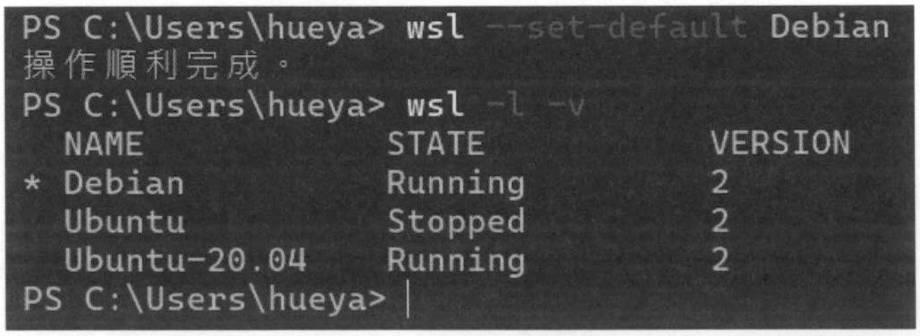

```
PS C:\Users\hueya> wsl --set-default Debian
操作順利完成。
PS C:\Users\hueya> wsl -l -v
  NAME            STATE           VERSION
* Debian          Running         2
  Ubuntu          Stopped         2
  Ubuntu-20.04    Running         2
PS C:\Users\hueya> |
```

在順利執行操作後，執行 wsl -l -v 命令，可以看到「*」的預設發行版已經變更成 Debian，在之後輸入 wsl 命令就是啟動進入預設的 Linux 發行版 Debian。

變更 Linux 發行版的預設使用者

當在 Linux 發行版擁有多位使用者時，我們可以直接變更 Linux 發行版的預設使用者，首先啟動和進入 Ubuntu-20.04 發行版，如下所示：

```
> wsl --distribution Ubuntu-20.04 Enter
$ cd ~ Enter
```

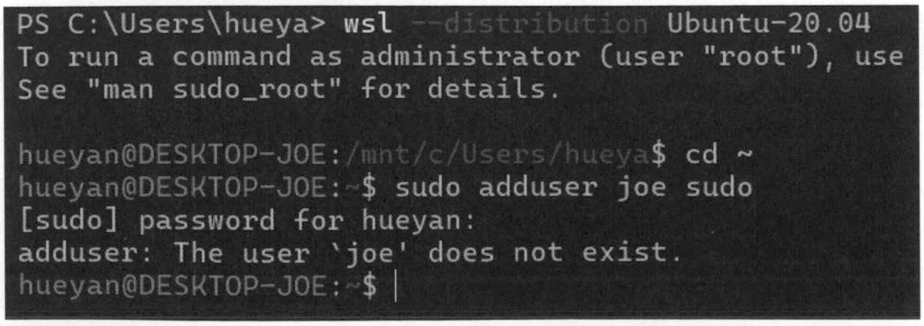

```
PS C:\Users\hueya> wsl --distribution Ubuntu-20.04
To run a command as administrator (user "root"), use
See "man sudo_root" for details.

hueyan@DESKTOP-JOE:/mnt/c/Users/hueya$ cd ~
hueyan@DESKTOP-JOE:~$ sudo adduser joe sudo
[sudo] password for hueyan:
adduser: The user `joe' does not exist.
hueyan@DESKTOP-JOE:~$ |
```

然後，我們準備新增名為 joe 的使用者，並且加入系統管理者群組，如下所示：

```
$ sudo adduser joe Enter
$ sudo adduser joe sudo Enter
```

```
hueyan@DESKTOP-JOE:~$ sudo adduser joe
Adding user `joe' ...
Adding new group `joe' (1001) ...
Adding new user `joe' (1001) with group `joe' ...
Creating home directory `/home/joe' ...
Copying files from `/etc/skel' ...
New password:
Retype new password:
passwd: password updated successfully
Changing the user information for joe
Enter the new value, or press ENTER for the default
        Full Name []: Joe Chen
        Room Number []: 100
        Work Phone []:
        Home Phone []:
        Other []:
Is the information correct? [Y/n] y
hueyan@DESKTOP-JOE:~$ sudo adduser joe sudo
Adding user `joe' to group `sudo' ...
Adding user joe to group sudo
Done.
hueyan@DESKTOP-JOE:~$ |
```

上述命令在新增使用者 joe 後，需要輸入 2 次密碼和相關使用者資料，請自行輸入，也可以按 Enter 鍵使用預設值即可，最後按 Y 鍵，即可成功新增使用者 joe 和加入 sudo 群組。接著，我們可以更改 Ubuntu-20.04 發行版的預設使用者，將 hueyan 改為 joe。

因為 WSL 2 安裝的發行版都有對應的命令列命令，例如：Ubuntu 就是 ubuntu 命令；Debian 是 debian，不過因為 Ubuntu-20.04 有特殊符號，其命令是刪除這些符號字元，即 ubuntu2004。請重新啟動 Windows 終端機或新增標籤頁來變更 Linux 發行版的預設使用者，如下所示：

```
> ubuntu2004 config --default-user joe Enter
> wsl --distribution Ubuntu-20.04 Enter
```

```
PS C:\Users\hueya> ubuntu2004 config --default-user joe
PS C:\Users\hueya> wsl --distribution Ubuntu-20.04
```

當再次啟動和進入 Ubuntu-20.04 發行版，可以看到前方的使用者已經改為 joe，如下圖所示：

```
This message is shown once a day. To disable it please create the
/home/joe/.hushlogin file.
joe@DESKTOP-JOE:/mnt/c/Users/hueya$ |
```

請注意！變更 Linux 發行版的預設使用者操作只適用在使用 WSL 2 安裝的 Linux 發行版，如果是使用第 2-3 節匯入的 Linux 發行版，更改預設使用者的方法，請參閱第 2-6 節的説明。

變更 Linux 發行版的預設版本

WSL 版本有 WSL 1 和 WSL 2，預設是使用第 2 版，如果因為相容問題需要改用第 1 版，我們可以使用 --set-version 選項變更 Linux 發行版的預設版本，例如：將 Ubuntu-20.04 發行版的預設版本改為 1，最後的值 1 就是版號，如下所示：

```
> wsl --set-version Ubuntu-20.04 1 Enter
```

```
PS C:\Users\hueya> wsl --set-version Ubuntu-20.04 1
轉換進行中，這可能需要幾分鐘的時間。
操作順利完成。
PS C:\Users\hueya> wsl -l -v
  NAME            STATE           VERSION
* Debian          Running         2
  Ubuntu          Running         2
  Ubuntu-20.04    Stopped         1
PS C:\Users\hueya> |
```

上述版本變數需花一些時間來轉換，最後可以看到 VERSION 欄的值改為 1。

關機指定的 Linux 發行版

在 wsl 命令可以使用 --terminate 選項來關機指定的 Linux 發行版，例如：Ubuntu-20.04 發行版，首先請執行 wsl -d Ubuntu-20.04 命令啟動此發行版，然後就可以使用下列命令來關機，如下所示：

```
> wsl --terminate Ubuntu-20.04 Enter
```

或

```
> wsl -t Ubuntu-20.04 Enter
```

```
PS C:\Users\hueya> wsl --terminate Ubuntu-20.04
操作順利完成。
PS C:\Users\hueya> wsl -l -v
  NAME            STATE           VERSION
* Debian          Running         2
  Ubuntu          Running         2
  Ubuntu-20.04    Stopped         1
PS C:\Users\hueya> |
```

取消註冊和解除安裝指定的 Linux 發行版

請注意！除了使用 wsl 命令，我們也可以直接從 Microsoft Store 安裝 Linux 發行版，不過，我們無法從 Microsoft Store 解除安裝 Linux 發行版。只能使用 wsl 命令的 --unregister 選項來取消註冊 Linux 發行版。

請注意！一旦取消註冊，所有與此 Linux 發行版的相關資料都會永久的刪除。例如：取消註冊和解除安裝 Ubuntu-20.04 發行版，如下所示：

```
> wsl --unregister Ubuntu-20.04 Enter
```

```
PS C:\Users\hueya> wsl --unregister Ubuntu-20.04
取消註冊中。
操作順利完成。
PS C:\Users\hueya> wsl -l -v
  NAME      STATE           VERSION
* Debian    Running         2
  Ubuntu    Running         2
PS C:\Users\hueya> |
```

上述執行結果，可以看到 Ubuntu-20.04 發行版已經不存在已安裝的清單之中。

2-2 WSL 基本命令

在了解安裝和維護 Linux 發行版的相關 wsl 命令後，這一節我們來看看一些 WSL 本身的基本命令。

檢查 WSL 的狀態

請啟動 Windows 終端機，輸入下列命令來查詢 WSL 的狀態，如下所示：

```
> wsl --status Enter
```

```
PS C:\Users\hueya> wsl --status
預設發佈: Debian
預設版本: 2
```

上述執行結果可以看到預設 Linux 發行版是 Debian，請輸入下列命令更改預設發行版成為 Ubuntu，使用的是簡化的 -s 選項，如下所示：

```
> wsl -s Ubuntu Enter
```

```
PS C:\Users\hueya> wsl -s Ubuntu
操作順利完成。
PS C:\Users\hueya> wsl -l
Windows 子系統 Linux 版發佈:
Ubuntu (預設)
Debian
```

在順利執行操作後，執行 wsl -l 命令，可以看到預設的發行版已經變更。

檢查 WSL 的版本

因為 WSL 有 2 個版本，我們可以輸入下列命令來查詢 WSL 的版本，和相關資訊，如下所示：

```
> wsl --version Enter
```

```
PS C:\Users\hueya> wsl --version
WSL 版本： 2.2.2.0
核心版本： 5.15.150.1-2
WSLg 版本： 1.0.61
MSRDC 版本： 1.2.5105
Direct3D 版本： 1.611.1-81528511
DXCore 版本： 10.0.25131.1002-220531-1700.rs
-onecore-base2-hyp
Windows 版本： 10.0.19045.4291
PS C:\Users\hueya> |
```

設定預設的 WSL 版本

一般來說，目前我們都是使用 WSL 2 版本，如果需要，我們可以設定預設 WSL 版本是 WSL 2 或 WSL 1，使用的是 --set-default-version 選項，例如：設定預設的 WSL 版本是 WSL 2，如下所示：

```
> wsl --set-default-version 2 Enter
```

```
PS C:\Users\hueya> wsl --set-default-version 2
有關 WSL 2 的主要差異詳細資訊，請瀏覽 https://aka
.ms/wsl2

操作順利完成。
PS C:\Users\hueya> |
```

請注意！WSL 2 只支援 Windows 11 和 Windows 10 1903 版（組建 18362）或 Windows 的更新版本。

使用特定使用者身份來啟動預設 Linux 發行版

對於預設 Linux 發行版，我們可以使用 --user 選項指定使用哪一位使用者帳號來登入和啟動，例如：使用者 hueyan，如下所示：

```
> wsl --user hueyan Enter
```

```
PS C:\Users\hueya> wsl --user hueyan
hueyan@DESKTOP-JOE:/mnt/c/Users/hueya$ |
```

查詢 WSL 安裝 Linux 發行版的 IP 位址

我們可以直接使用 wsl 執行 Linux 命令來查詢 WSL 安裝 Linux 發行版的 IP 位址（這是 WSL 2 VM 的 IP 位址），Linux 命令是 hostname -i（此命令的詳細說明請參閱第 3 章），如下所示：

```
> wsl hostname -i Enter
```

```
PS C:\Users\hueya> wsl hostname -i
127.0.1.1
PS C:\Users\hueya> |
```

現在，我們可以先輸入 wsl 啟動和進入 Linux 作業系統後，再執行 hostname -i 來查詢 IP 位址，如下所示：

```
> wsl Enter
$ hostname -i Enter
```

```
PS C:\Users\hueya> wsl
hueyan@DESKTOP-JOE:/mnt/c/Users/hueya$ hostname -i
127.0.1.1
hueyan@DESKTOP-JOE:/mnt/c/Users/hueya$ |
```

2-3 匯出與匯入 Linux 發行版

WSL 支援匯出和匯入功能，可以讓我們將 Linux 子系統的安裝目錄改至其他的 Windows 路徑，或是用在第 2-6 節，方便我們管理多個不同用途的 Linux 發行版。

匯出 Linux 發行版

匯出 Linux 發行版就是匯出成預設 .tar 副檔名的散發檔案，換句話說，就是備份目前的 Linux 發行版，例如：我們準備將預設 Linux 發行版 Ubuntu 匯出成 D:\Ubuntu_Backup.tar 的散發檔案，使用的是 --export 選項，如下所示：

```
> wsl --export Ubuntu D:\Ubuntu_Backup.tar Enter
```

上述命令的 Ubuntu 是 Linux 發行版名稱，之後就是匯出的檔案路徑，其執行結果如下圖所示：

```
PS C:\Users\hueya> wsl --export Ubuntu D:\Ubuntu_Backup.tar
匯出進行中，這可能需要幾分鐘的時間。
操作順利完成。
PS C:\Users\hueya> |
```

上述訊息指出匯出操作需花一段時間，請耐心等待，在完成後可以看到操作順利完成的訊息文字，在 D:\ 目錄可以看到匯出的 Ubuntu_Backup.tar 檔案。

匯入 Linux 發行版

當成功匯出 Ubuntu_Backup.tar 檔案後，我們就可以匯入此散發套件成為一個新的 Linux 發行版，例如：建立測試第 4 章 Linux GUI 工具名為 Ubuntu-GUI 的發行版，使用的是 --import 選項，如下所示：

```
> wsl --import Ubuntu-GUI D:\Ubuntu_GUI D:\Ubuntu_Backup.tar Enter
```

上述命令的 Ubuntu-GUI 是匯入的發行版名稱（可自行命名），在之後是 Linux 發行版檔案系統的儲存路徑，最後是 Ubuntu_Backup.tar 檔案的路徑，其執行結果如下圖所示：

```
PS C:\Users\hueya> wsl --import Ubuntu-GUI D:\Ubuntu_GUI
D:\Ubuntu_Backup.tar
正在匯入，這可能需要幾分鐘的時間。
操作順利完成。
PS C:\Users\hueya> wsl -l -v
  NAME            STATE           VERSION
* Ubuntu          Stopped         2
  Debian          Stopped         2
  Ubuntu-GUI      Stopped         2
PS C:\Users\hueya> |
```

上述匯入操作需要一些時間，在完成操作後，可以執行 wsl -l -v 命令顯示成功匯入名為 Ubuntu-GUI 的 Linux 發行版。在「D:\Ubuntu-GUI」目錄就是此發行版虛擬硬碟 .vhdx 的檔案系統，如下圖所示：

在 WSL 2 啟動匯入的 Linux 發行版 Ubuntu-GUI 需指明名稱和使用者，如下所示：

```
> wsl -d Ubuntu-GUI -u hueyan Enter
```

```
PS C:\Users\hueya> wsl -d Ubuntu-GUI -u hueyan
hueyan@DESKTOP-JOE:/mnt/c/Users/hueya$ |
```

我們一樣可以使用第 2-1 節的 --set-default 選項將匯入的發行版設為預設的 Linux 發行版，不過，我們並不能使用第 2-1 節的 <Linux 發行版名稱 > config --default-user 命令來變更 Linux 發行版的預設使用者，只能修改 /etc/wsl.conf 檔案來變更預設使用者，詳見第 2-6 節的說明。

2-4 在 Windows 與 Linux 子系統進行互動

因為在 WSL 2 安裝的是 Windows 作業系統的 Linux 子系統，所以，我們可以在 Windows 作業系統執行第 3 章的 Linux 命令，和在 Linux 子系統執行 Windows 應用程式，例如：記事本和檔案總管等。

在 Windows 執行 Linux 命令

在第 2-2 節的最後，我們是使用 wsl 命令執行 Linux 作業系統的 hostname -i 命令來查詢 IP 位址，其語法如下所示：

```
> wsl Linux命令
```

事實上，Linux 作業系統有多種方法來查詢 IP 位址，現在，我們就準備在 Windows 作業系統執行 ip addr 命令，可以查詢預設 Linux 發行版的 IP 位址，如下所示：

```
> wsl ip addr Enter
```

```
PS C:\Users\hueya> wsl ip addr
1: lo: <LOOPBACK,UP,LOWER_UP> mtu 65536 qdisc noqueue state UN
    link/loopback 00:00:00:00:00:00 brd 00:00:00:00:00:00
    inet 127.0.0.1/8 scope host lo
       valid_lft forever preferred_lft forever
    inet6 ::1/128 scope host
       valid_lft forever preferred_lft forever
2: eth0: <BROADCAST,MULTICAST,UP,LOWER_UP> mtu 1492 qdisc mq s
    link/ether 00:15:5d:d8:07:45 brd ff:ff:ff:ff:ff:ff
    inet 172.25.75.109/20 brd 172.25.79.255 scope global eth0
       valid_lft forever preferred_lft forever
    inet6 fe80::215:5dff:fed8:745/64 scope link
       valid_lft forever preferred_lft forever
PS C:\Users\hueya> |
```

同樣的道理，我們可以使用 -d 選項指定 Linux 發行版，然後改用 hostname -i 命令來查詢 Debian 的 IP 位址，如下所示：

```
> wsl -d Debian hostname -i Enter
```

```
PS C:\Users\hueya> wsl -d Debian hostname -i
127.0.1.1
PS C:\Users\hueya> |
```

我們也可以直接在 Windows 作業系統查詢 Linux 發行版使用者目錄「 」的所有檔案資訊，如下所示：

```
> wsl ls -al ~ Enter
```

```
PS C:\Users\hueya> wsl ls -al ~
total 28
drwxr-x--- 3 hueyan hueyan 4096 Apr 12 14:46 .
drwxr-xr-x 3 root   root   4096 Apr 11 10:22 ..
-rw------- 1 hueyan hueyan   60 Apr 14 15:01 .bash_history
-rw-r--r-- 1 hueyan hueyan  220 Apr 11 10:22 .bash_logout
-rw-r--r-- 1 hueyan hueyan 3771 Apr 11 10:22 .bashrc
drwx------ 2 hueyan hueyan 4096 Apr 11 10:26 .cache
-rw-r--r-- 1 hueyan hueyan    0 Apr 14 11:29 .motd_shown
-rw-r--r-- 1 hueyan hueyan  807 Apr 11 10:22 .profile
-rw-r--r-- 1 hueyan hueyan    0 Apr 12 14:45 .sudo_as_admin_
PS C:\Users\hueya> |
```

在 Linux 子系統執行 Windows 應用程式

反過來，我們也可以使用 wsl 啟動進入 Linux 子系統 Bash Shell 的命令列介面後，執行 Windows 命令列工具 ping.exe 來查詢網路連線狀態（此時需要使用完整的執行檔名稱，包含副檔名 .exe），如下所示：

```
> wsl Enter
$ ping.exe www.google.com Enter
```

```
PS C:\Users\hueya> wsl
hueyan@DESKTOP-JOE:/mnt/c/Users/hueya$ ping.exe www.google.com

Ping www.google.com [2404:6800:4012:1::2004] (使用 32 位元組的資料):
回覆自 2404:6800:4012:1::2004: 時間=43ms
回覆自 2404:6800:4012:1::2004: 時間=16ms
回覆自 2404:6800:4012:1::2004: 時間=32ms
回覆自 2404:6800:4012:1::2004: 時間=21ms

2404:6800:4012:1::2004 的 Ping 統計資料:
    封包: 已傳送 = 4，已收到 = 4, 已遺失 = 0 (0% 遺失)，
大約的來回時間 (毫秒):
    最小值 = 16ms，最大值 = 43ms，平均 = 28ms
hueyan@DESKTOP-JOE:/mnt/c/Users/hueya$ |
```

同理，我們可以執行 ipconfig.exe 查詢網路設定，如下所示：

```
$ ipconfig.exe /all Enter
```

```
hueyan@DESKTOP-JOE:/mnt/c/Users/hueya$ ipconfig.exe /all

Windows IP 設定

   主機名稱 . . . . . . . . . . . . . . : DESKTOP-JOE
   主要 DNS 尾碼 . . . . . . . . . . . :
   節點類型 . . . . . . . . . . . . . . : 混合式
   IP 路由啟用 . . . . . . . . . . . . : 否
   WINS Proxy 啟用 . . . . . . . . . . : 否

乙太網路卡 乙太網路:

   媒體狀態 . . . . . . . . . . . . . . : 媒體已中斷連線
   連線特定 DNS 尾碼 . . . . . . . . . :
   描述 . . . . . . . . . . . . . . . . : Realtek PCIe GbE Family
   實體位址 . . . . . . . . . . . . . . : 30-9C-23-DF-50-0A
   DHCP 已啟用 . . . . . . . . . . . . : 是
   自動設定啟用 . . . . . . . . . . . . : 是
```

不只如此，我們還可以直接開啟 Windows 視窗應用程式，例如：切換至使用者目錄後，執行 explorer.exe 檔案總管來開啟目錄下的檔案清單，之後的「.」是指目前目錄，如下所示：

```
$ cd ~ Enter
$ explorer.exe . Enter
```

```
hueyan@DESKTOP-JOE:/mnt/c/Users/hueya$ cd ~
hueyan@DESKTOP-JOE:~$ explorer.exe .
hueyan@DESKTOP-JOE:~$ |
```

然後，就可以看到檔案總管開啟的使用者目錄，如下圖所示：

> 網路 > wsl.localhost > Ubuntu > home > hueyan　　搜尋 hueyan

名稱	修改日期	類型	大小
.cache	2024/4/11 上午 10:26	檔案資料夾	
.bash_history	2024/4/14 下午 03:01	BASH_HISTORY ...	
.bash_logout	2024/4/11 上午 10:22	BASH_LOGOUT ...	
.bashrc	2024/4/11 上午 10:22	BASHRC 檔案	
.motd_shown	2024/4/14 上午 11:20	MOTD_SHOWN ...	
.profile	2024/4/11 上午 10:22	PROFILE 檔案	
.sudo_as_admin_successful	2024/4/12 下午 02:45	SUDO_AS_ADMI...	

上述圖例有一個名為 .bashrc 檔案，我們可以直接啟動 notepad.exe 記事本來開啟此檔案，如下所示：

```
$ notepad.exe .bashrc Enter
```

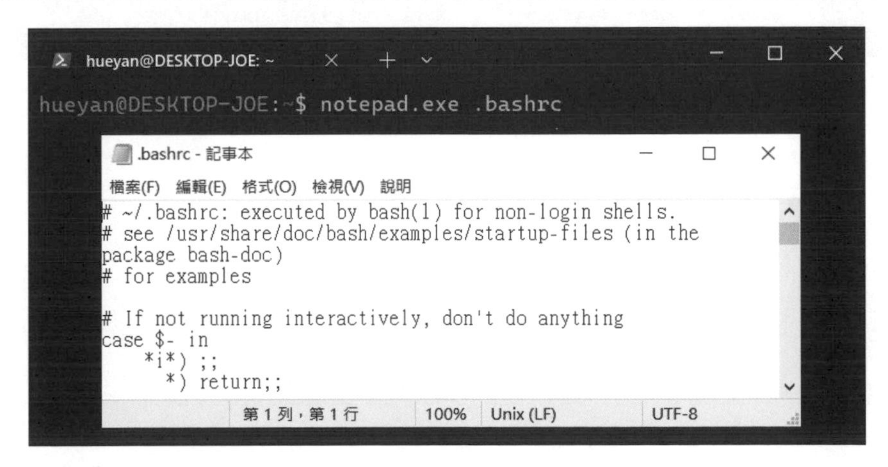

換句話說，我們可以使用熟悉的 Windows 編輯器【記事本】來編輯 Linux 子系統的文字檔案。

2-5 在 Windows 與 Linux 子系統之間交換檔案

因為 Linux 子系統預設會掛載 Windows 作業系統的硬碟，我們不只可以從 Windows 作業系統存取 Linux 子系統的目錄與檔案，也可以反過來，從 Linux 子系統存取掛載的 Windows 檔案。

首先，請先啟動和進入預設 Linux 發行版 Ubuntu，在切換至使用者目錄 cd ~ 後，輸入下列命令新增名為 test.txt 的文字檔案，如下所示：

```
$ notepad.exe test.txt Enter
```

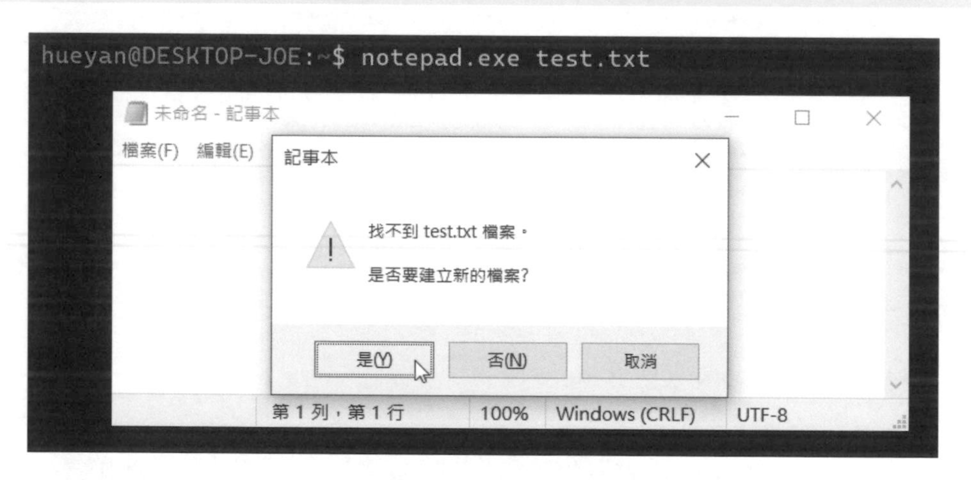

因為檔案並不存在，請按【是】鈕建立文字檔案，然後輸入一段文字內容後，儲存文字檔案，如下圖所示：

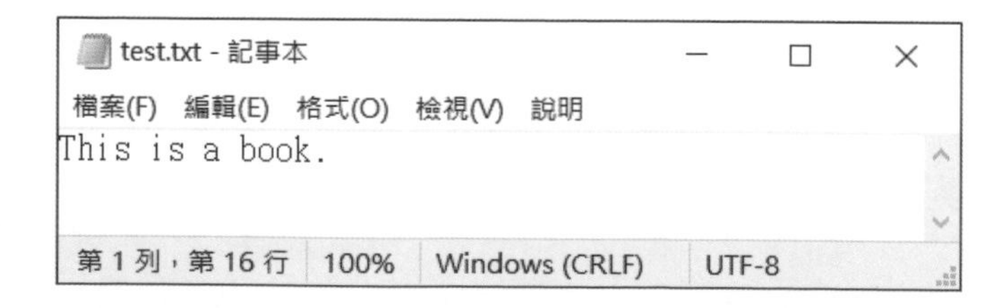

現在，我們已經在「\home\hueyan\」使用者目錄建立 test.txt 檔案。

在 Windows 存取 Linux 子系統的檔案

在 Windows 作業系統存取 Linux 子系統的檔案，首先路徑分隔符號是使用「\」，只需在 Linux 使用者目錄的「\home\hueyan\test.txt」檔案之前加上「\\wsl.localhost\Ubuntu」，就可以建立從 Windows 作業系統存取 Linux 子系統的檔案路徑，Ubuntu 是發行版名稱。

例如：我們準備使用 type 命令來顯示 Linux 子系統的 test.txt 檔案內容，如下所示：

```
> type \\wsl.localhost\Ubuntu\home\hueyan\test.txt Enter
```

```
PS C:\Users\hueya> type \\wsl.localhost\Ubuntu
\home\hueyan\test.txt
This is a book.
PS C:\Users\hueya>
```

接著，我們準備將 test.txt 檔案複製至 D:\ 根目錄，如下所示：

```
> copy \\wsl.localhost\Ubuntu\home\hueyan\test.txt D:\ Enter
```

```
PS C:\Users\hueya> copy \\wsl.localhost\Ubuntu
\home\hueyan\test.txt D:\
PS C:\Users\hueya>
```

在 Windows 作業系統的 D:\ 就可以看到複製的 test.txt 檔案，相同方式，我們可以將檔案從 Windows 檔案系統複製至 Linux 子系統。

在 Linux 子系統存取 Windows 檔案

Linux 子系統預設會掛載 Windows 作業系統的硬碟，其路徑分隔符號是使用「/」，請執行 wsl 命令，預設是切換至掛載 C 槽的使用者目錄「/mnt/c/Users/hueya」（hueya 是 Windows 使用者名稱），「/mnt/c」是 C 槽；「/mnt/d」就是 D 槽，如下所示：

```
> wsl Enter
$ cd /mnt/d Enter
$ ls test.txt Enter
```

上述 cd 命令切換至 Windows 作業系統的 D 槽，即可使用 ls 命令顯示 test.txt 檔案，這就是上一小節複製的檔案，如下圖所示：

```
PS C:\Users\hueya> wsl
hueyan@DESKTOP-JOE:/mnt/c/Users/hueya$ cd /mnt/d
hueyan@DESKTOP-JOE:/mnt/d$ ls test.txt
test.txt
hueyan@DESKTOP-JOE:/mnt/d$ |
```

2-6 實作案例：在 Windows 作業系統管理多個 Linux 發行版

請注意！因為相同名稱的 Linux 發行版在 WSL 2 只能安裝一次，不過，我們可以透過第 2-3 節的匯出與匯入功能，使用預設 Ubuntu 為基底，新增多個 Ubuntu 來分別學習第 3 章 Bash Shell、第 4 章安裝 Linux GUI 工具、第 5 章安裝 Apache + PHP + MySQL 伺服器，和在第 6 章建立 GPU 加速的 Keras 開發環境等。

更改匯入 Linux 發行版的預設使用者

在第 2-3 節我們已經匯入建立名為 Ubuntu-GUI 的 Linux 發行版，因為匯入的發行版並沒有啟動執行檔，所以，我們需要自行更改 /etc/wsl.config 檔案來指定預設使用者，其步驟如下所示：

Step 1 請執行下列命令啟動和進入 Ubuntu-GUI 的 Linux 發行版，並且切換至使用者目錄，此時的使用者是 root。

```
> wsl -d Ubuntu-GUI Enter
$ cd ~ Enter
```

Step 2 然後，使用 notepad.exe 記事本開啟 /etc/wsl.config 檔案，如下所示：

```
$ notepad.exe /etc/wsl.conf Enter
```

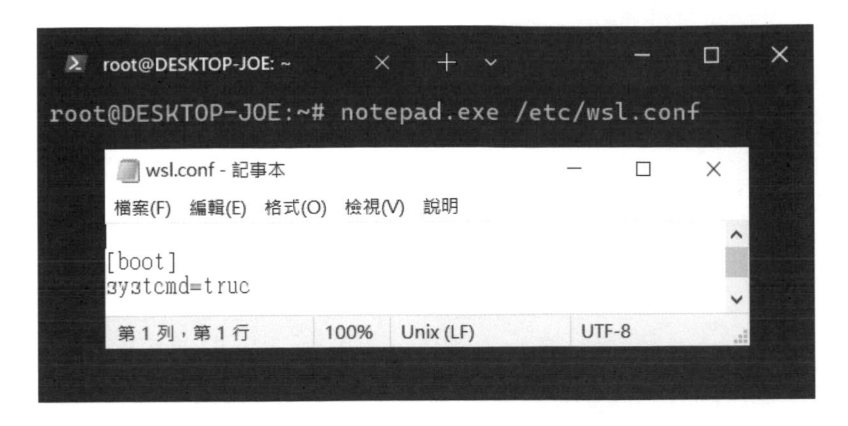

Step 3 在 wsl.conf 檔案新增下列 [user] 區段來指定預設使用者是 hueyan，如下所示：

```
[user]
default=hueyan
```

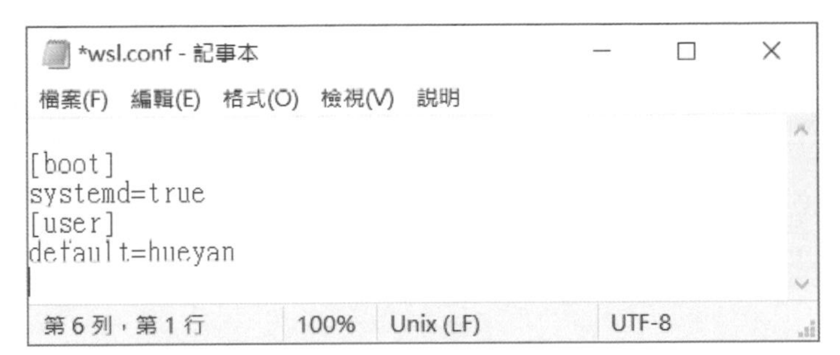

Step 4 在儲存和結束記事本後，請執行下列命令關機 Ubuntu-GUI，如下所示：

```
$ wsl.exe --terminate Ubuntu-GUI Enter
```

Step 5 然後，重新啟動和進入 Ubuntu-GUI，可以看到使用者已經變更成 hueyan，如下所示：

```
> wsl -d Ubuntu-GUI Enter
```

```
root@DESKTOP-JOE:~# notepad.exe /etc/wsl.conf
root@DESKTOP-JOE:~# wsl.exe --terminate Ubuntu-GUI
PS C:\Users\hueya> wsl -d Ubuntu-GUI
hueyan@DESKTOP-JOE:/mnt/c/Users/hueya$ |
```

使用匯入方式新增多個 Linux 發行版

現在，我們已經成功建立名為 Ubuntu-GUI 的發行版和變更預設使用者，接著，請使用匯入功能依序建立名為 Ubuntu-AMP 和 Ubuntu-Keras 二個發行版，如下所示：

```
> wsl --import Ubuntu-AMP D:\Ubuntu_AMP D:\Ubuntu_Backup.tar Enter
> wsl --import Ubuntu-Keras D:\Ubuntu_Keras D:\Ubuntu_Backup.tar Enter
> wsl -l -v Enter
```

```
PS C:\Users\hueya> wsl --import Ubuntu-AMP D:\Ubuntu_AMP D:\
Ubuntu_Backup.tar
正在匯入，這可能需要幾分鐘的時間。
操作順利完成。
PS C:\Users\hueya> wsl --import Ubuntu-Keras D:\Ubuntu_Keras
 D:\Ubuntu_Backup.tar
正在匯入，這可能需要幾分鐘的時間。
操作順利完成。
PS C:\Users\hueya> wsl -l -v
  NAME            STATE           VERSION
* Ubuntu          Stopped         2
  Debian          Stopped         2
  Ubuntu-Keras    Stopped         2
  Ubuntu-GUI      Running         2
  Ubuntu-AMP      Stopped         2
PS C:\Users\hueya> |
```

然後，依序將上述 Ubuntu-AMP 和 Ubuntu-Keras 二個發行版的預設使用者都改成 hueyan。在進入本書後各章節內容時，我們可以使用 --set-default 選項（或 -s 選項），將對應的 Linux 發行版設為預設 Linux 發行版，即可輸入 wsl 來啟動和進入 Bash Shell 介面。

Linux 系統管理：Bash Shell

3-1 Linux 常用命令

Bash 是 "Bourne Again Shell" 縮寫，Bash Shell 是 Unix/Linux 作業系統常見的命令列介面，這是一個用來與電腦進行互動的工具，可以執行程式和管理檔案系統，幫助我們完成所需的任務。

基本上，Bash Shell 相當於是 Windows 作業系統的「命令提示字元」視窗，我們在 Windows 下達的 MS-DOS 命令，相當於是在 Linux 的 Bash Shell 介面執行 Linux 命令。

3-1-1 檔案系統命令

Linux 檔案系統命令是用來處理作業系統檔案和目錄的相關命令，可以建立目錄，複製、搬移和刪除檔案或目錄。在本章是以預設 Linux 發行版 Ubuntu 為例。

pwd 命令：顯示目前的工作目錄

pwd 命令可以顯示目前的工作目錄（Working Directory），如下所示：

```
$ pwd Enter
```

請開啟 Windows 終端機啟動與進入 Linux 發行版 Ubuntu 和切換至使用者目錄，然後就可以輸入 pwd 後，按 Enter 鍵，顯示目前的工作目錄「/home/hueyan」，因為預設的登入使用者名稱是 hueyan，如下圖所示：

```
hueyan@DESKTOP-JOE:~$ pwd
/home/hueyan
hueyan@DESKTOP-JOE:~$ |
```

ls 命令：顯示檔案和目錄資訊

ls 命令是 list 簡寫，可以顯示目前工作目錄的檔案和目錄清單，如下所示：

```
$ ls Enter
```

上述命令可以顯示目前工作目錄「/home/hueyan」下的檔案和目錄清單，test.txt 就是第 2 章建立的文字檔案，如下圖所示：

```
hueyan@DESKTOP-JOE:~$ ls
test.txt
hueyan@DESKTOP-JOE:~$ |
```

上述圖例只顯示檔案和目錄名稱清單，我們可以加上 -l（小寫字母 L），可以顯示詳細資訊的權限、擁有者、尺寸、日期和最後修改日期等資訊，如下所示：

```
$ ls -l Enter
```

上述命令在輸入 ls 後，空一格，再輸入 -l 選項，可以顯示目前工作目錄「/home/hueyan」下檔案和目錄的詳細資訊，如下圖所示：

```
hueyan@DESKTOP-JOE:~$ ls -l
total 4
-rw-r--r-- 1 hueyan hueyan 15 Apr 14 18:59 test.txt
hueyan@DESKTOP-JOE:~$ |
```

在 ls 命令只需加上 -a 選項，就可以顯示完整的檔案和目錄資訊，包含以「.」開頭的隱藏文件檔案，如下所示：

```
$ ls -l -a Enter
```

```
hueyan@DESKTOP-JOE:~$ ls -l -a
total 32
drwxr-x--- 3 hueyan hueyan 4096 Apr 14 18:58 .
drwxr-xr-x 3 root   root   4096 Apr 11 10:22 ..
-rw------- 1 hueyan hueyan  291 Apr 14 19:18 .bash_history
-rw-r--r-- 1 hueyan hueyan  220 Apr 11 10:22 .bash_logout
-rw-r--r-- 1 hueyan hueyan 3771 Apr 11 10:22 .bashrc
drwx------ 2 hueyan hueyan 4096 Apr 11 10:26 .cache
-rw-r--r-- 1 hueyan hueyan    0 Apr 15 09:12 .motd_shown
-rw-r--r-- 1 hueyan hueyan  807 Apr 11 10:22 .profile
-rw-r--r-- 1 hueyan hueyan    0 Apr 12 14:45 .sudo_as_admin
-rw-r--r-- 1 hueyan hueyan   15 Apr 14 18:59 test.txt
hueyan@DESKTOP-JOE:~$ |
```

如果沒有指明路徑，預設是顯示目前的工作目錄，我們也可以自行加上路徑選項，顯示指定路徑的檔案和目錄資訊（如果指定檔案名稱，就是顯示此檔案的資訊），如下所示：

```
$ ls -l /etc Enter
```

上述命令顯示「/etc」目錄下的檔案和目錄的詳細資訊。

mkdir 命令：建立新目錄

mkdir 命令可以建立新目錄，例如：建立名為 Joe 的目錄，如下所示：

```
$ mkdir Joe Enter
```

上述命令可以在「/home/hueyan」目錄下，建立名為 Joe 的新目錄，如下圖所示：

```
hueyan@DESKTOP-JOE:~$ mkdir Joe
hueyan@DESKTOP-JOE:~$ ls -l
total 8
drwxr-xr-x 2 hueyan hueyan 4096 Apr 15 09:24 Joe
-rw-r--r-- 1 hueyan hueyan   15 Apr 14 18:59 test.txt
hueyan@DESKTOP-JOE:~$ |
```

cd 命令：切換目錄

cd 命令的全名是 Change Directory，可以切換我們建立的 Joe 目錄，請注意！目錄名稱區分英文大小寫，請輸入 Joe；不是 joe，如下所示：

```
$ cd Joe Enter
```

上述命令因為目前工作目錄是「/home/hueyan」，可以切換至「/home/hueyan/Joe」目錄。我們可以使用「~」代表切換至目前使用者的根目錄，「..」是回到上一層目錄，「.」是目前目錄，如下所示：

```
$ cd ~  Enter
$ cd .. Enter
$ cd .  Enter
```

rm 命令：刪除檔案

rm 命令可以刪除之後檔案路徑的檔案。請先使用 touch 命令建立名為 file.txt 的檔案，如下所示：

```
$ touch file.txt Enter
```

```
hueyan@DESKTOP-JOE:~$ touch file.txt
hueyan@DESKTOP-JOE:~$ ls
Joe  file.txt  test.txt
hueyan@DESKTOP-JOE:~$ |
```

上述 Joe 目錄是之前使用 mkdir 命令新增的目錄，file.txt 是新增的文字檔案。我們可以使用 rm 命令刪除 file.txt 檔案（rm * 是刪除全部檔案），如下所示：

```
$ rm file.txt Enter
```

上述命令因為目前工作目錄是「/home/hueyan」，可以刪除此目錄下的 file.txt 檔案。請注意！ rm 命令並沒有真的刪除檔案，只是標記檔案空間成為是可用的空間。

rmdir 命令：刪除目錄

rmdir 命令可以刪除沒有檔案的空目錄，在之後就是欲刪除的目錄名稱，請注意！我們需要將整個目錄中的檔案都刪除後，才能使用 rmdir 命令來刪除空目錄，如下所示：

```
$ rmdir Joe Enter
```

因為 rmdir 命令只能刪除空目錄，如果需要刪除目錄下的所有檔案和子目錄（不是空目錄），請使用 sudo rm 命令（sudo 命令請參閱第 3-1-4 節），如下所示：

```
sudo rm -rf Demo Enter
```

上述命令需要使用 -rf 選項，-r 是遞迴；-f 是強制，之後是刪除的目錄，以此例可以刪除名為 Demo 的目錄，在輸入使用者密碼後，就可以遞迴強制刪除目錄下的所有檔案和子目錄。

cp 命令：複製檔案與目錄

cp 命令可以複製指定檔案，之後的第 1 個是欲複製的來源檔案名稱；第 2 個是複製新增的目的檔案名稱，可以是不同的檔名。例如：先使用 touch 命令建立名為 file.txt 檔案後，複製 file.txt 檔案（來源）成為 file2.txt 檔案（目的），如下所示：

```
$ touch file.txt Enter
$ cp file.txt file2.txt Enter
```

上述命令可以在目前工作目錄「/home/hueyan」之下複製一個新檔案，所以共有 2 個檔案 file.txt 和 file2.txt，如下圖所示：

```
hueyan@DESKTOP-JOE:~$ touch file.txt
hueyan@DESKTOP-JOE:~$ cp file.txt file2.txt
hueyan@DESKTOP-JOE:~$ ls
file.txt  file2.txt  test.txt
hueyan@DESKTOP-JOE:~$
```

cp 命令不只可以複製至同一個目錄，也可以複製至其他目錄，如同移動一個新檔案至其他目錄，請先建立名為 Documents 目錄後，再複製 file.txt 檔案成為 Documents 目錄下的 file2.txt，如下所示：

```
$ mkdir Documents Enter
$ cp file.txt Documents/file2.txt Enter
```

當執行上述 cp 命令後，我們可以在「/home/hueyan/Documents」目錄新增一個名為 file2.txt 的檔案，如下圖所示：

```
hueyan@DESKTOP-JOE:~$ mkdir Documents
hueyan@DESKTOP-JOE:~$ cp file.txt Documents/file2.txt
hueyan@DESKTOP-JOE:~$ ls Documents
file2.txt
hueyan@DESKTOP-JOE:~$ |
```

cp 命令不只可以複製檔案，只需加上 -r 或 -R 選項，就可以複製整個目錄下的所有檔案（包含子目錄），例如：首先建立 test 目錄後，在此目錄新增 test.txt 文字檔案，然後再建立 tmp 子目錄（即「test/tmp」），和在此子目錄新增 test2.txt 檔案，最後執行 cp 命令複製 test 目錄至 backup 目錄，如下所示：

```
$ mkdir test Enter
$ touch test/test.txt Enter
$ mkdir test/tmp Enter
$ touch test/tmp/test2.txt Enter
$ cp -r test backup Enter
```

上述命令因為有 -r 選項，所以執行結果不只複製 test 目錄的檔案，連 test/tmp 子目錄的檔案也會一併複製至 backup 目錄。

mv 命令：移動檔案或替檔案更名

mv 命令可以移動指定檔案至指定的目錄，之後第 1 個是欲移動的檔案名稱；第 2 個是移動檔案的目的地目錄，例如：將之前 file.txt 檔案移至「/home/hueyan/Documents」目錄，如下所示：

```
$ mv file.txt /home/hueyan/Documents Enter
```

上述命令可以將檔案 file.txt 移至「/home/hueyan/Documents」目錄，目前在「/home/hueyan/Documents」目錄下共有 2 個檔案（file2.txt 是 cp 命令複製的檔案），如下圖所示：

```
hueyan@DESKTOP-JOE:~$ mv file.txt /home/hueyan/Documents
hueyan@DESKTOP-JOE:~$ ls Documents
file.txt  file2.txt
hueyan@DESKTOP-JOE:~$ |
```

mv 命令除了移動檔案至指定目錄，如果第 2 個不是目錄，而是檔案名稱時，就是替檔案更名，例如：將「/home/hueyan」目錄的 file2.txt 檔案更名為 file3.txt，如下所示：

```
$ mv file2.txt file3.txt Enter
```

find 命令：搜尋檔名

find 命令是用來在檔案系統搜尋指定的檔名，例如：搜尋副檔名 .txt 的文字檔案，如下所示：

```
$ find /home/hueyan/Documents -name '*.txt' Enter
```

上述命令之後是開始搜尋的 Documents 目錄，-name 選項是使用檔名範本進行搜尋，在之後的選項值 '*.txt' 就是範本，可以找出副檔名 .txt 的 2 個檔案，如下圖所示：

```
hueyan@DESKTOP-JOE:~$ find /home/hueyan/Documents -name
'*.txt'
/home/hueyan/Documents/file2.txt
/home/hueyan/Documents/file.txt
hueyan@DESKTOP-JOE:~$ |
```

如果已經知道檔案名稱，我們可以直接搜尋指定檔案，例如：搜尋文字檔案 file2.txt，如下所示：

```
$ find . -name 'file2.txt' Enter
```

上述命令的「.」是目前目錄，可以找到 1 個檔案，如下圖所示：

```
hueyan@DESKTOP-JOE:~$ find . -name 'file2.txt'
./Documents/file2.txt
hueyan@DESKTOP-JOE:~$ |
```

我們可以更改命令後第 1 個搜尋目錄的搜尋範圍，例如：改在「/」目錄進行搜尋，如下所示：

```
$ find / -name 'file2.txt' Enter
```

上述命令的執行結果因為權限不足，可以看到更多目錄都不允許搜尋，如下圖所示：

```
hueyan@DESKTOP-JOE:~$ find / -name 'file2.txt'
find: '/run/sudo': Permission denied
find: '/run/systemd/propagate': Permission denied
find: '/run/systemd/unit-root': Permission denied
find: '/run/systemd/inaccessible/dir': Permission
find: '/run/user/1000/systemd/inaccessible/dir': P
find: '/proc/tty/driver': Permission denied
```

請注意！因為上述執行結果連 Windows 掛載的硬碟都會搜尋，請按 Ctrl 鍵＋ C 鍵中斷命令的執行。我們可以使用第 3-1-4 節的 sudo 命令以更大權限來執行 find 命令，如下所示：

```
$ sudo find / -name 'file2.txt' Enter
```

上述命令的執行結果，可以看到不允許搜尋的目錄已經大幅減少，如下圖所示：

```
hueyan@DESKTOP-JOE:~$ sudo find / -name 'file2.txt'
[sudo] password for hueyan:
find: File system loop detected; '/sys/kernel/debug/dev
e system loop as '/sys/kernel/debug'.
/home/hueyan/Documents/file2.txt
find: '/mnt/c/$Recycle.Bin/S-1-5-18': Permission denied
find: '/mnt/c/$Recycle.Bin/S-1-5-21-3026772574-34606385
find: '/mnt/c/$Recycle.Bin/S-1-5-21-3026772574-34606385
find: '/mnt/c/$Recycle.Bin/S-1-5-21-3026772574-34606385
find: '/mnt/c/$Recycle.Bin/S-1-5-21-3026772574-34606385
|
```

df 命令：顯示檔案系統的磁碟使用狀況

df 命令可以顯示檔案系統磁碟的使用狀況，如下所示：

```
$ df Enter
```

上述命令可以顯示所有掛載至檔案系統的磁碟清單，和各磁碟空間的使用狀況，如下圖所示：

```
hueyan@DESKTOP-JOE:~$ df
Filesystem      1K-blocks      Used  Available Use% Mounted on
none              4054248         4    4054244   1% /mnt/wsl
none            499490104 328761596  170728508  66% /usr/lib/ws
none              4054248         0    4054248   0% /usr/lib/mo
none              4054248         0    4054248   0% /usr/lib/mo
```

clear 命令：清空終端機的內容

如果覺得 Windows 終端機的內容有些混亂，我們可以執行 clear 命令（或 cls 命令）來清空終端機螢幕的內容，如下所示：

```
$ clear Enter
```

3-1-2 網路與系統資訊命令

Linux 網路命令可以查詢主機名稱、IP 位址、連線狀態和網路設定，如下所示：

ping 命令：檢查連線狀態

ping 命令可以檢查其他主機或 IP 位的連線狀態，例如：HiNet 網站 www.hinet.net，如下所示：

```
$ ping www.hinet.net Enter
```

```
hueyan@DESKTOP-JOE:~$ ping www.hinet.net
PING hinet-hp.cdn.hinet.net (203.66.32.72)
64 bytes from 203-66-32-72.hinet-ip.hinet.ne    59 time=11.5 ms
64 bytes from 203-66-32-72.hinet-ip.hinet.r    l=59 time=21.9 ms
64 bytes from 203-66-32-72.hinet-ip.hinet.ne    =59 time=14.8 ms
64 bytes from 203-66-32-72.hinet-ip.hinet.ne    =59 time=12.0 ms
64 bytes from 203-66-32-72.hinet-ip.hinet.n    l=59 time=10.4 ms
64 bytes from 203-66-32-72.hinet-ip.hinet.net    59 time=410 ms
64 bytes from 203-66-32-72.hinet-ip.hinet.r    l=59 time=11.0 ms
```

上述封包測試並不會停止，請按 Ctrl 鍵 + C 鍵結束測試，可以在最後看到統計資料。

hostname 命令：顯示主機名稱或 IP 位址

hostname 命令可以顯示目前的主機名稱，如下所示：

```
$ hostname Enter
```

```
hueyan@DESKTOP-JOE:~$ hostname
DESKTOP-JOE
hueyan@DESKTOP-JOE:~$ |
```

上述圖例顯示主機名稱就是 Windows 電腦名稱 DESKTOP-JOE。如果需要查詢 IP 位址，請加上 -I 選項或小寫英文字母 -i，可以顯示 IP 位址，如下所示：

```
$ hostname -I Enter
$ hostname -i Enter
```

```
hueyan@DESKTOP-JOE:~$ hostname -I
172.25.75.109
hueyan@DESKTOP-JOE:~$ hostname -i
127.0.1.1
hueyan@DESKTOP-JOE:~$ |
```

ip addr 命令：顯示網路介面設定

ip addr 命令可以顯示目前系統各網路介面設定的詳細資料，如下所示：

```
$ ip addr Enter
```

```
hueyan@DESKTOP-JOE:~$ ip addr
1: lo: <LOOPBACK,UP,LOWER_UP> mtu 65536 qdisc no
    link/loopback 00:00:00:00:00:00 brd 00:00:00
    inet 127.0.0.1/8 scope host lo
       valid_lft forever preferred_lft forever
    inet6 ::1/128 scope host
       valid_lft forever preferred_lft forever
2: eth0: <BROADCAST,MULTICAST,UP,LOWER_UP> mtu 1
    link/ether 00:15:5d:05:07:f3 brd ff:ff:ff:ff
    inet 172.25.75.109/20 brd 172.25.79.255 scop
       valid_lft forever preferred_lft forever
    inet6 fe80::215:5dff:fe05:7f3/64 scope link
       valid_lft forever preferred_lft forever
hueyan@DESKTOP-JOE:~$ |
```

上述圖例顯示 lo、eth0 等介面的詳細網路設定，如果針對指定介面，可以加上 show 命令的介面名稱，如下所示：

```
$ ip addr show eth0 Enter
```

```
hueyan@DESKTOP-JOE:~$ ip addr show eth0
2: eth0: <BROADCAST,MULTICAST,UP,LOWER_UP> mtu
    link/ether 00:15:5d:05:07:f3 brd ff:ff:ff:f
    inet 172.25.75.109/20 brd 172.25.79.255 sco
       valid_lft forever preferred_lft forever
    inet6 fe80::215:5dff:fe05:7f3/64 scope link
       valid_lft forever preferred_lft forever
hueyan@DESKTOP-JOE:~$ |
```

3-1-3 檔案下載與壓縮命令

我們可以使用 Linux 命令從 Web 網站下載檔案和進行 TAR 檔案的壓縮與解壓縮。

wget 命令：從 Web 網站下載檔案

wget 命令可以從 Web 網站下載指定檔案至 Linux 子系統，我們只需知道檔案的 URL 網址，就可以使用此命令來下載檔案，如下所示：

```
$ wget https://fchart.github.io/img/koala.png Enter
```

上述命令可以從網站下載一個 PNG 圖檔，執行 ls 命令，就可以看到此圖檔，如下圖所示：

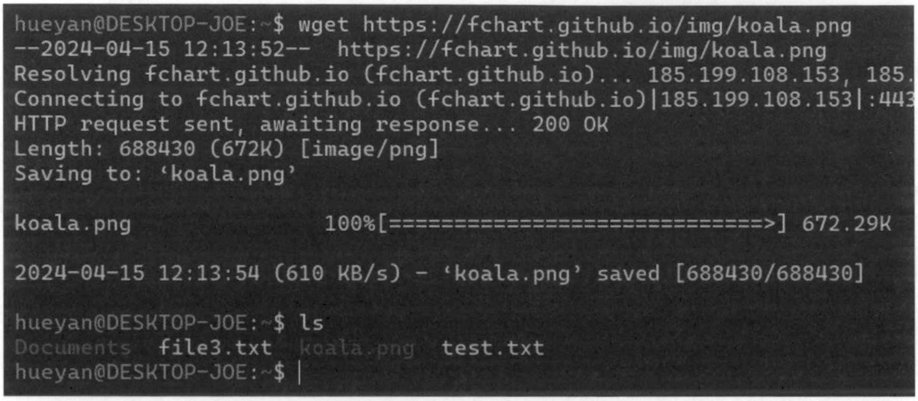

```
hueyan@DESKTOP-JOE:~$ wget https://fchart.github.io/img/koala.png
--2024-04-15 12:13:52--  https://fchart.github.io/img/koala.png
Resolving fchart.github.io (fchart.github.io)... 185.199.108.153, 185.
Connecting to fchart.github.io (fchart.github.io)|185.199.108.153|:443
HTTP request sent, awaiting response... 200 OK
Length: 688430 (672K) [image/png]
Saving to: 'koala.png'

koala.png              100%[===============================>] 672.29K

2024-04-15 12:13:54 (610 KB/s) - 'koala.png' saved [688430/688430]

hueyan@DESKTOP-JOE:~$ ls
Documents  file3.txt  koala.png  test.txt
hueyan@DESKTOP-JOE:~$
```

tar 命令：壓縮與解壓縮 TAR 格式檔案

Linux 作業系統使用的檔案壓縮格式是 TAR，我們可以使用 tar 命令建立壓縮檔和進行解壓縮。首先請將「/home/hueyan/Documents」目錄的 file.txt 和 file2.txt 兩個檔案複製到上一層目錄，如下所示：

```
$ cp /home/hueyan/Documents/*.txt /home/hueyan/*.txt Enter
```

```
hueyan@DESKTOP-JOE:~$ cp /home/hueyan/Documents/*.txt /home/hueyan
hueyan@DESKTOP-JOE:~$ ls
Documents  file.txt  file2.txt  file3.txt  koala.png  test.txt
hueyan@DESKTOP-JOE:~$
```

然後執行 ls 命令，可以看到複製的 .txt 檔案。現在，我們準備將這 4 個 .txt 檔案建立成 TAR 格式的壓縮檔，如下所示：

```
$ tar -cvzf file.tar.gz *.txt Enter
```

上述 tar 命令使用 -cvzf 選項建立之後的壓縮檔 file.tar.gz，最後是壓縮來源，即目前目錄下所有副檔名 .txt 的檔案，如下圖所示：

```
hueyan@DESKTOP-JOE:~$ tar -cvzf file.tar.gz *.txt
file.txt
file2.txt
file3.txt
test.txt
hueyan@DESKTOP-JOE:~$ |
```

同一個 tar 命令也可以解壓縮，使用的是 -xvzf 選項，請使用 mkdir 命令建立 Tmp 目錄後，將 file.tar.gz 檔案複製至此目錄，就可以切換至 Tmp 目錄來解壓縮檔案，如下所示：

```
$ mkdir Tmp Enter
$ cp file.tar.gz Tmp Enter
$ cd Tmp Enter
$ tar -xvzf file.tar.gz Enter
```

上述 tar 命令可以壓縮檔 file.tar.gz 解壓縮至新建的 Tmp 目錄（即目前目錄），如下圖所示：

```
hueyan@DESKTOP-JOE:~$ mkdir Tmp
hueyan@DESKTOP-JOE:~$ cp file.tar.gz Tmp
hueyan@DESKTOP-JOE:~$ cd Tmp
hueyan@DESKTOP-JOE:~/Tmp$ tar -xvzf file.tar.gz
file.txt
file2.txt
file3.txt
test.txt
hueyan@DESKTOP-JOE:~/Tmp$ ls
file.tar.gz  file.txt  file2.txt  file3.txt  test.txt
hueyan@DESKTOP-JOE:~/Tmp$ |
```

3-1-4 sudo 超級使用者命令

sudo 命令的全名是 Super-user Do，這是一個權限提升命令，對於登入的使用者來說，因為有些命令需要超級使用者 root 才能執行，此時可以使用 sudo 命令暫時提升登入使用者成超級使用者 root，來執行之後的 Linux 命令，如下所示：

```
$ sudo ls Enter
```

上述命令的執行結果和單純 ls 相同，因為 ls 命令是顯示目前工作目錄的檔案和目錄清單，並不需要使用超級使用者來執行。

如果需要使用第 3-1-1 節的 find 命令搜尋「/」目錄的整個檔案系統，就需要使用 sudo 才能擁有權限來搜尋目錄，如下所示：

```
$ sudo find / -name 'flippy.py' Enter
```

上述命令的執行結果因為使用 sudo，就可以成功執行檔名搜尋。在第 3-3 節說明使用者與檔案權限命令，部分命令就需要使用 sudo 來執行 Linux 命令。

3-1-5 關機命令

我們可以使用關機的 Linux 命令 shutdown 來安全地替 Linux 子系統關機，請注意！此命令需要使用 sudo 來執行，如下所示：

```
$ sudo shutdown -h now Enter
```

```
hueyan@DESKTOP-JOE:~$ sudo shutdown -h now
[sudo] password for hueyan:
hueyan@DESKTOP-JOE:~$
PS C:\Users\hueya> |
```

上述命令的執行結果需要輸入使用者密碼，然後就會關機回到 Windows 提示字元的命令列。

3-2 使用 nano 文字編輯器

在 Linux 作業系統常常需要更改文字內容的設定檔，我們可以直接使用 Linux 作業系統的文字編輯器，最常用的是 nano 文字編輯器，請輸入下列命令來啟動 nano 文字編輯器，如下所示：

```
$ nano Enter
```

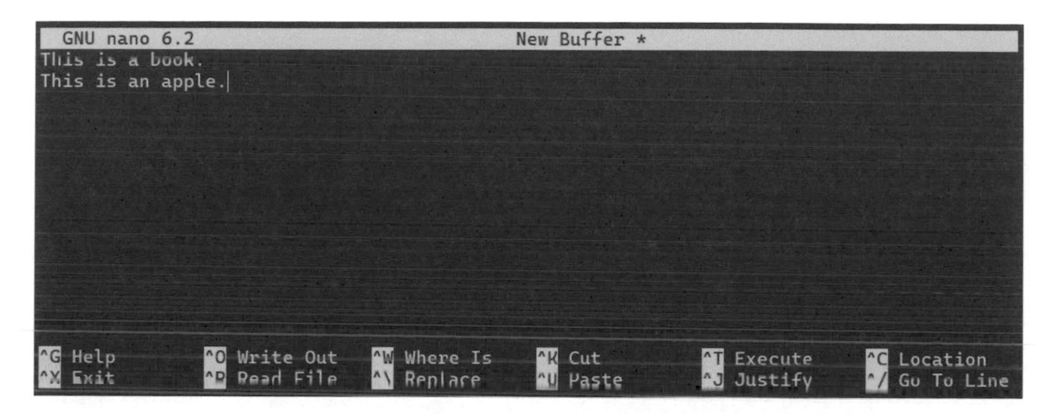

上述命令啟動一個空白文字檔案，我們可以馬上輸入文字內容，如果是開啟存在檔案，請在後面空一格後，加上檔案名稱。在上述執行畫面下方是常用按鍵說明，這是使用 Ctrl 鍵開始的操作按鍵。nano 文字編輯器的基本操作說明，如下表所示：

操作	按鍵說明
移動游標	使用上、下、左和右方向鍵
上一頁 / 下一頁	按 Ctrl 鍵 + Y 鍵是上一頁，按 Ctrl 鍵 + V 鍵是下一頁
搜尋文字	按 Ctrl 鍵 + W 鍵後，在下方輸入關鍵字，按 Enter 鍵開始搜尋
開啟 / 儲存檔案	按 Ctrl 鍵 + R 鍵開啟檔案，按 Ctrl 鍵 + O 鍵儲存檔案
離開	按 Ctrl 鍵 + X 鍵

3-3 Linux 使用者與檔案權限命令

在 Linux 子系統預設建立 root 系統管理者（超級使用者）和安裝時建立的使用者 hueyan，我們可以使用 Linux 命令來新增系統的使用者和指定檔案的權限。

3-3-1 使用者管理命令

Linux 使用者管理命令可以查詢登入使用者、新增使用者和更改使用者密碼。

who 命令：顯示登入的使用者

who 命令可以顯示目前登入系統的使用者，如下所示：

```
$ who Enter
```

上述命令的執行結果可以顯示登入使用者 hueyan，如下圖所示：

```
hueyan@DESKTOP-JOE:~$ who
hueyan   pts/1        2024-04-15 12:13
hueyan@DESKTOP-JOE:~$ 
```

useradd 命令：新增使用者與新增至群組

useradd 命令可以新增作業系統的使用者，我們需要使用 sudo 命令執行 useradd 命令來新增使用者。例如：在 Ubuntu 作業系統新增名為 john 的使用者，如下所示：

```
$ sudo adduser john Enter
```

```
hueyan@DESKTOP-JOE:~$ sudo adduser john
[sudo] password for hueyan:
Adding user `john' ...
Adding new group `john' (1001) ...
Adding new user `john' (1001) with group `john' ...
Creating home directory `/home/john' ...
Copying files from `/etc/skel' ...
New password:
Retype new password:
passwd: password updated successfully
Changing the user information for john
Enter the new value, or press ENTER for the default
        Full Name []:
        Room Number []:
        Work Phone []:
        Home Phone []:
        Other []:
Is the information correct? [Y/n] y
hueyan@DESKTOP-JOE:~$ |
```

上述命令在新增使用者 john 後，需要輸入 2 次密碼和相關使用者資料，請自行輸入，也可以按 Enter 鍵使用預設值，最後按 Y 鍵，即可成功新增使用者 john。在「/home」目錄可以看到新增 john 的使用者根目錄，如下所示：

```
$ ls -l /home Enter
```

```
hueyan@DESKTOP-JOE:~$ ls -l /home
total 8
drwxr-x--- 6 hueyan hueyan 4096 Apr 15 14:23 hueyan
drwxr-x--- 2 john   john   4096 Apr 15 14:33 john
hueyan@DESKTOP-JOE:~$ |
```

在成功新增使用者 john 後，我們可以使用相同的 adduser 命令將使用者 john 加入 sudo 群組，如下所示：

```
$ sudo adduser john sudo Enter
```

```
hueyan@DESKTOP-JOE:~$ sudo adduser john sudo
Adding user `john' to group `sudo' ...
Adding user john to group sudo
Done.
hueyan@DESKTOP-JOE:~$ |
```

passwd 命令：更改使用者密碼

對於 Linux 作業系統的使用者，例如：預設的 hueyan，或之前新增的 john，我們都可以使用 passwd 命令來更改使用者密碼，例如：更改使用者 john 的密碼，如下所示：

```
$ sudo passwd john Enter
```

上述命令也需要使用 sudo 執行，我們需要輸入 2 次新密碼來更新使用者密碼，如下圖所示：

```
hueyan@DESKTOP-JOE:~$ sudo passwd john
New password:
Retype new password:
passwd: password updated successfully
hueyan@DESKTOP-JOE:~$ |
```

3-3-2 檔案權限管理命令

Linux 檔案權限管理命令主要有 2 個，一個是更改檔案權限，一個是更改檔案的擁有者。

chmod 命令：更改檔案權限

chmod 命令可以更改指定檔案的權限，我們是使用字元來指定檔案權限，即檔案擁有者擁有檔案的哪些權限。擁有者的字元 u 是使用者（User）；g 是群組（Group）；o 是其他使用者（Other Users），檔案權限字元 r 是讀取（Read）；w 是寫入（Write）；x 是執行（Execute）。

例如：替檔案 file.txt 的擁有者新增執行權限，如下所示：

```
$ chmod u+x file.txt Enter
```

上述命令的「+」號表示新增，可以替檔案新增執行權限，如下圖所示：

```
hueyan@DESKTOP-JOE:~$ chmod u+x file.txt
hueyan@DESKTOP-JOE:~$ ls -l file.txt
-rwxr--r-- 1 hueyan hueyan 0 Apr 15 14:16 file.txt
hueyan@DESKTOP-JOE:~$ |
```

上述圖例在執行 chmod 命令後，再執行 ls -l 命令，可以看到前方的權限新增了 x。除了新增，我們也可以使用「=」符號指定檔案的權限，如下所示：

```
$ chmod u=rw file.txt Enter
```

上述命令的「=」號指定檔案擁有讀寫權限，當執行 ls -l 命令，可以看到前方的 x 不見了，如下圖所示：

```
hueyan@DESKTOP-JOE:~$ chmod u=rw file.txt
hueyan@DESKTOP-JOE:~$ ls -l file.txt
-rw-r--r-- 1 hueyan hueyan 0 Apr 15 14:16 file.txt
hueyan@DESKTOP-JOE:~$ |
```

chown 命令：更改檔案的擁有者

chown 命令可以更改檔案擁有者的使用者或群組，我們需要使用 sudo 命令來執行 chown 命令，如下所示：

```
$ sudo chown john:root file.txt Enter
```

上述命令的「:」號前是使用者 john；之後是群組 root，當執行 ls -l 命令，可以看到擁有者從 hueyan hueyan 改成 john root，如下圖所示：

```
hueyan@DESKTOP-JOE:~$ sudo chown john:root file.txt
hueyan@DESKTOP-JOE:~$ ls -l file.txt
-rw-r--r-- 1 john root 0 Apr 15 14:16 file.txt
hueyan@DESKTOP-JOE:~$ |
```

3-4 Linux 作業系統的目錄結構

不同於 Windows 作業系統的周邊硬體裝置都有不同名稱和圖示來表示，在 Linux 作業系統的硬碟、目錄和裝置都是檔案系統的一個目錄，稱為根檔案系統（Root File System）。

在 Linux 作業系統是使用一個目錄來對應連接的硬碟裝置，稱為虛擬目錄（Virtual Directories），因此 Linux 作業系統的目錄有可能是儲存檔案的目錄，也有可能是對應指定裝置的虛擬目錄。

在 Linux 作業系統檢視目錄結構

我們可以在終端機使用 ls / 命令，在終端機檢視根目錄結構，如下所示：

```
$ ls / Enter
```

或使用 Windows 檔案管理來檢視 hueyan 使用者目錄，如下所示：

```
$ explorer.exe . Enter
```

請在上方選【Ubuntu】，可以切換至 Linux 檔案系統的根目錄，如下圖所示：

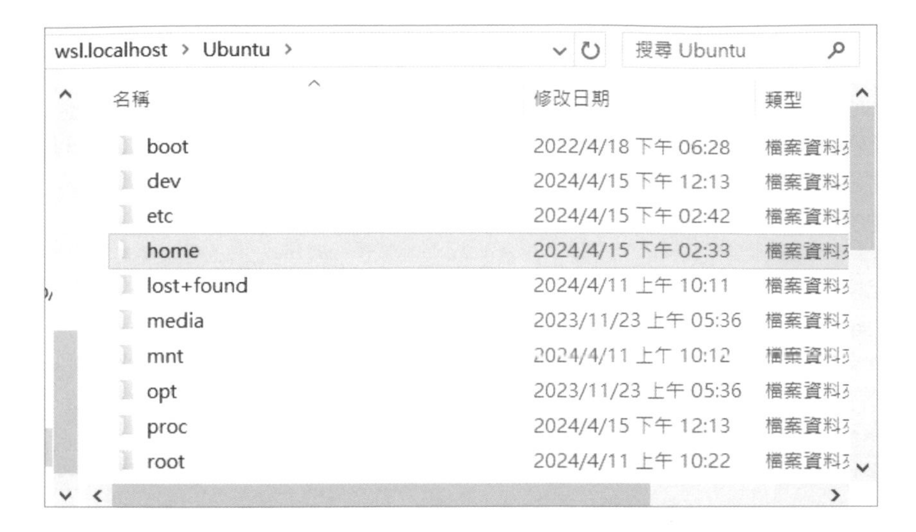

根目錄「/」下的子目錄說明

在 Linux 作業系統根目錄「/」下各子目錄的簡單說明，我們可以詢問 ChatGPT，其詳細的提示文字內容（ch3-4.txt），如下所示：

Q 提問

> 我是一位 Ubuntu 專家，請使用繁體中文一一說明 Linux 作業系統根目錄「/」下的各子目錄是什麼？

A 回答

ChatGPT 的回答詳細說明 18 個子目錄，首先是編號 1～6 子目錄，如下所示：

1. **/bin**：

   這個目錄包含了一些最基本的系統指令，這些指令可以在單用戶模式下使用，也可以在多用戶模式下使用。一些常見的命令，如 `ls`、`cp`、`mv` 等，通常都位於這個目錄下。

2. **/boot**：

   這個目錄包含了啟動 Linux 的相關文件，例如核心映像文件 `vmlinuz` 和引導加載程序 GRUB 的配置文件。

3. **/dev**：

   這個目錄包含了所有設備文件，例如硬件設備（例如硬盤、鍵盤、滑鼠等）以及虛擬設備（例如控制台、虛擬網絡介面等）的文件。

4. **/etc**：

   這個目錄包含了系統的配置文件，例如網絡配置文件、用戶賬戶配置文件、服務配置文件等。許多系統的全局設置都存儲在這個目錄下。

5. **/home**：

   這個目錄是用戶的家目錄所在地。每個用戶都會在這個目錄下擁有一個自己的子目錄，用於存儲其個人文件和設置。

6. **/lib**：

   這個目錄包含了系統的庫文件，這些庫文件是供執行時期使用的共享庫。這些庫文件包括了用於系統操作的核心庫文件。

然後是 7～12 子目錄，如下所示：

7. **/media**：

   這個目錄是用於掛載可移動媒體（例如光盤、USB 驅動器等）的默認掛載點。

8. **/mnt**：

   這個目錄是用於暫時掛載其他文件系統的默認掛載點。

9. **/opt**：

   這個目錄包含了額外的、可選的軟件套件安裝目錄。通常，一些商業或額外的軟件會被安裝到這個目錄下。

10. **/proc**：

    這個目錄是虛擬的文件系統，提供了系統內核和進程的信息。這些信息以文件和子目錄的形式存在，可以通過讀取這些文件來獲取系統和進程的信息。

11. **/root**：

    這個目錄是系統管理員 `root` 用戶的家目錄。

12. **/run**：

    這個目錄是運行時數據的存儲位置，例如 PID 文件和套接字文件。

最後是 13～18 子目錄，如下所示：

13. **/sbin**：

    這個目錄包含了一些系統管理和網絡管理的命令，這些命令通常只有系統管理員才能運行。

14. **/srv**：

    這個目錄包含了服務器上的服務數據目錄。

15. **/sys**：

    這個目錄是另一個虛擬文件系統，它提供了內核與硬件設備之間的接口。

16. **/tmp**：

    這個目錄是用於存放臨時文件的地方，該目錄下的文件會在系統重啟後被刪除。

17. **/usr**：

    這個目錄包含了系統的主要應用程序和文件，包括大多數的用戶命令、庫文件、說明文件等。

18. **/var**：

    這個目錄包含了系統運行時生成的可變數據，例如日誌文件、緩存文件、郵件和臨時文件等。

Note

WSL 支援的 Linux GUI 工具

4-1 安裝與解除安裝 Linux 應用程式

在本章是繼續使用第 2 章匯入名為 Ubuntu-GUI 的 Linux 發行版，請啟動 Windows 終端機執行下列命令指定 Ubuntu-GUI 成為預設發行版後，就可以啟動、進入和切換至 Linux 使用者目錄，如下所示：

```
> wsl -s Ubuntu-GUI Enter
> wsl Enter
$ cd ~ Enter
```

不同於 Windows 作業系統，在 Linux 安裝應用程式是使用套件管理來安裝和解除安裝 Linux 應用程式。

4-1-1 認識套件管理

在說明如何使用命令列安裝和解除安裝應用程式前，我們需要先了解 Linux 作業系統的應用程式管理，這和 Windows 作業系統有很大的不同，在 Linux 作業系統是使用套件管理（Package Manager）來管理作業系統上安裝的應用程式。

套件管理簡介

套件管理（Package Manager）或稱為套件管理系統（Package Management System）是一組工具程式用來管理和追蹤作業系統上應用程式的安裝、更新、設定與刪除操作。每一個套件（Package）包含軟體本身、相關資料、軟體描述和套件之間的相依關係等資料，套件管理工具在安裝應用程式時，可以參考套件之間的相依關係，自動安裝相關套件，以便安裝的應用程式可以成功且正確的執行。

基本上，套件管理會維護一個套件管理資料庫，儲存應用程式的版本和相依關係，以便了解作業系統安裝的軟體是否有新版本，和需要安裝更新哪些相關套件。

Linux 作業系統的套件管理工具

Linux 作業系統的套件管理工具有很多種，Ubuntu 和 Debian 都是使用 apt，常見的 Linux 套件管理工具還有 Fedora 和 Red Hat 的 yum，Arch Linux 的 pcman 等。

請注意！各種套件管理工具的命令並不相同，在本書是以 Linux 發行版 Ubuntu 的 apt 為例。

4-1-2 安裝 Linux 應用程式

我們可以在 Windows 終端機輸入命令列命令來安裝 Linux 應用程式，例如：安裝解壓縮 ZIP 檔案的 unzip 工具。

步驟一：更新套件資料庫

在安裝應用程式前，我們需要先使用 apt update 命令來更新套件資料庫（可能需要輸入使用者密碼），就可以更新 apt 套件管理資料庫，如下所示：

```
$ sudo apt update Enter
```

```
hueyan@DESKTOP-JOE:~$ sudo apt update
[sudo] password for hueyan:
Hit:1 http://archive.ubuntu.com/ubuntu jammy InRel
Get:2 http://archive.ubuntu.com/ubuntu jammy-updat
Get:3 http://security.ubuntu.com/ubuntu jammy-secu
Hit:4 http://archive.ubuntu.com/ubuntu jammy-backp
Fetched 229 kB in 3s (70.3 kB/s)
Reading package lists... Done
Building dependency tree... Done
Reading state information... Done
2 packages can be upgraded. Run 'apt list --upgrad
hueyan@DESKTOP-JOE:~$ |
```

步驟二：升級已經安裝的應用程式

在更新套件管理資料庫後，我們可以使用 apt upgrade 命令升級已經安裝的所有應用程式（可能需要輸入使用者密碼），如下所示：

```
$ sudo apt upgrade -y Enter
```

上述命令可以升級已經安裝的所有應用程式，因為過程可能需要按 Y 鍵確認繼續，所以加上 -y 選項，如此就不需自行按 Y 鍵來進行確認，其執行結果可以看到正在升級安裝，如下圖所示：

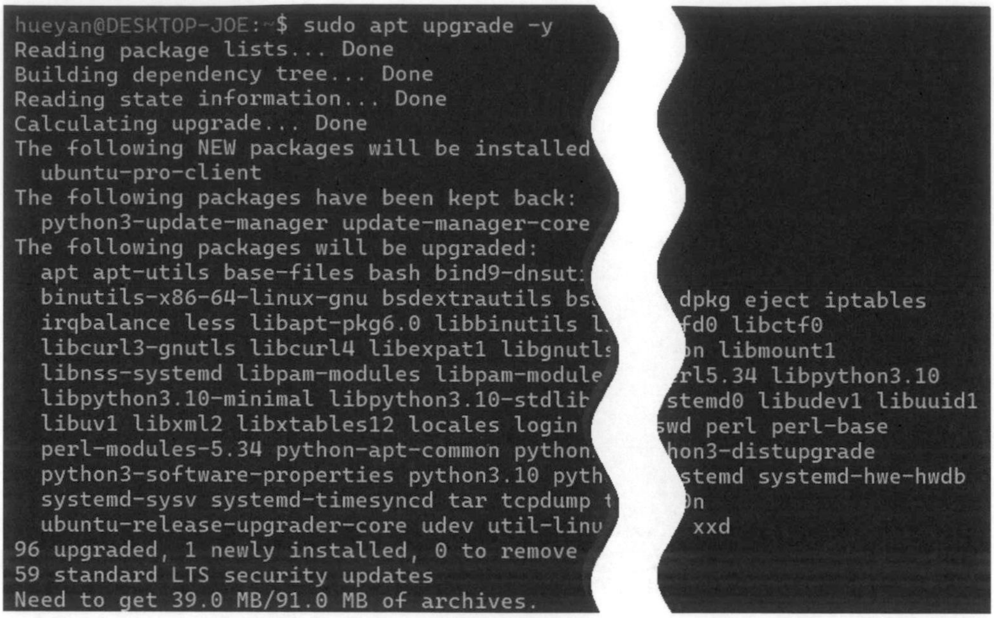

```
hueyan@DESKTOP-JOE:~$ sudo apt upgrade -y
Reading package lists... Done
Building dependency tree... Done
Reading state information... Done
Calculating upgrade... Done
The following NEW packages will be installed
  ubuntu-pro-client
The following packages have been kept back:
  python3-update-manager update-manager-core
The following packages will be upgraded:
  apt apt-utils base-files bash bind9-dnsut
  binutils-x86-64-linux-gnu bsdextrautils bs      dpkg eject iptables
  irqbalance less libapt-pkg6.0 libbinutils l     fd0 libctf0
  libcurl3-gnutls libcurl4 libexpat1 libgnutl     on libmount1
  libnss-systemd libpam-modules libpam-module     rl5.34 libpython3.10
  libpython3.10-minimal libpython3.10-stdlib     stemd0 libudev1 libuuid1
  libuv1 libxml2 libxtables12 locales login      swd perl perl-base
  perl-modules-5.34 python-apt-common python     hon3-distupgrade
  python3-software-properties python3.10 pyth     stemd systemd-hwe-hwdb
  systemd-sysv systemd-timesyncd tar tcpdump t     0n
  ubuntu-release-upgrader-core udev util-linu      xxd
96 upgraded, 1 newly installed, 0 to remove
59 standard LTS security updates
Need to get 39.0 MB/91.0 MB of archives.
```

步驟三：安裝應用程式套件

在更新 apt 套件資料庫後（apt upgrade 是升級已安裝應用程式，可以不用執行），我們就可以安裝所需的應用程式，因為在安裝過程可能需要輸入 Y 鍵確認繼續安裝，如果不想手動輸入，請在命令最後加上 -y 選項，例如：安裝 unzip 工具，如下所示：

```
$ sudo apt install unzip -y Enter
```

上述命令是使用 apt install 命令安裝之後套件名稱的 Linux 應用程式，等到再次看到提示文字，就表示成功安裝應用程式，如下圖所示：

```
hueyan@DESKTOP-JOE:~$ sudo apt install unzip -y
Reading package lists... Done
Building dependency tree... Done
Reading state information... Done
Suggested packages:
  zip
The following NEW packages will be installed:
  unzip
0 upgraded, 1 newly installed, 0 to remove and 2 no
Need to get 175 kB of archives.
After this operation, 386 kB of additional disk space
Get:1 http://archive.ubuntu.com/ubuntu jammy-updates/      u3.2 [175 kB]
Fetched 175 kB in 2s (79.6 kB/s)
Selecting previously unselected package unzip.
(Reading database ... 24215 files and directories c
Preparing to unpack .../unzip_6.0-26ubuntu3.2_amd64.
Unpacking unzip (6.0-26ubuntu3.2) ...
Setting up unzip (6.0-26ubuntu3.2) ...
Processing triggers for man-db (2.10.2-1) ...
hueyan@DESKTOP-JOE:~$ |
```

步驟四：解壓縮 ZIP 格式檔案

在成功安裝 unzip 工具後，我們就可以使用 unzip 命令來解壓縮 ZIP 格式的檔案，首先，請複製書附範例「D:\WSL\ch04\Media.zip」檔案至 Linux 子系統的使用者目錄「/home/hueyan」，如下所示：

```
$ cp /mnt/d/WSL/ch04/Media.zip /home/hueyan/Media.zip Enter
```

```
hueyan@DESKTOP-JOE:~$ cp /mnt/d/WSL/ch04/Media.zip /home/hueyan/Media.zip
hueyan@DESKTOP-JOE:~$ ls
Media.zip  snap  test.txt
hueyan@DESKTOP-JOE:~$ |
```

然後執行 ls 命令，可以看到複製的 ZIP 檔，接著使用 unzip 命令解壓縮此檔案，如下所示：

```
$ unzip Media.zip -d /home/hueyan/Media Enter
```

上述命令可以解壓縮 Media.zip 的 ZIP 格式壓縮檔，如下圖所示：

```
hueyan@DESKTOP-JOE:~$ unzip Media.zip -d /home/hueyan/Media
Archive:  Media.zip
  inflating: /home/hueyan/Media/Media/desert.png
  inflating: /home/hueyan/Media/Media/koala.png
  inflating: /home/hueyan/Media/Media/penguins.png
  inflating: /home/hueyan/Media/Media/woods.png
hueyan@DESKTOP-JOE:~$ |
```

在「/home/hueyan/Media/Media」目錄可以看到解壓縮的圖檔，我們是使用 Windows 檔案總管來開啟，如下圖所示：

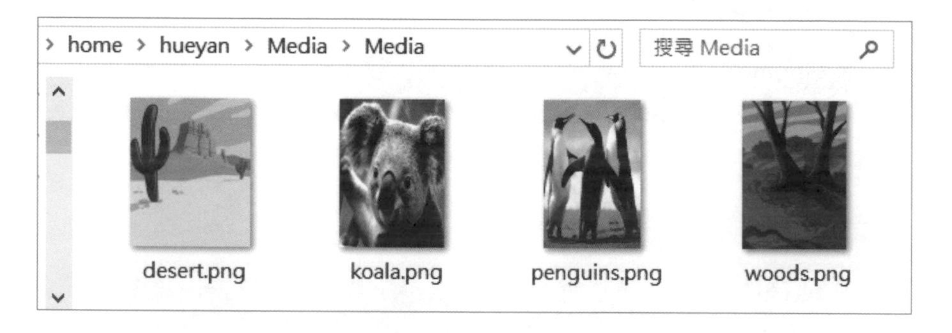

4-1-3 解除安裝應用程式

解除安裝應用程式就是從套件管理移除套件，使用的是 apt remove 命令，例如：解除安裝上一節安裝的 unzip 工具，如下所示：

```
$ sudo apt remove unzip -y Enter
```

```
hueyan@DESKTOP-JOE:~$ sudo apt remove unzip -y
Reading package lists... Done
Building dependency tree... Done
Reading state information... Done
The following packages will be REMOVED:
  unzip
0 upgraded, 0 newly installed, 1 to remove and 2 not upgraded.
After this operation, 386 kB disk space will be freed.
(Reading database ... 24233 files and directories currently in
Removing unzip (6.0-26ubuntu3.2) ...
Processing triggers for man-db (2.10.2-1) ...
hueyan@DESKTOP-JOE:~$ |
```

4-2 Linux 文字檔和圖檔編輯器

在這一節我們準備在 Ubuntu-GUI 的 Linux 發行版安裝 Gnome 與 Gedit 文字檔案編輯器，和 GIMP 圖檔編輯器。

Gnome 文字編輯器

Gnome 文字編輯器是 GNOME 桌面環境預設的文字編輯器，其安裝命令如下所示：

```
$ sudo apt install gnome-text-editor -y  Enter
```

當成功安裝 Gnome 文字編輯器後，我們就可以使用此編輯器來開啟 .bashrc 檔案，如下所示：

```
$ gnome-text-editor ~/.bashrc  Enter
```

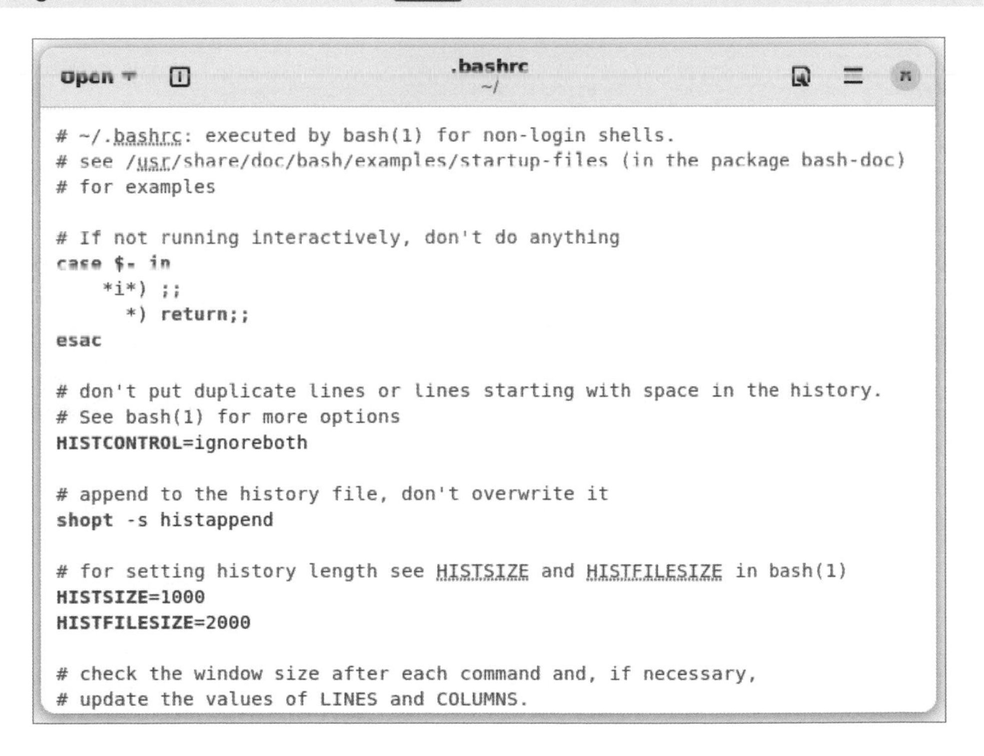

```
# ~/.bashrc: executed by bash(1) for non-login shells.
# see /usr/share/doc/bash/examples/startup-files (in the package bash-doc)
# for examples

# If not running interactively, don't do anything
case $- in
    *i*) ;;
      *) return;;
esac

# don't put duplicate lines or lines starting with space in the history.
# See bash(1) for more options
HISTCONTROL=ignoreboth

# append to the history file, don't overwrite it
shopt -s histappend

# for setting history length see HISTSIZE and HISTFILESIZE in bash(1)
HISTSIZE=1000
HISTFILESIZE=2000

# check the window size after each command and, if necessary,
# update the values of LINES and COLUMNS.
```

Gedit 文字編輯器

Gedit 是 GNOME 桌面環境常見的文字編輯器，這是一個輕量級和易於使用的文字編輯器，提供基本文字編輯功能和部分進階功能，其安裝命令如下所示：

```
$ sudo apt install gedit -y Enter
```

當成功安裝 Gedit 文字編輯器後，我們就可以使用此編輯器來開啟 .bashrc 檔案，如下所示：

```
$ gedit ~/.bashrc Enter
```

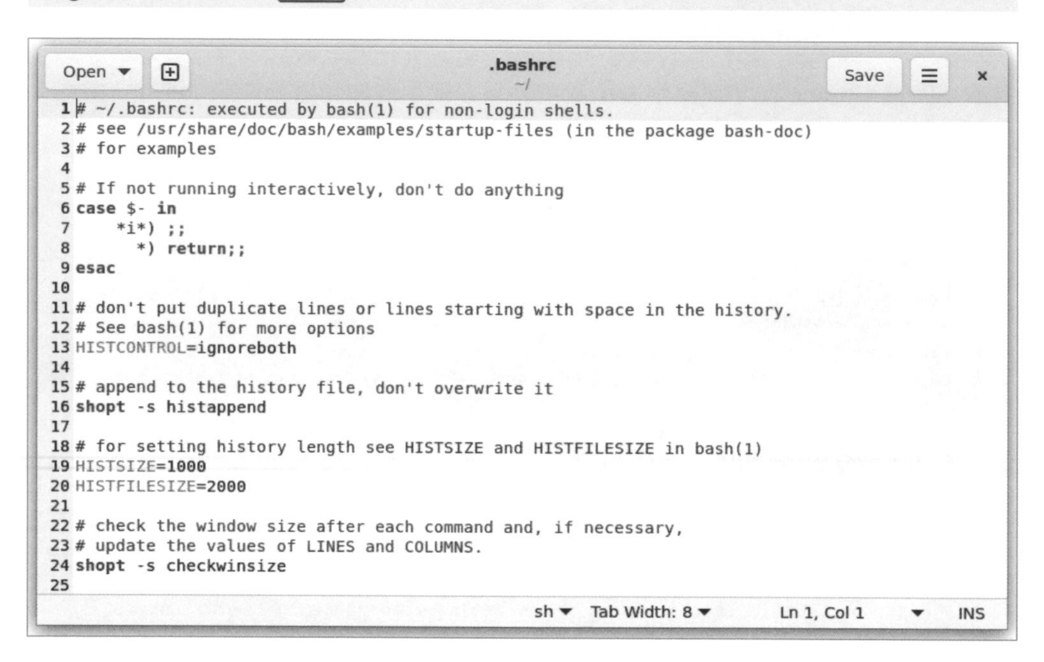

GIMP 圖形編輯器

GIMP 的全名是 GNU 圖形處理程式（GNU Image Manipulation Program），這是一套開放原始碼（Open Source）的免費圖形編輯器，提供功能強大的圖形編輯功能，其安裝命令如下所示：

```
$ sudo apt install gimp -y Enter
```

當成功安裝 GIMP 圖形編輯器後，我們就可以使用此編輯器來開啟第 4-1-2 節解壓縮的 koala.png 圖檔，如下所示：

```
$ gimp ~/Media/Media/koala.png Enter
```

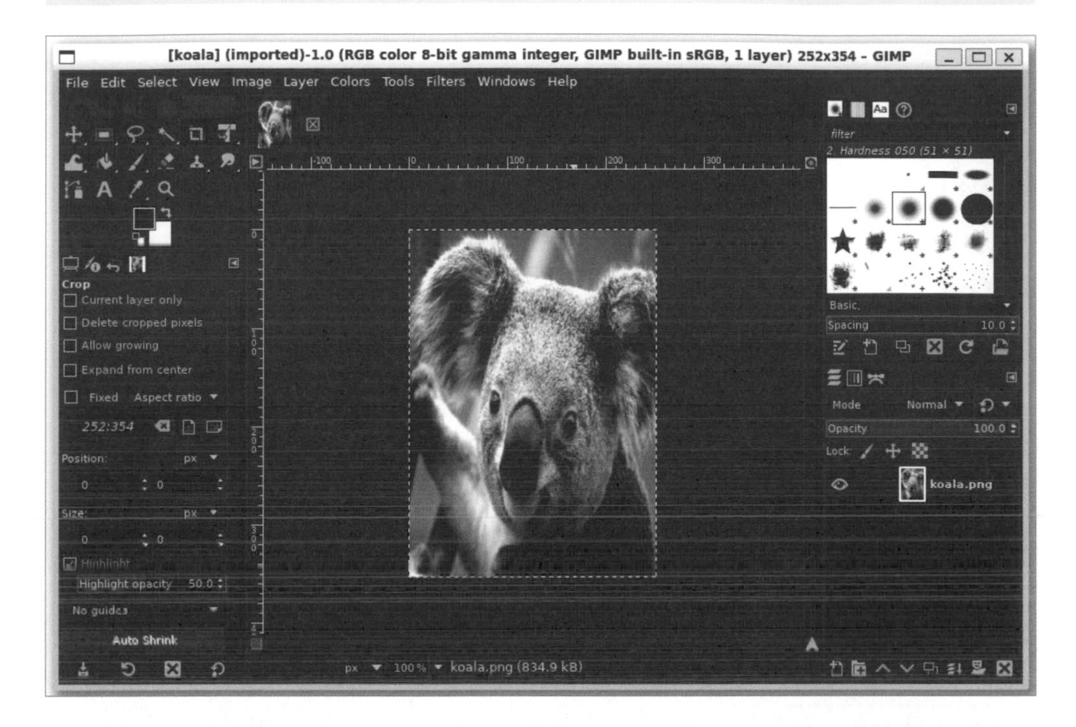

4-3 Linux 檔案管理器

Nautilus 檔案管理器就是 GNOME 桌面環境的檔案管理器，類似 Windows 檔案總管，提供管理檔案和目錄的圖形化介面，可以幫助我們輕鬆瀏覽、複製、移動、刪除檔案與目錄，其安裝命令如下所示：

```
$ sudo apt install nautilus -y Enter
```

當成功安裝 Nautilus 檔案管理器後，我們就可以使用此檔案管理器來開啟 Linux 目錄，如下所示：

```
$ nautilus Enter
```

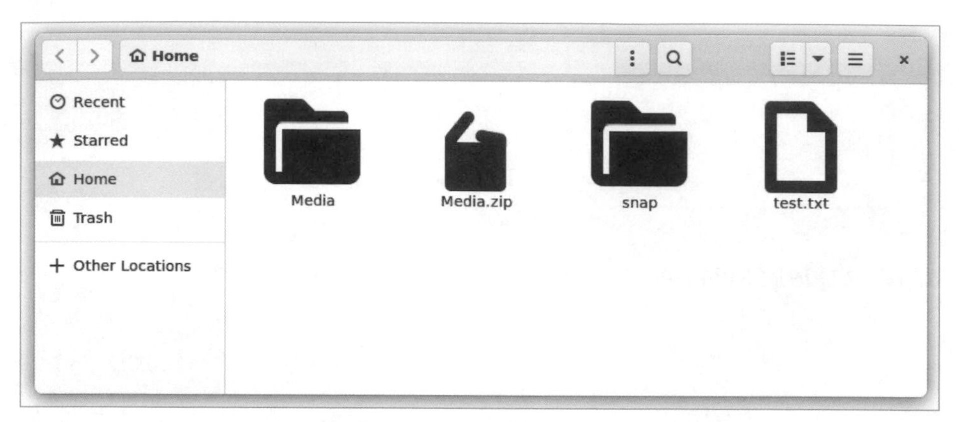

4-4 Linux 多媒體播放器

VLC 多媒體播放器是 VideoLAN 計畫所開發，一套開放原始碼（Open Source）的免費多媒體播放器，此工具跨平台支援 Windows、macOS、Linux、Android 和 iOS 作業系統，支援播放常見的多媒體檔案格式 MP4、AVI、MKV 等；音訊檔有 MP3、FLAC、AAC 等。

不只如此，VLC 還提供多種進階功能，例如：支援字幕、音訊和影片效果調整、串流媒體擷取和轉碼等功能，其簡單且直觀的使用者介面，可以讓使用者輕鬆且快速的使用各種功能，其安裝命令如下所示：

```
$ sudo apt install vlc -y Enter
```

當成功安裝 VLC 多媒體播放器後，首先，請複製書附範例「D:\WSL\ch04\wildlife.mp4」檔案至 Linux 子系統的使用者目錄「/home/hueyan/Media」，如下所示：

```
$ cp /mnt/d/WSL/ch04/wildlife.mp4 /home/hueyan/Media Enter
```

```
hueyan@DESKTOP-JOE:~$ cp /mnt/d/WSL/ch04/wildlife.mp4 /home/hueyan/Media
hueyan@DESKTOP-JOE:~$ cd Media
hueyan@DESKTOP-JOE:~/Media$ ls
Media  wildlife.mp4
hueyan@DESKTOP-JOE:~/Media$ |
```

然後切換至 Media 子目錄，即可顯示複製的檔案。現在，我們可以使用 VLC 多媒體播放器來播放此 MP4 影片檔，如下所示：

```
$ vlc /home/hueyan/Media/wildlife.mp4 Enter
```

上述命令的執行結果首先可以看到網路存取政策說明的訊息視窗，請按【Continue】鈕繼續。

然後，就可以看到 VLC 多媒體播放器正在播放影片，如下圖所示：

4-5 Linux 瀏覽器

Linux 作業系統一樣支援 Windows 常用的瀏覽器，例如：Google Chrome for Linux，在 WSL 2 安裝 Google Chrome for Linux 需要一些額外的步驟，其安裝步驟如下所示：

Step 1 請在 Windows 終端機切換至「/tmp」資料夾，如下所示：

```
$ cd /tmp Enter
```

```
hueyan@DESKTOP-JOE:~$ cd /tmp
hueyan@DESKTOP-JOE:/tmp$ |
```

Step 2 然後，就可以從 Google Chrome 官網使用 wget 命令下載安裝檔案，如下所示：

```
$ wget https://dl.google.com/linux/direct/google-chrome-stable_current_
amd64.deb Enter
```

```
hueyan@DESKTOP-JOE:/tmp$ wget https://dl.goo        table_current_amd64.deb
--2024-04-16 15:03:36--  https://dl.google.        e_current_amd64.deb
Resolving dl.google.com (dl.google.com)...        0e
Connecting to dl.google.com (dl.google.com)
HTTP request sent, awaiting response... 200
Length: 107223784 (102M) [application/x-de
Saving to: 'google-chrome-stable_current_am

google-chrome-stable_current_ 100%[========        =====>] 102.26M   739KB/s

2024-04-16 15:06:02 (722 KB/s) - 'google-chr        [107223784/107223784]

hueyan@DESKTOP-JOE:/tmp$ |
```

Step 3 最後，執行下列命令來安裝 Google Chrome，如下所示：

```
$ sudo apt install --fix-missing ./google-chrome-stable_current_amd64.deb
-y Enter
```

上述命令使用 --fix-missing 選項，此選項可以避免發生相依性問題，「./」是指 .deb 安裝檔案位在當前目錄，其執行結果如下圖所示：

```
hueyan@DESKTOP-JOE:/tmp$ sudo apt install --fix-missing ./google-chrome-stable_current_amd64.deb -y
Reading package lists... Done
Building dependency tree... Done
Reading state information... Done
Note, selecting 'google-chrome-stable' instead of './google-chrome-stable_current_amd64.deb'
The following additional packages will be installed:
  libu2f-udev
The following NEW packages will be installed:
  google-chrome-stable libu2f-udev
0 upgraded, 2 newly installed, 0 to remove and 2 not upgraded.
```

當完成 Google Chrome 安裝後，我們就可以使用 google-chrome 命令啟動 Google Chrome 瀏覽器，如下所示：

```
$ google-chrome Enter
```

請注意！受限於 WSL 2，Google Chrome 可能無法提供與完整 Linux 作業系統相同的性能與功能，甚至有可能無法成功的執行。

4-6 LibreOffice 辦公室軟體

LibreOffice 是一套功能強大開放原始碼（Open Source）的免費辦公室軟體，可以取代 Microsoft Office 軟體來處理辦公室的相關任務，包含：文字處理、試算表、簡報、圖形編輯和資料庫管理等，其安裝命令如下所示：

```
$ sudo apt install libreoffice -y Enter
```

當成功安裝 LibreOffice 辦公室軟體後，我們就可以使用下列命令來啟動 LibreOffice 辦公室軟體，如下所示：

```
$ libreoffice Enter
```

LibreOffice 主要工具的簡單說明，如下所示：

- **Writer 文書處理**：類似 Microsoft Word，可以用來新建和編輯文件檔案，支援多種不同格式的文件檔案編輯，如下圖所示：

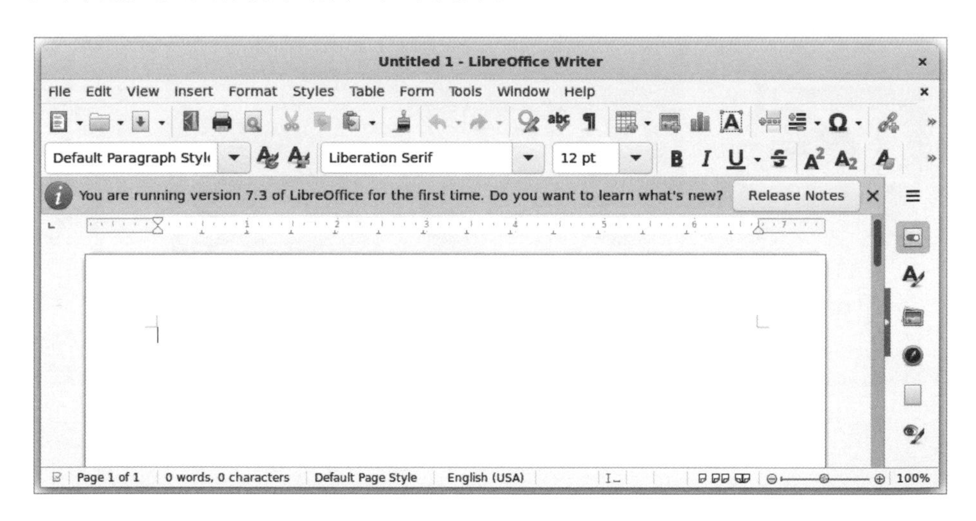

- **Calc 試算表**：類似 Microsoft Excel，可以用來執行資料處理、分析和製作圖表等任務，如下圖所示：

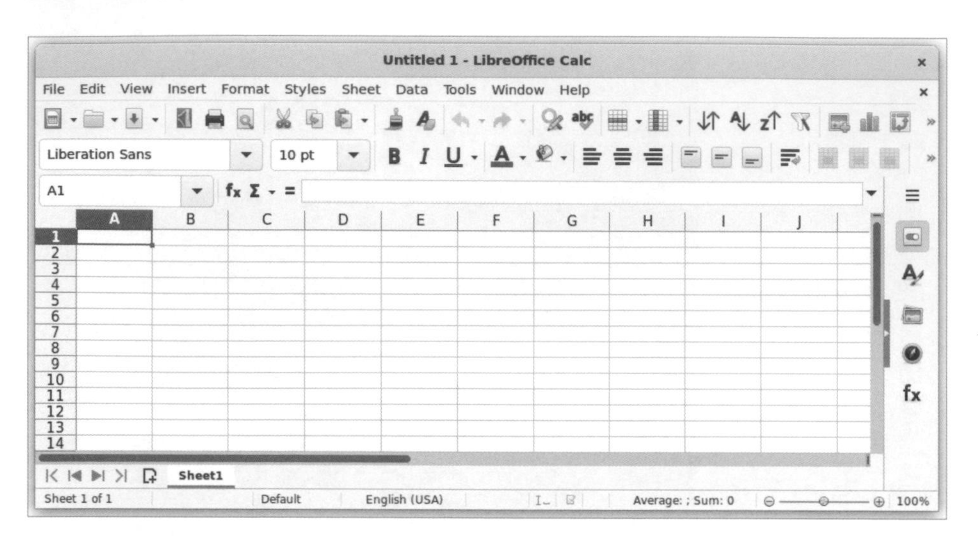

- **Impress 簡報**：類似 Microsoft PowerPoint，可以用來新增和編輯簡報，並且支援豐富的圖形和動畫效果，如下圖所示：

- **Base 資料庫**：類似 Microsoft Access 的資料庫管理程式，如下圖所示：

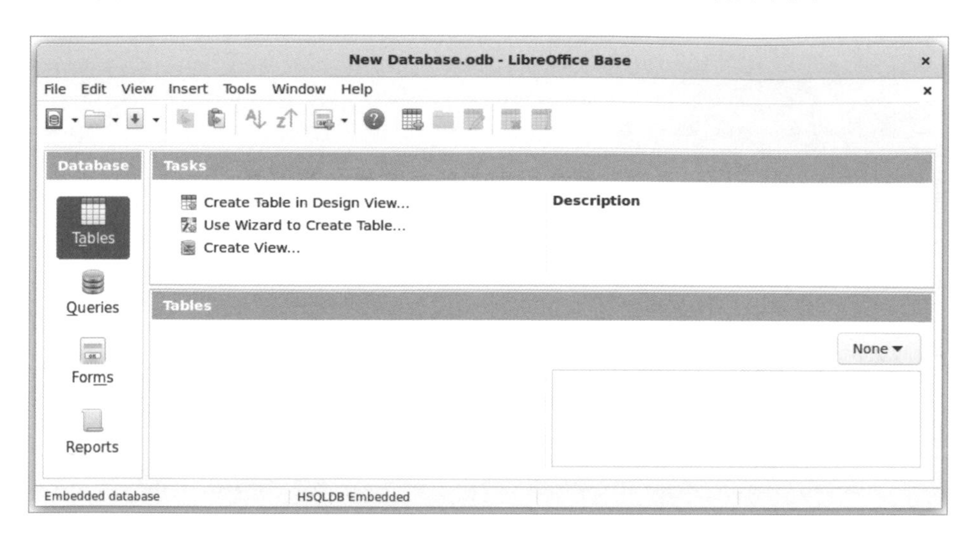

- **Draw 繪圖**：支援建立各種圖形和圖表，包含：流程圖和組織圖等各種圖形與圖表，如下圖所示：

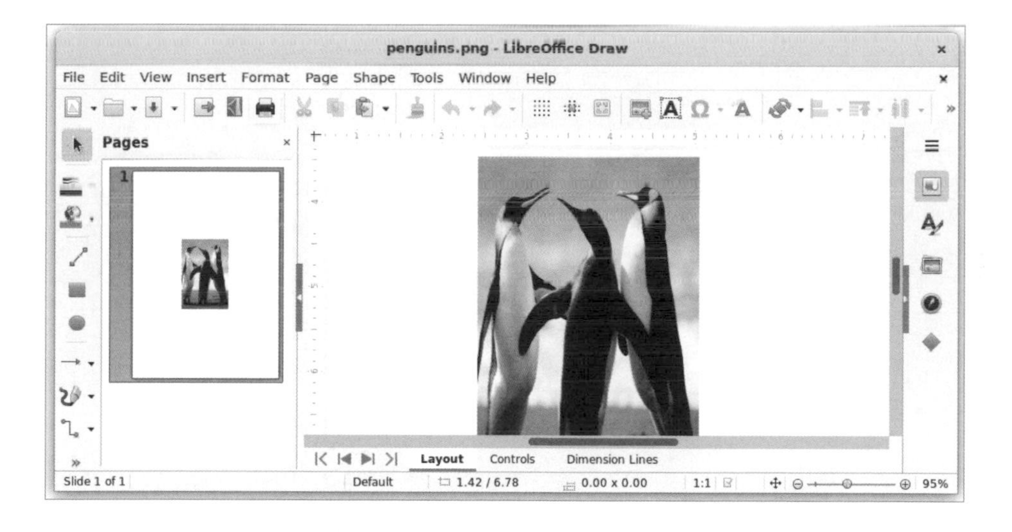

- **Math 數學公式編輯器**：可以幫助我們新建和編輯數學公式與方程式，如下圖所示：

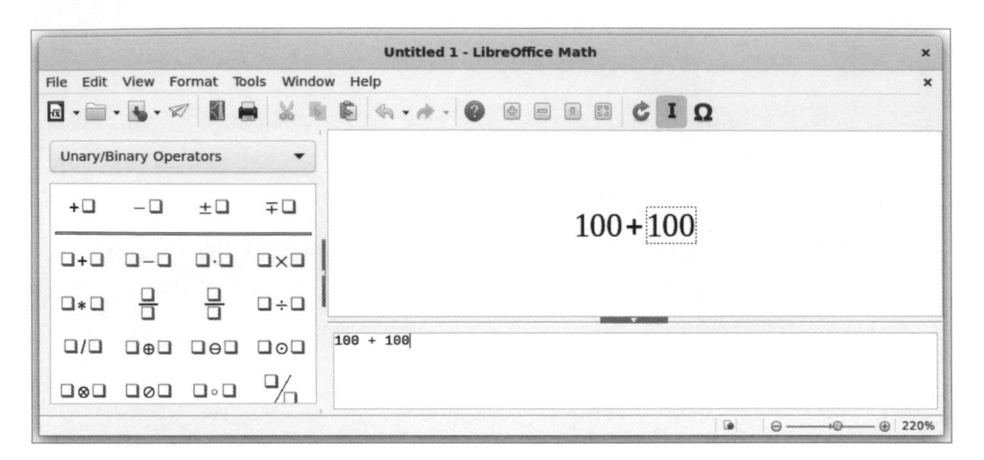

PART

2

虛擬機器的虛擬化：使用 WSL 2 的 Linux 子系統

使用 WSL 架設伺服器：Apache + MySQL + PHP

5-1 架設 Apache 的 Web 伺服器

在本章是繼續使用第 2 章匯入建立名為 Ubuntu-AMP 的 Linux 發行版，請啟動 Windows 終端機執行下列命令指定 Ubuntu-AMP 成為預設發行版後，就可以啟動、進入和切換至 Linux 使用者目錄，如下所示：

```
> wsl -s Ubuntu-AMP Enter
> wsl Enter
$ cd ~ Enter
```

LAMP 伺服器或稱為 LAMP 堆疊（Stacks），這就是在 Linux 作業系統架設支援 PHP 技術 Web 伺服器，L 是指 Linux 作業系統，AMP 是指 Apache、MySQL 和 PHP，這是常見伺服端網頁技術的環境配置。

5-1-1 安裝 Apache 伺服器

Apache 是著名開放原始碼（Open Source）的 Web 伺服器，我們可以在 Linux 子系統使用 Apache 架設 Web 伺服器，讓瀏覽器使用 HTTP 通訊協定來下載 HTML 網頁。在 Linux 發行版更新套件資料庫後，就可以安裝 apache2 套件，如下所示：

```
$ sudo apt update Enter
$ sudo apt install apache2 -y Enter
```

上述命令可以安裝 Apache 伺服器，在安裝完成後，請切換至「/var/www/html」目錄，就可以看到預設首頁 index.html，如下圖所示：

```
hueyan@DESKTOP-JOE:~$ cd /var/www/html
hueyan@DESKTOP-JOE:/var/www/html$ ls
index.html
hueyan@DESKTOP-JOE:/var/www/html$
```

現在，我們可以在 Windows 電腦啟動 Chrome 瀏覽器，使用 IP 位址或 localhost 來瀏覽 Apache 伺服器的 index.html 首頁，請執行 hostname -I 命令來取得 IP 位址 172.25.75.109，其 URL 網址如下所示：

```
http://172.25.75.109/
```

或

```
http://localhost/
```

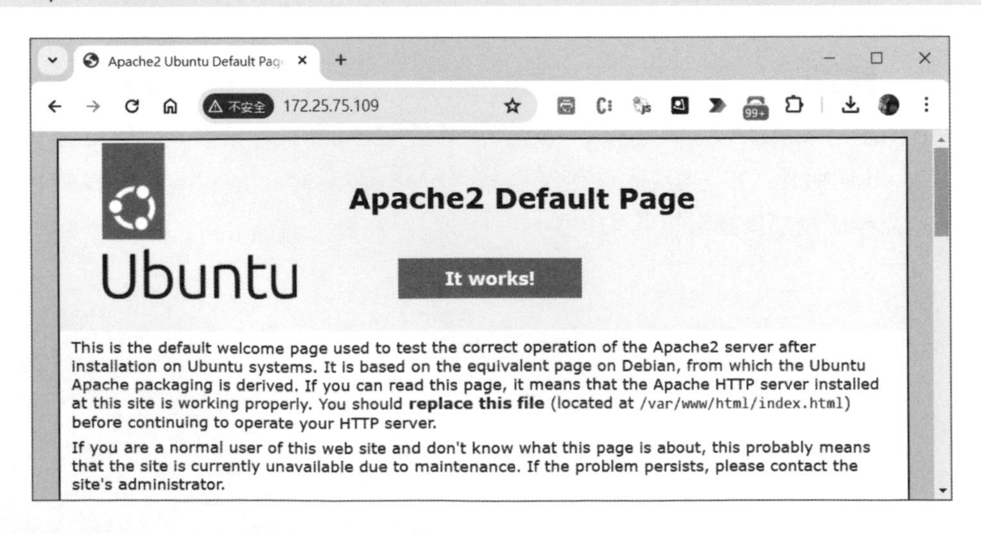

如果成功看到上述網頁，就表示 Apache 伺服器已經成功安裝。

5-1-2 使用 Geany 編輯 HTML 網頁

Linux 作業系統的 Geany 整合開發環境支援 PHP 程式和 HTML 網頁編輯，我們需要先安裝 Geany，和更改 index.html 檔案權限的擁有者後，才能使用 Geany 編輯 HTML 網頁。

安裝 Geany 整合開發環境

Geany 是一套開放原始碼（Open Source）輕量級的程式碼編輯器，支援多種程式語言的編輯，其安裝命令如下所示：

```
$ sudo apt install geany -y Enter
```

查詢和更改 index.html 的擁有者

在成功安裝 Geany 後，請依序執行 cd 和 ls -l 命令來查詢 index.html 檔案資訊，如下所示：

```
$ cd /var/www/html Enter
$ ls -l Enter
```

```
hueyan@DESKTOP-JOE:~$ cd /var/www/html
hueyan@DESKTOP-JOE:/var/www/html$ ls -l
total 12
-rw-r--r-- 1 root root 10671 Apr 17 09:47 index.html
hueyan@DESKTOP-JOE:/var/www/html$ |
```

上述圖例顯示 index.html 的擁有者是 root，我們需要使用 chown 命令更改擁有者是 Linux 發行版的使用者 hueyan，如此才能擁有權限來編輯 index.html 檔案的內容，如下所示：

```
$ sudo chown hueyan:root index.html Enter
$ ls -l Enter
```

上述命令的執行結果可以看到 index.html 檔案的擁有者已經改成 hueyan，如下圖所示：

```
hueyan@DESKTOP-JOE:/var/www/html$ sudo chown hueyan:root index.html
hueyan@DESKTOP-JOE:/var/www/html$ ls -l
total 12
-rw-r--r-- 1 hueyan root 10671 Apr 17 09:47 index.html
hueyan@DESKTOP-JOE:/var/www/html$ |
```

使用 Geany 編輯 index.html 檔案

在成功更改 index.html 檔案的擁有者後，就可以使用 geany 命令啟動 Geany，然後請執行「File>Open」命令開啟「Open File」對話方塊。

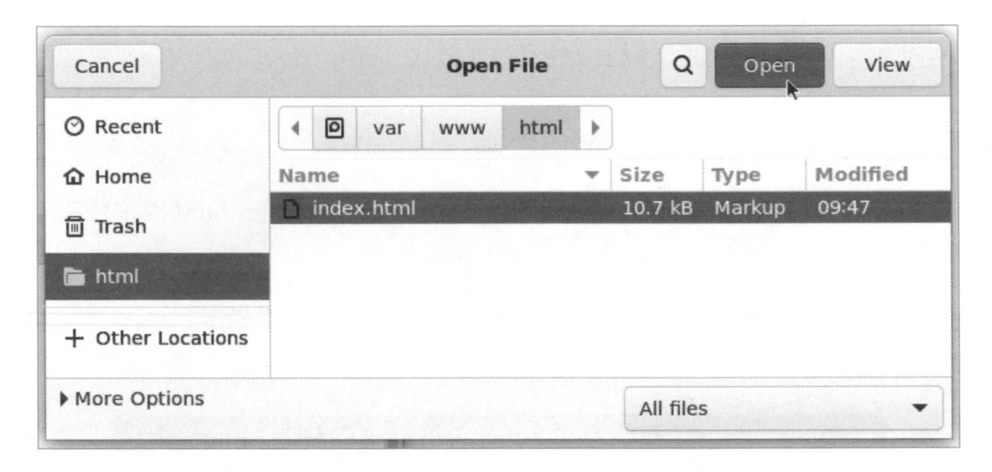

在左邊框選【+ Other Locations】，右邊選【Computer】，然後切換至「/var/www/html」目錄，選【index.html】檔案後，按【Open】鈕開啟 index.html，如下圖所示：

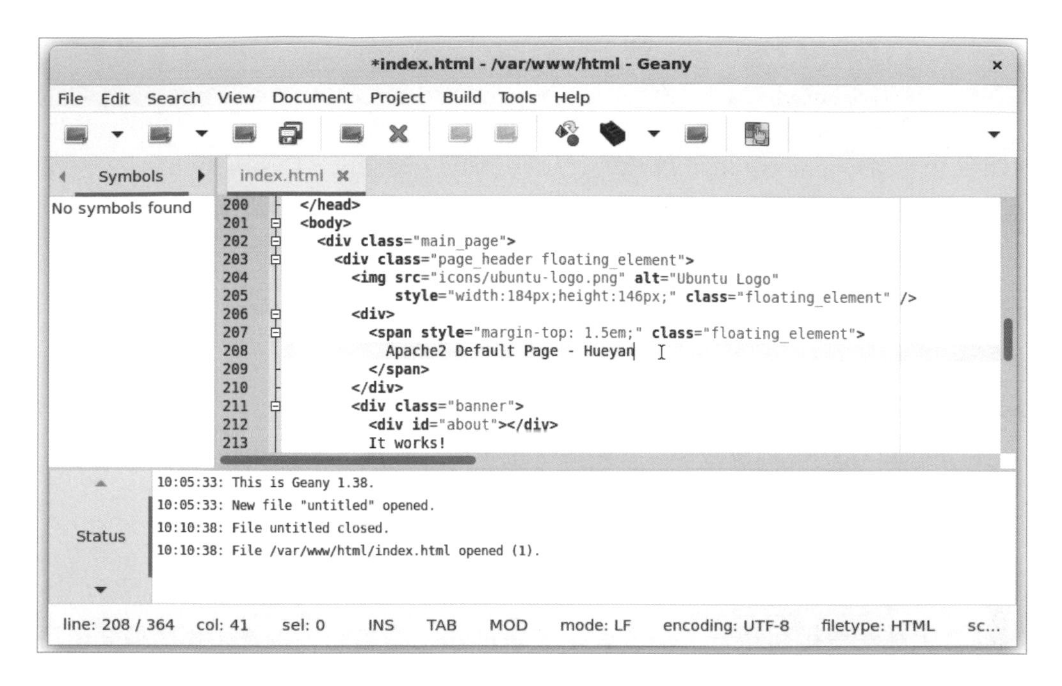

請捲動視窗找到 <body> 標籤下的 <span> 標籤（208 行），然後在標題文字 Apache2 Default Page 後輸入姓名【- Hueyan】（只支援英文），然後執行「File > Save」命令儲存 index.html 檔案的變更。

現在，當再次使用瀏覽器進入 Apache 伺服器的預設首頁，可以看到標題文字後我們新增的英文名字，如下圖所示：

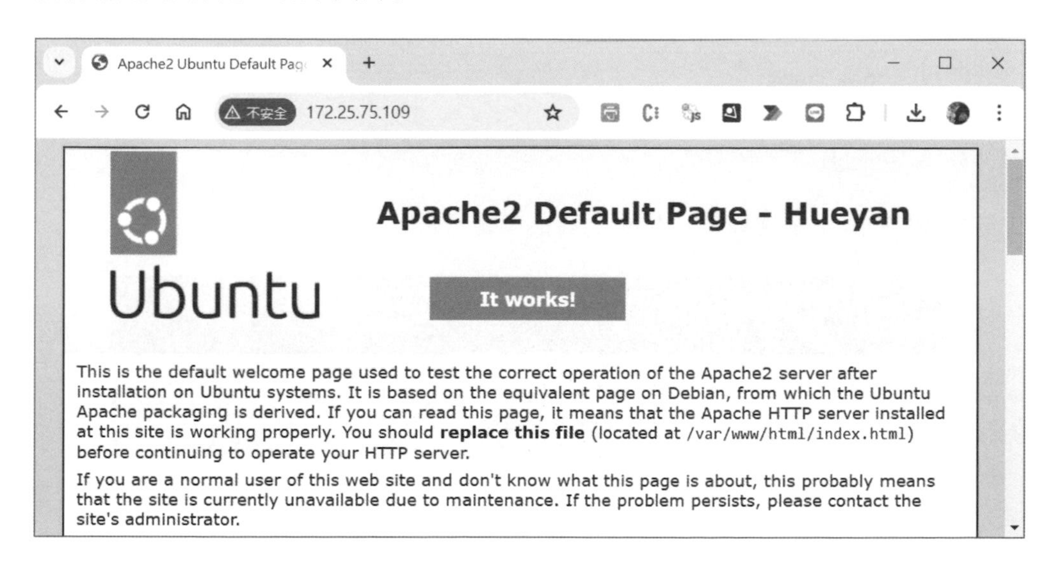

5-2 安裝 PHP 開發環境

PHP（PHP: Hypertext Preprocessor）是通用和開放原始碼（Open Source）的伺服端腳本語言（Script），我們可以直接將 PHP 程式碼內嵌於 HTML 網頁，這是一種 Unix/Linux 的伺服端網頁技術，也支援 Windows 作業系統，其官方網址：http://www.php.net/。

安裝 PHP

當成功安裝 Apache 伺服器後，我們就可以使用下列命令安裝 PHP，目前 Ubuntu 安裝的 PHP 版本是 8.1 版，如下所示：

```
$ sudo apt install php -y Enter
```

當執行上述命令就可以一併安裝最新版 PHP 和相關模組，接著，我們需要使用 Geany 建立 PHP 程式 index.php 來測試執行 PHP 程式。

更改「/var/www/html」目錄的擁有者

因為「/var/www/html」目錄的權限不足，我們無法使用 Geany 在此目錄新增 PHP 程式檔案 index.php，請先執行 chown 命令更改「/var/www/html」目錄擁有者成為 hueyan，如下所示：

```
$ cd /var/www Enter
$ sudo chown hueyan:root html Enter
$ ls -l Enter
```

上述命令的執行結果可以看到 html 目錄的擁有者是 hueyan，如下圖所示：

```
hueyan@DESKTOP-JOE:~$ cd /var/www
hueyan@DESKTOP-JOE:/var/www$ sudo chown hueyan:root html
hueyan@DESKTOP-JOE:/var/www$ ls -l
total 4
drwxr-xr-x 2 hueyan root 4096 Apr 17 09:47 html
hueyan@DESKTOP-JOE:/var/www$
```

使用 Geany 新增 PHP 程式 index.php

請啟動 Geany 後，執行「File＞New」命令新增程式檔案，然後在編輯標籤頁輸入 index.php 程式碼，如下所示：

```
<?php phpinfo(); ?>
```

上述 PHP 程式碼呼叫 phpinfo() 函數來顯示 PHP 版本和載入模組等相關資訊，如下圖所示：

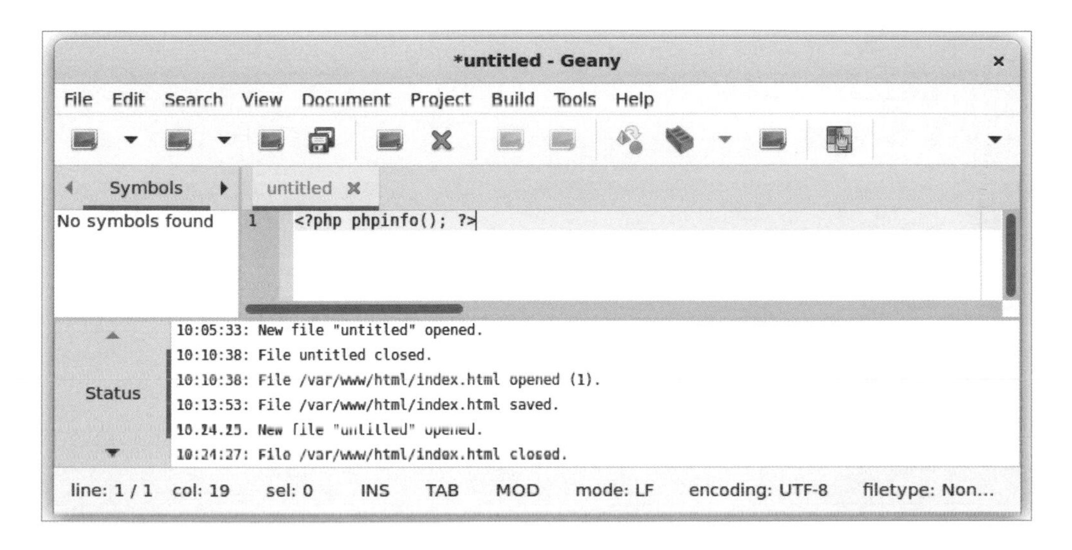

在完成輸入後，請執行「File＞Save」命令，然後切換至「/var/www/html」目錄，在【Name】欄輸入 index.php，按【Save】鈕儲存成 index.php，如下圖所示：

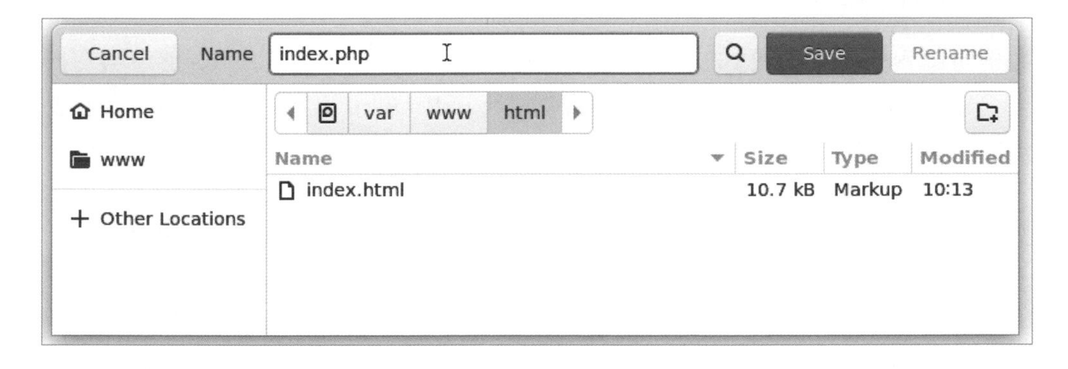

在瀏覽器測試執行 PHP 程式

在成功建立 PHP 程式 index.php 後，我們就可以啟動瀏覽器輸入下列網址來測試執行 PHP 程式，如下所示：

```
http://172.25.75.109/index.php
```

或

```
http://localhost/index.php
```

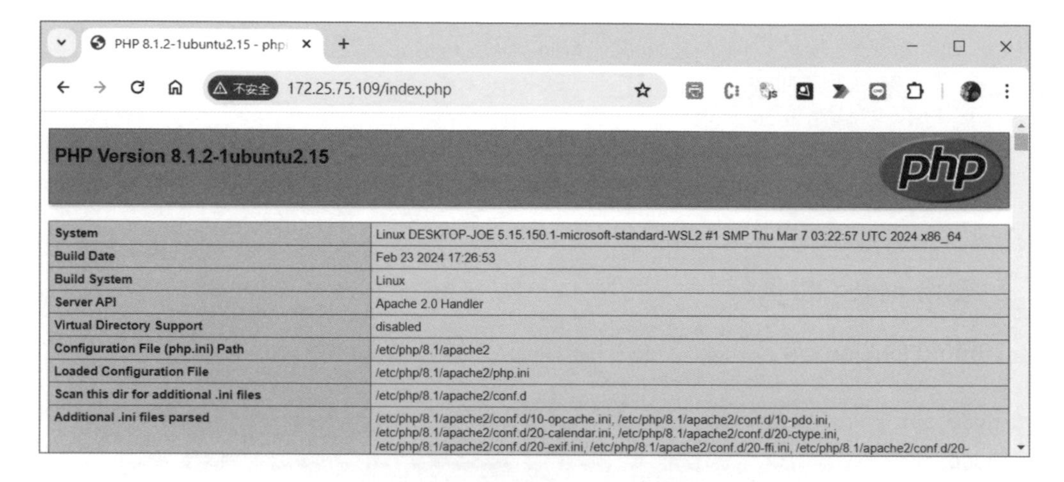

上述圖例是 PHP 程式的執行結果，使用 HTML 表格顯示 PHP 相關資訊，請注意！URL 網址一定要輸入 index.php，因為同一目錄下還有 index.html，如果沒有指明，先執行的是 index.html，而不是 index.php。

如果想輸入 http://172.25.75.109/ 就執行 index.php 的 PHP 程式，請在終端機切換至「/var/www/html」目錄，使用 rm 命令刪除 index.html 檔案，如此 index.php 就會自動成為預設的首頁。

說明

請注意！如果沒有成功顯示 PHP 資訊的網頁內容，請在終端機執行下列命令來重新啟動 Apache 伺服器，如下所示：

```
$ sudo service apache2 restart Enter
```

5-3 安裝與設定 MySQL 資料庫系統

MySQL 是一套開放原始碼（Open Source）的關聯式資料庫管理系統，原本是由 MySQL AB 公司開發與提供技術支援（已經被 Oracle 購併），這是 David Axmark、Allan Larsson 和 Michael Monty Widenius 在瑞典設立的公司，其官方網址為：http://www.mysql.com。

MariaDB 是 MySQL 原開發團隊開發的資料庫系統，保證永遠開放原始碼且完全相容 MySQL，目前 Facebook 和 Google 公司都已經改用 MariaDB 取代 MySQL 資料庫伺服器，其官方網址是：https://mariadb.org/。

現在我們要在 Ubuntu 安裝 MySQL 資料庫系統，事實上，我們是安裝 MariaDB，除了資料庫伺服器本身外，還需要安裝支援 PHP 的 MySQL 模組。

安裝 MySQL 資料庫伺服器

在 Ubuntu 的 Linux 發行版安裝 MySQL 資料庫伺服器的命令，如下所示：

```
$ sudo apt install mariadb-server -y Enter
$ sudo service apache2 restart Enter
```

上述命令首先安裝 MySQL 資料庫伺服器，在安裝完成後，我們需要重新啟動 Apache 伺服器。

安裝 PHP 的 MySQL 模組

我們需要安裝 PHP 的 MySQL 模組，以便 PHP 程式可以存取 MySQL 資料庫，如下所示：

```
$ sudo apt install php-mysql -y Enter
```

設定 MySQL 安全性：更改 root 使用者的密碼

請注意！ MySQL 的 root 使用者預設並沒有密碼，基於安全性考量，建議設定 root 使用者密碼。我們準備使用 mysql_secure_installation 設定 MySQL 資料庫的安全性，如下所示：

```
$ sudo mysql_secure_installation Enter
```

上述命令的執行結果，因為目前 root 並沒有密碼，請在提示文字 Enter current password for root (enter for none)，直接按 Enter 鍵，如下圖所示：

```
hueyan@DESKTOP-JOE:~$ sudo mysql_secure_installation

NOTE: RUNNING ALL PARTS OF THIS SCRIPT IS RECOMMENDED FOR ALL MariaDB
      SERVERS IN PRODUCTION USE!  PLEASE READ EACH STEP CAREFULLY!

In order to log into MariaDB to secure it, we'll need the current
password for the root user. If you've just installed MariaDB, and
haven't set the root password yet, you should just press enter here.

Enter current password for root (enter for none):
```

再輸入 2 次【y】和按 Enter 鍵來確認更改密碼，即可在【New password:】之後輸入新密碼，例如：A123456，按 Enter 鍵後，需要再輸入一次相同的密碼後，按 Enter 鍵，如下圖所示：

```
OK, successfully used password, moving on...

Setting the root password or using the unix_socket ensures that nobody
can log into the MariaDB root user without the proper authorisation.

You already have your root account protected, so you can safely answer 'n'.

Switch to unix_socket authentication [Y/n] y
Enabled successfully!
Reloading privilege tables..
 ... Success!


You already have your root account protected, so you can safely answer 'n'.

Change the root password? [Y/n] y
New password:
Re-enter new password:
```

然後重複按 4 次【y】後按 Enter 鍵，依序刪除匿名使用者、不允許遠端登入、刪除測試資料庫和重新載入權限表，即可完成 MySQL 安全性設定。

5-4 安裝與使用 phpMyAdmin 管理工具

phpMyAdmin 是一套免費 Web 介面的 MySQL 管理工具，可以幫助我們管理 MySQL 伺服器，和在 MySQL 資料庫新增資料庫與資料表。

5-4-1 安裝 MySQL 管理工具 phpMyAdmin

phpMyAdmin 本身就是使用 PHP 技術建立的 Web 應用程式，在安裝前，請先參閱本章前幾節的說明與步驟來安裝 PHP 開發環境。

安裝 phpMyAdmin

當成功安裝 PHP 開發環境後，我們就可以安裝 phpMyAdmin，如下所示：

```
$ sudo apt install phpmyadmin -y Enter
```

上述命令的執行過程中，也會一併設定 phpMyAdmin，其步驟如下所示：

Step 1 因為目前的 Ubuntu 有 2 種 Web 伺服器可供選擇，所以顯示選項畫面選擇使用的 Web 伺服器，請選【apache2】(可用上下方向鍵選擇)，按 Enter 鍵繼續安裝。

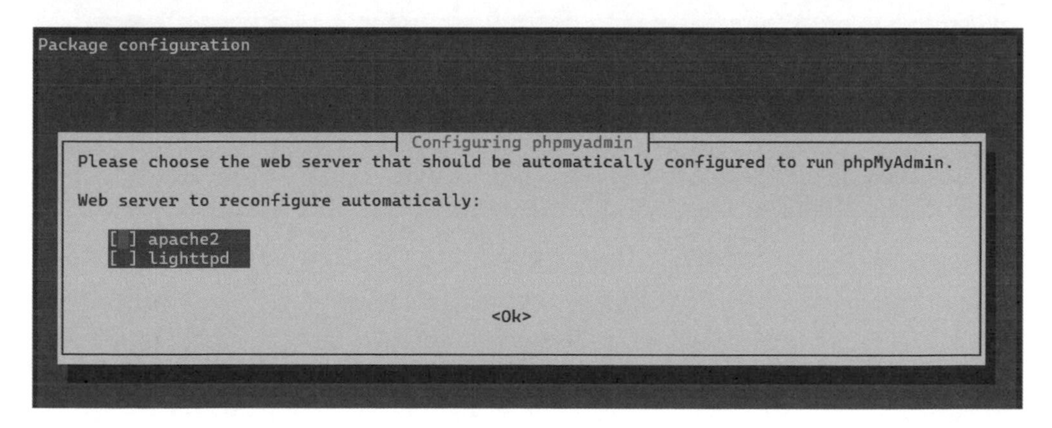

Step 2 等到安裝完成，可以看到設定 phpMyAdmin 畫面，訊息指出 phpMyAdmin 必須安裝好資料庫和設定 dbconfig-common 檔後才能啟動，你可以手動自行設定，或在安裝過程使用下方套件設定介面來設定 phpMyAdmin，請按 Tab 鍵切換選項，當看到【 <Yes> 】的背景成為紅色後，按 Enter 鍵。

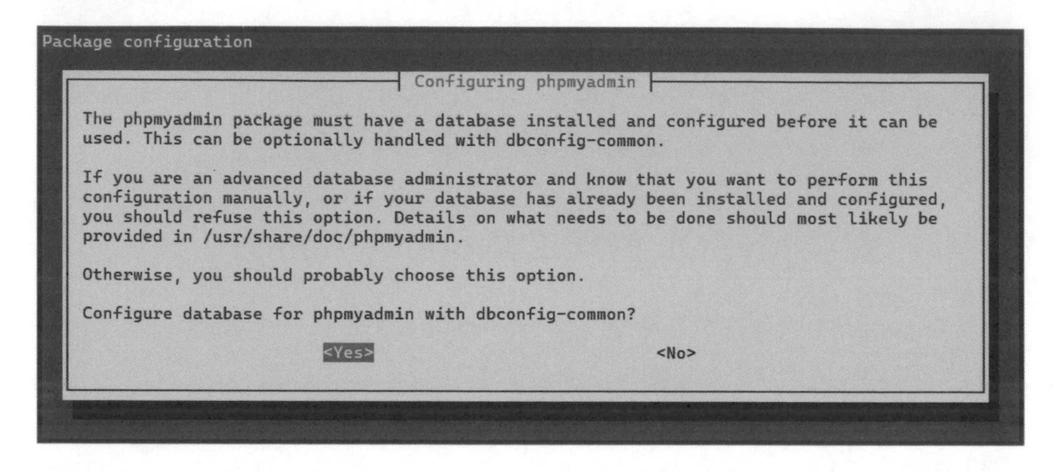

Step 3 請輸入 MySQL 資料庫伺服器使用者 root 的密碼 A123456 後，按 Tab 鍵切換選項，當看到【 <Ok> 】的背景成為紅色後，按 Enter 鍵。

```
Package configuration

Configuring phpmyadmin
Please provide a password for phpmyadmin to register with the database server. If left
blank, a random password will be generated.

MySQL application password for phpmyadmin:

*******_____________________________________________________________________

<Ok>                                        <Cancel>
```

Step 4 請再輸入一次相同密碼後，按 Enter 鍵，就完成 phpMyAdmin 的安裝與設定。

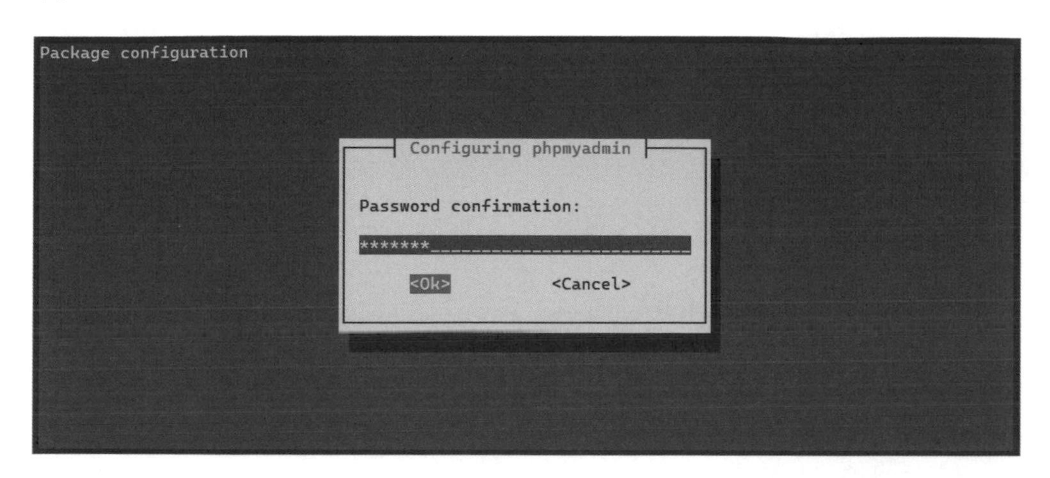

Step 5 在完成 phpMyAdmin 的安裝後，請使用下列命令來重新啟動 MySQL 和 Apache，如下所示：

```
$ sudo service mysql restart Enter
$ sudo service apache2 restart Enter
```

設定 phpMyAdmin 的目錄連接

接著，我們需要將 phpMyAdmin 管理工具的路徑連接至 Apache 網站的根目錄，使用的是 ln 命令，-s 選項是建立目錄連接，可以將【phpmyadmin】連接至「/usr/share/phpmyadmin」路徑，如下所示：

```
$ cd /var/www/html Enter
$ sudo ln -s /usr/share/phpmyadmin phpmyadmin Enter
```

```
hueyan@DESKTOP-JOE:~$ cd /var/www/html
hueyan@DESKTOP-JOE:/var/www/html$ sudo ln -s /usr/share/phpmyadmin phpmyadmin
hueyan@DESKTOP-JOE:/var/www/html$ |
```

5-4-2 使用 phpMyAdmin 建立 MySQL 資料庫

phpMyAdmin 提供完整 Web 使用介面，可以幫助我們在 MySQL 伺服器建立資料庫、定義資料表和新增記錄資料。

啟動 phpMyAdmin

請啟動瀏覽器輸入下列 URL 網址來啟動 phpMyAdmin，如下所示：

```
http://172.25.75.109/phpmyadmin/
```

或

```
http://localhost/phpmyadmin/
```

在登入頁面的【使用者名稱：】欄輸入 root；【密碼：】欄輸入 A123456，按【執行】鈕登入 phpMyAdmin。

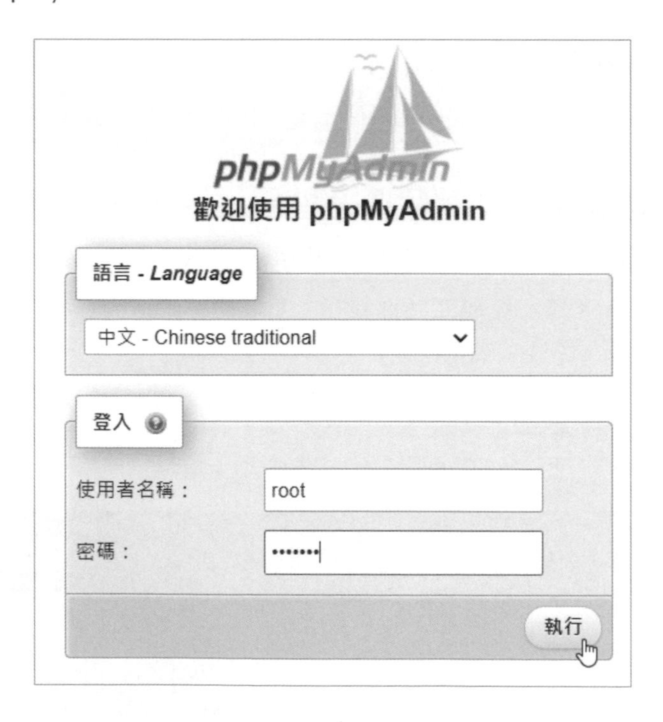

就可以進入 phpMyAdmin 管理頁面，如下圖所示：

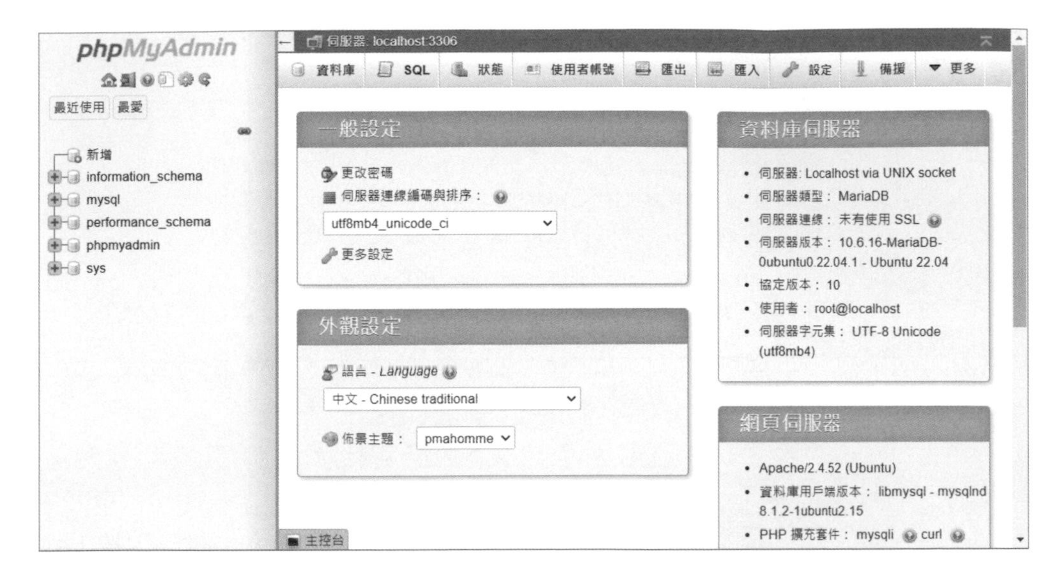

建立 MySQL 資料庫

現在，我們準備使用 phpMyAdmin 在 MySQL 資料庫伺服器建立名為【school】的資料庫，其步驟如下所示：

Step 1 請啟動瀏覽器登入 phpMyAdmin 管理工具的網頁，點選上方【伺服器：localhost:3306】後，再選【資料庫】標籤來新增資料庫。

Step 2 在【建立新資料庫】欄輸入資料庫名稱【school】(MySQL 並不區分英文字母大小寫)，在之後選【utf8mb4_general_ci】不區分大小寫的字元校對，按【建立】鈕。

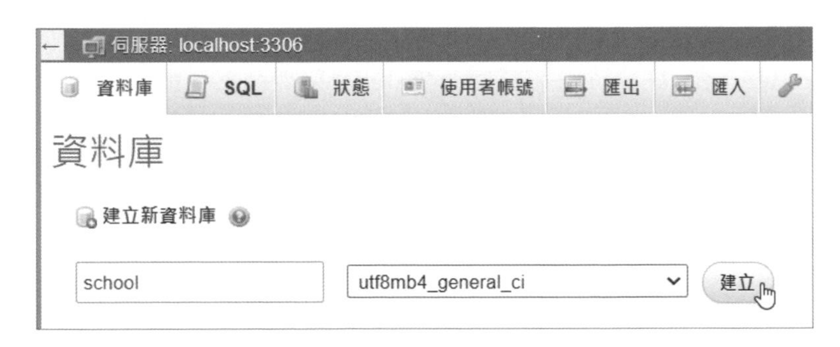

Step 3 可以看到訊息顯示 school 資料庫已經建立，然後自動切換至建立資料表的頁面。請點選上方【伺服器：localhost:3306】後，再選【資料庫】標籤，就可以在下方看到建立的 school 資料庫，如下圖所示：

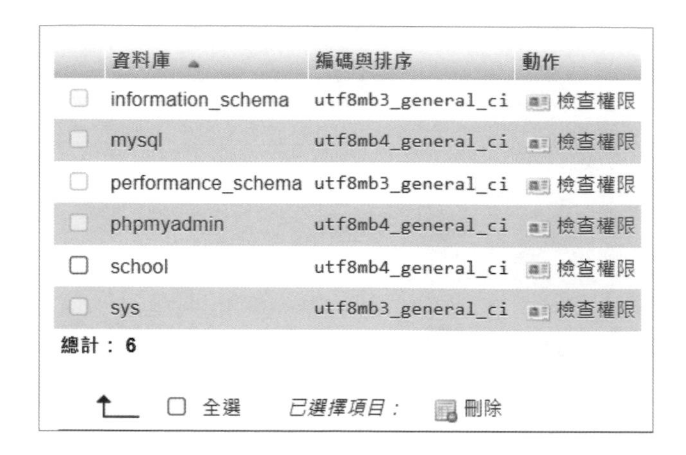

在資料庫清單勾選資料庫，點選右下角【刪除】圖示，就可以刪除選取的資料庫。

新增資料表

接著，我們準備在 school 資料庫新增名為【students】的資料表，資料表的欄位定義資料，如下表所示：

資料表：students			
欄位名稱	MySQL 資料類型	大小	欄位說明
std_no	CHAR	5	學號（主鍵）
name	VARCHAR	12	姓名
address	VARCHAR	50	地址
birthday	DATE	N/A	生日

請啟動 phpMyAdmin 在 school 資料庫新增 students 資料表，其步驟如下所示：

Step 1 在 phpMyAdmin 管理畫面左邊目錄選【school】資料庫，然後在右邊【名稱】欄輸入資料表名稱【students】（MySQL 並不區分英文字母大小寫），【欄位數】欄是輸入資料表的欄位數，以此例是【4】，按【執行】鈕。

Step 2 可以看到編輯資料表欄位的表單，請輸入前述 students 資料表的欄位定義資料，資料類型的型態是使用下拉式選單來選擇。

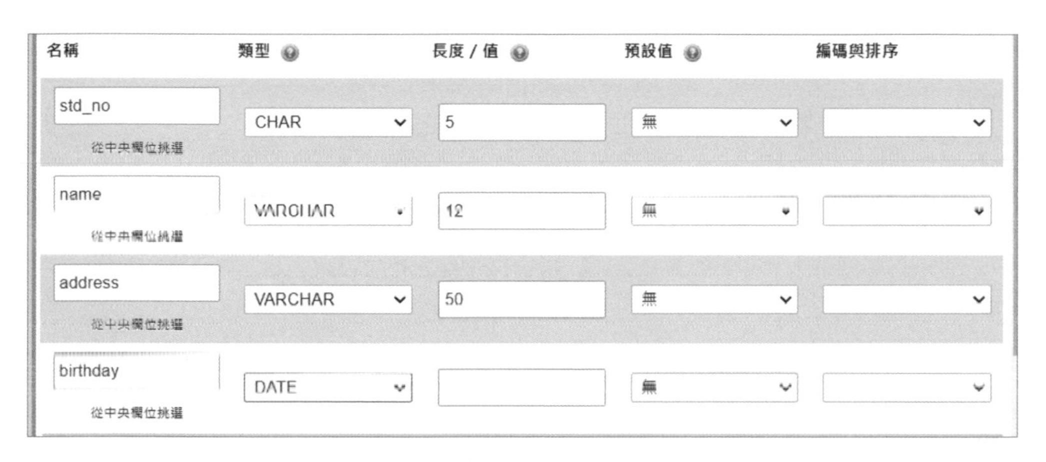

Step 3 接著請向右捲動視窗，在【std_no】欄位這一行的【索引】欄選【PRIMARY】主鍵，可以看到「新增索引」對話方塊。

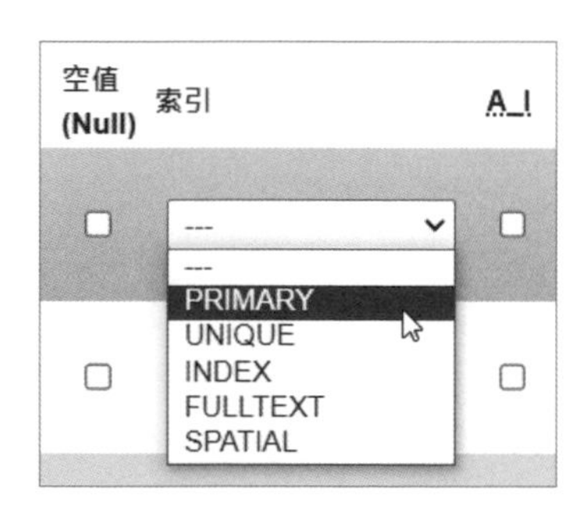

說明

欄位型態如果是數值且需要自動增加欄位值時，請勾選【A_I】欄。

Step 4 在此對話方塊可以指定只使用部分欄位值來建立索引，以此例不用更改，按【執行】鈕。

Step 5 請將畫面往下捲動，可以看到右下方的【儲存】鈕，請按此按鈕儲存資料表，即可建立 students 資料表，和檢視資料表的欄位定義資料，如下圖所示：

資料表結構 關聯檢視

	#	名稱	類型	編碼與排序	屬性	空值(Null)	預設值	備註	額外資訊	動作
☐	1	**std_no**	char(5)	utf8mb4_general_ci		否	無			修改 刪除 更多
☐	2	**name**	varchar(12)	utf8mb4_general_ci		否	無			修改 刪除 更多
☐	3	**address**	varchar(50)	utf8mb4_general_ci		否	無			修改 刪除 更多
☐	4	**birthday**	date			否	無			修改 刪除 更多

☐ 全選 *已選擇項目：* 瀏覽 修改 刪除 主鍵 獨一 索引 空間

上表資料表欄位的編輯方式是先勾選需要處理的欄位，然後在「動作」欄點選所需功能，常用功能的說明如下表所示：

動作	說明
修改	修改欄位的定義資料
刪除	刪除欄位
主鍵	將欄位設定成主鍵
獨一	將欄位值設定成為唯一值
索引	將欄位設為索引鍵欄位

新增記錄資料

現在，我們已經成功在 MySQL 的【school】資料庫新增【students】資料表，接著，就可以在此資料表新增記錄資料，其步驟如下所示：

Step 1 請在 phpMyAdmin 左邊資料庫清單目錄，展開【school】資料庫，可以在下方看到建立的 students 資料表，如下圖所示：

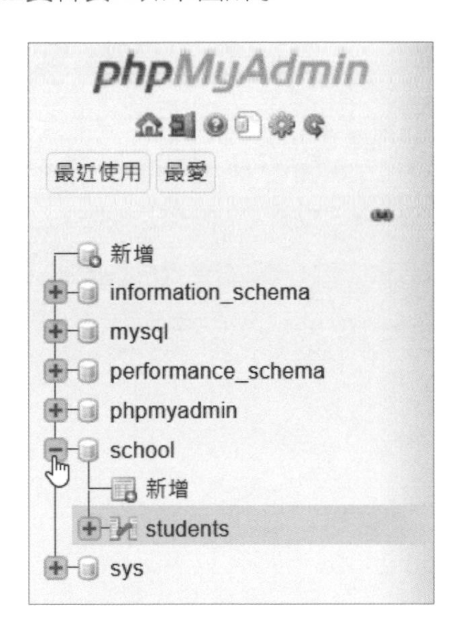

Step 2 點選【新增】項目可以新增資料表，請點選【students】，可以在右邊使用 SQL 指令【SELECT * FROM `students`】查詢資料表的記錄資料，目前是空的查詢結果，並沒有任何記錄，請選上方【新增】標籤來新增記錄資料。

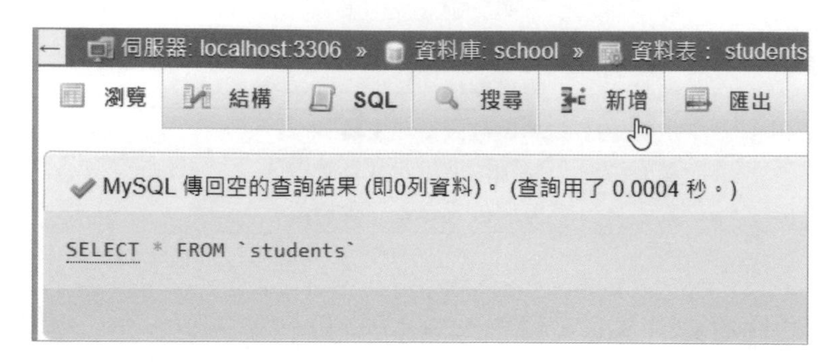

Step 3 在資料表記錄編輯畫面的表格，依序輸入 std_no、name、address 和 birthday 欄位值，按【執行】鈕新增記錄。

Step 4 可以看到成功新增一筆記錄的訊息文字「新增了 1 列」，在網頁上方是新增記錄的 SQL 命令，選上方【新增】標籤可以繼續新增其他記錄。

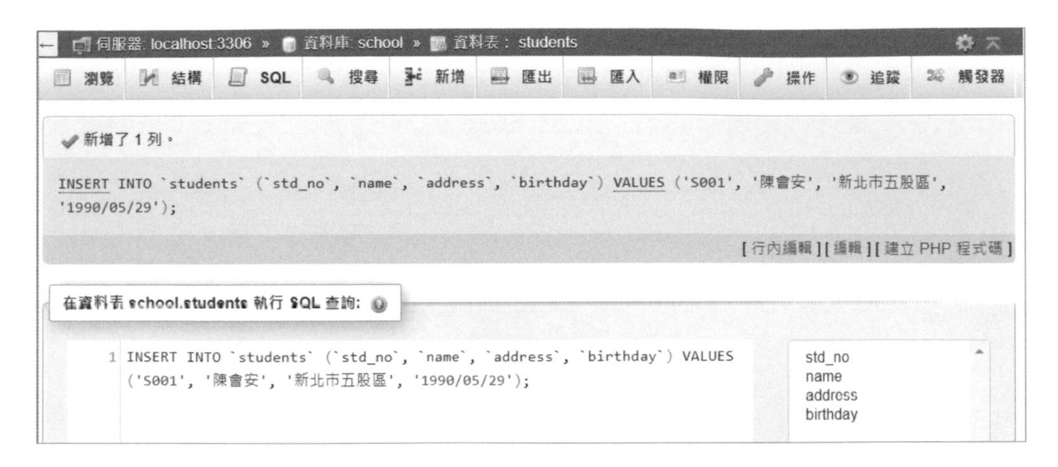

Step 5 在完成資料表記錄資料的新增後，選上方【瀏覽】標籤，可以在下方檢視 students 資料表的所有記錄資料，我們共新增了 2 筆記錄。

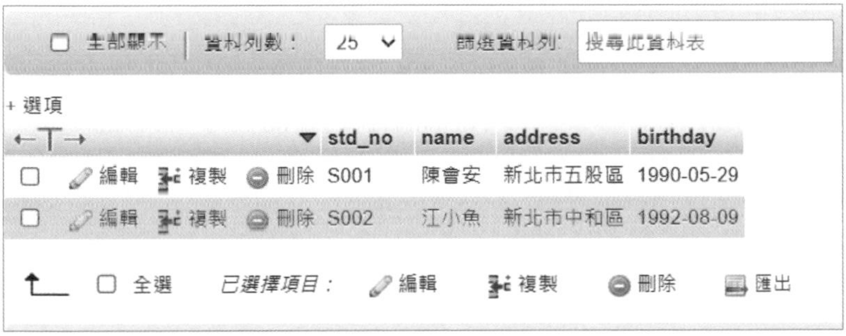

全部顯示 | 資料列數： 25 篩選資料列： 搜尋此資料表

+ 選項

←T→	std_no	name	address	birthday
編輯 複製 刪除	S001	陳會安	新北市五股區	1990-05-29
編輯 複製 刪除	S002	江小魚	新北市中和區	1992-08-09

全選 已選擇項目： 編輯 複製 刪除 匯出

Note

建立 Python 開發環境與深度學習的 GPU 加速

6-1 在 Linux 子系統安裝 Miniconda

在本章是繼續使用第 2 章匯入建立名為 Ubuntu-Keras 的 Linux 發行版，請啟動 Windows 終端機執行下列命令指定 Ubuntu-Keras 成為預設發行版後，就可以啟動、進入和切換至 Linux 使用者目錄，如下所示：

```
> wsl -s Ubuntu-Keras  Enter
> wsl  Enter
$ cd ~  Enter
```

安裝 Miniconda

Anaconda 是著名 Python 整合安裝套件，除了 Python 標準模組外，還包含網路爬蟲、資料分析和視覺化所需的 NumPy、Pandas 和 Matplotlib 等資料科學套件。不過，因為 Anaconda 的尺寸相當龐大，所以，在本章是安裝精簡版的 Miniconda，而不是 Anaconda。

在 Windows 的 Linux 子系統 Ubuntu 可以安裝建立 Python 開發環境，我們準備直接使用 Linux 版的 Miniconda 來建立 Python 開發環境，其安裝步驟如下所示：

Step 1 請從下述網址找出 Miniconda for Linux 最新版的安裝程式檔名 Miniconda3-latest-Linux-x86_64.sh，其 URL 網址如下所示：

URL https://repo.anaconda.com/miniconda/

Index of /

Filename	Size	Last Modified
Miniconda3-latest-Windows-x86_64.exe	77.5M	2024-04-15 09:29:34
Miniconda3-latest-MacOSX-x86_64.sh	103.0M	2024-04-15 09:29:34
Miniconda3-latest-MacOSX-x86_64.pkg	102.3M	2024-04-15 09:29:34
Miniconda3-latest-MacOSX-arm64.sh	102.0M	2024-04-15 09:29:34
Miniconda3-latest-MacOSX-arm64.pkg	101.2M	2024-04-15 09:29:34
Miniconda3-latest-Linux-x86_64.sh	136.7M	2024-04-15 09:29:34
Miniconda3-latest-Linux-s390x.sh	132.4M	2024-04-15 09:29:34
Miniconda3-latest-Linux-aarch64.sh	110.3M	2024-04-15 09:29:34
Miniconda3-latest-Linux-ppc64le.sh	94.9M	2023-11-16 13:51:52
Miniconda3-latest-Windows-x86.exe	67.8M	2022-05-16 14:57:25

Step 2 如果尚未啟動 WSL，請啟動 Windows 終端機，輸入 wsl 命令進入 Linux 子系統，然後輸入 cd ~ 命令切換至 Linux 使用者目錄「/home/hueyan」，如下所示：

```
> wsl Enter
$ cd ~ Enter
```

Step 3 在安裝前需要更新套件資料庫（可能需要輸入使用者密碼），就可以開始更新套件資料庫，然後升級已安裝的套件，如下所示：

```
$ sudo apt update Enter
$ sudo apt upgrade -y Enter
```

Step 4 接著，請使用步驟 1 取得的 URL 網址（滑鼠右鍵複製網址），即可使用 wget 命令下載 Miniconda 安裝程式，之後就是安裝程式檔案的 URL 網址，可以看到正在下載和儲存檔案，如下所示：

```
$ wget https://repo.anaconda.com/miniconda/Miniconda3-latest-Linux-x86_64.sh
```
Enter

```
hueyan@DESKTOP-JOE:~$ wget https://repo.anaconda.com/miniconda/Miniconda3-latest-Linux-x86_64.sh
--2024-04-23 09:45:24--  https://repo.anaconda.com/miniconda/Miniconda3-latest-Linux-x86_64.sh
Resolving repo.anaconda.com (repo.anaconda.com)... 104.16.191.158, 104.16.32.241, 2606:4700::6810:
Connecting to repo.anaconda.com (repo.anaconda.com)|104.16.191.158|:443... connected.
HTTP request sent, awaiting response... 200 OK
Length: 143351488 (137M) [application/octet-stream]
Saving to: 'Miniconda3-latest-Linux-x86_64.sh'
```

Step 5 請稍等一下，等到成功下載檔案後，請輸入 bash 命令安裝 Miniconda，在之後是檔名，然後請持續按住 Enter 鍵閱讀使用者授權書，或直接按 Q 鍵跳過，如下所示：

```
$ bash Miniconda3-latest-Linux-x86_64.sh
```
Enter

```
hueyan@DESKTOP-JOE:~$ bash Miniconda3-latest-Linux-x86_64.sh

Welcome to Miniconda3 py312_24.3.0-0

In order to continue the installation process, please review
the license agreement.
Please, press ENTER to continue
>>> |
```

Step 6 在閱讀完使用者授權書後，請輸入【yes】後按 Enter 鍵同意授權後，再按一次 Enter 鍵確認安裝路徑「/home/hueyan/miniconda3」後，即可開始安裝 Miniconda，如下圖所示：

```
Do you accept the license terms? [yes|no]
>>> yes

Miniconda3 will now be installed into this location:
/home/hueyan/miniconda3

  - Press ENTER to confirm the location
  - Press CTRL-C to abort the installation
  - Or specify a different location below

[/home/hueyan/miniconda3] >>> |
```

Step 7 等到成功安裝 Miniconda，預設自動初始 conda 和更新 Shell 介面顯示的提示文字，請輸入【no】後按 Enter 鍵繼續。

```
installation finished.
Do you wish to update your shell profile to automatically initialize
This will activate conda on startup and change the command prompt whe
If you'd prefer that conda's base environment not be activated on sta
   run the following command when conda is activated:

conda config --set auto_activate_base false

You can undo this by running `conda init --reverse $SHELL`? [yes|no]
[no] >>> no
```

Step 8 現在，我們需要在 PATH 環境變數新增 Miniconda 搜尋路徑，請執行 notepad.exe 程式編輯 .bashrc 檔案，如下所示：

```
$ notepad.exe ~/.bashrc Enter
```

Step 9 可以看到 Windows 記事本開啟的檔案內容，請捲動檔案至最後，然後輸入下方的註解文字與新增搜尋路徑後，即可儲存和關閉檔案（搜尋路徑需將 hueyan 改成讀者的使用者名稱），如下所示：

```
# 新增Miniconda環境變數
export PATH=/home/hueyan/miniconda3/bin:$PATH
```

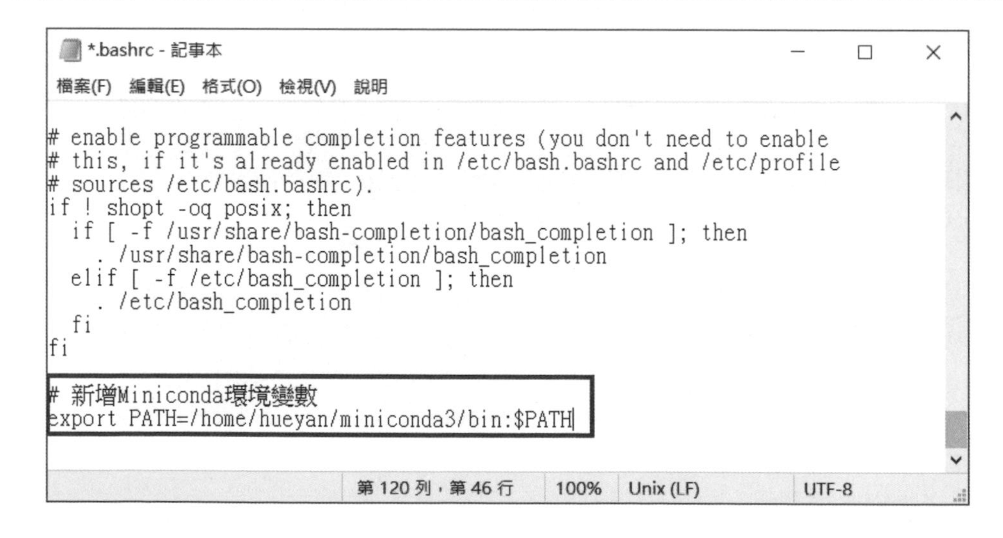

Step 10 然後，輸入 source 命令來讓 PATH 環境變數的配置生效，如下所示：

```
$ source ~/.bashrc Enter
```

Step 11 在成功更新 PATH 環境變數後，我們就可以使用 conda 命令來查詢 Miniconda 的安裝版本，顯示的是 24.3.0 版，如下所示：

```
$ conda --version Enter
```

```
hueyan@DESKTOP-JOE:~$ conda --version
conda 24.3.0
hueyan@DESKTOP-JOE:~$ |
```

匯出 Miniconda 的 Linux 發行版

當成功在 Linux 發行版 Ubuntu-Keras 安裝好 Miniconda 後，為了方便之後建立不同需求的 Python 開發環境，我們可以將目前的 Linux 發行版匯出成副檔名 Ubuntu_Miniconda.tar 的散發檔案。請在 Windows 終端機新增一頁全新的標籤頁後，輸入下列命令，如下所示：

```
> wsl --export Ubuntu-Keras D:\Ubuntu_Miniconda.tar Enter
```

上述命令的 Ubuntu-Keras 是 Linux 發行版名稱，之後就是匯出的檔案路徑，其執行結果如下圖所示：

```
PS C:\Users\hueya> wsl --export Ubuntu-Keras D:\Ubuntu_Miniconda.tar
匯出進行中，這可能需要幾分鐘的時間。
操作順利完成。
PS C:\Users\hueya> |
```

6-2 建立與管理 Python 虛擬環境

Python 虛擬環境可以針對不同 Python 專案建立專屬的開發環境，例如：特定 Python 版本和不同套件的需求，特別是哪些需要特定版本套件的 Python 專案，我們可以針對此專案建立專屬的虛擬環境，而不會因為特別版本的套件而影響其他 Python 專案的開發環境。

建立 Python 虛擬環境

在 Miniconda 是使用 conda 命令來建立、啟動、刪除與管理 Python 虛擬環境。我們準備建立名為 keras-bk 的虛擬環境，請啟動 Windows 終端機啟動、進入和切換至 Linux 使用者目錄後，輸入 conda create 命令來建立虛擬環境，如下所示：

```
$ conda create -n keras-bk python=3.10 -y Enter
```

上述命令的 -n 選項（或使用 --name 選項）指定虛擬環境名稱 keras-bk，python 選項指定 Python 版本是 3.10 版，其執行結果在顯示套件計劃 Package Plan 和虛擬環境路徑後，開始建立虛擬環境，如下圖所示：

```
hueyan@DESKTOP-JOE:~$ conda create -n keras-bk python=3.10 -y
Channels:
 - defaults
Platform: linux-64
Collecting package metadata (repodata.json): done
Solving environment: done

## Package Plan ##

  environment location: /home/hueyan/miniconda3/envs/keras-bk

  added / updated specs:
    - python=3.10
```

請耐心等待，等到完成建立後，就可以在最後顯示啟動 keras-bk 虛擬環境的命令說明，如下圖所示：

```
Downloading and Extracting Packages:

Preparing transaction: done
Verifying transaction: done
Executing transaction: done
#
# To activate this environment, use
#
#     $ conda activate keras-bk
#
# To deactivate an active environment, use
#
#     $ conda deactivate

hueyan@DESKTOP-JOE:~$
```

當成功建立虛擬環境後，我們需要輸入 conda init 命令來初始化環境，在完成後記得需要重新啟動 Windows 終端機，如下所示：

```
$ conda init Enter
```

```
hueyan@DESKTOP-JOE:~$ conda init
no change     /home/hueyan/miniconda3/condabin/conda
no change     /home/hueyan/miniconda3/bin/conda
no change     /home/hueyan/miniconda3/bin/conda-env
no change     /home/hueyan/miniconda3/bin/activate
no change     /home/hueyan/miniconda3/bin/deactivate
no change     /home/hueyan/miniconda3/etc/profile.d/co
no change     /home/hueyan/miniconda3/etc/fish/conf.d/
no change     /home/hueyan/miniconda3/shell/condabin/C
no change     /home/hueyan/miniconda3/shell/condabin/c
no change     /home/hueyan/miniconda3/lib/python3.12/s
no change     /home/hueyan/miniconda3/etc/profile.d/co
modified      /home/hueyan/.bashrc

==> For changes to take effect, close and re-open your

hueyan@DESKTOP-JOE:~$ |
```

請重新啟動 Windows 終端機，輸入 wsl 和 cd ~ 命令進入 Linux 子系統的使用者目錄，可以看到位在使用者名稱前方的 (base)，這是基底的 Python 虛擬環境（預設環境），請輸入 conda env list 命令顯示已建立的虛擬環境清單，如下所示：

```
(base) $ > conda env list Enter
```

```
(base) hueyan@DESKTOP-JOE:~$ conda env list
# conda environments:
#
base                  *  /home/hueyan/miniconda3
keras-bk                 /home/hueyan/miniconda3/envs/keras-bk

(base) hueyan@DESKTOP-JOE:~$ |
```

上述清單的 base 就是預設環境，可以看到新增的 keras-bk 虛擬環境。

啟動與使用 Python 虛擬環境

當成功建立 keras-bk 虛擬環境後，使用虛擬環境需要使用 conda activate 命令啟動虛擬環境，在命令最後是虛擬環境名稱 keras-bk，如下所示：

```
(base) $ conda activate keras-bk Enter
```

```
(base) hueyan@DESKTOP-JOE:~$ conda activate keras-bk
(keras-bk) hueyan@DESKTOP-JOE:~$ |
```

在成功啟動 keras-bk 虛擬環境後，可以看到前方 (base) 已經改成虛擬環境名稱 (keras-bk)，然後，請輸入 conda list 命令來檢視虛擬環境已經安裝的套件清單，如下所示：

```
(keras-bk) $ conda list Enter
```

上述命令的執行結果可以看到虛擬環境安裝的套件清單，如下圖所示：

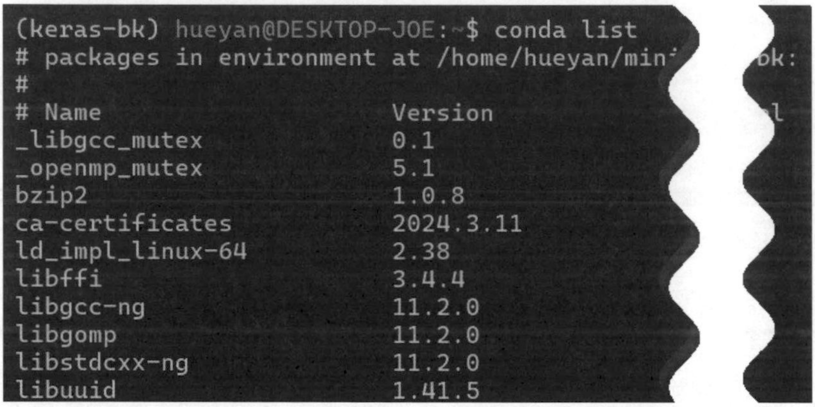

```
(keras-bk) hueyan@DESKTOP-JOE:~$ conda list
# packages in environment at /home/hueyan/min    bk:
#
# Name                    Version                 l
_libgcc_mutex             0.1
_openmp_mutex             5.1
bzip2                     1.0.8
ca-certificates           2024.3.11
ld_impl_linux-64          2.38
libffi                    3.4.4
libgcc-ng                 11.2.0
libgomp                   11.2.0
libstdcxx-ng              11.2.0
libuuid                   1.41.5
```

我們可以啟動 nano 或 Windows 編輯器來建立 Python 程式檔案，以此例，我們準備在 Linux 子系統安裝 Thonny 開發工具來建立第 1 個 Python 程式，使用的 pip install 命令，如下所示：

```
(keras-bk) $ pip install thonny Enter
```

然後，請使用 thonny 命令啟動 Thonny IDE，第 1 次啟動需要設定語言與初始設定，不用更改，請按【Let's go!】鈕繼續。

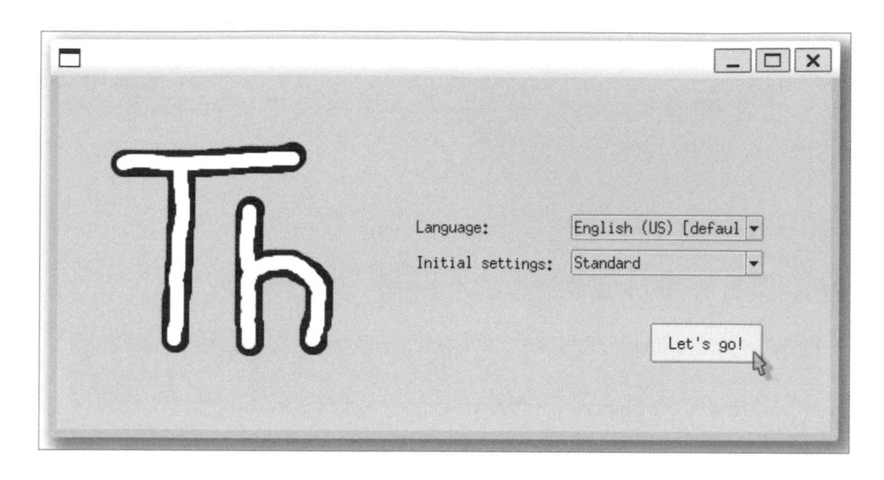

然後，就可以在標籤頁 <untitled> 輸入下列 Python 程式碼，如下所示：

```
num = 10
print(num)
```

請按 F5 鍵或「Run>Run current script」命令，就可在下方「Shell」窗框顯示 Python 程式的執行結果 10。

關閉與移除 Python 虛擬環境

關閉 Python 虛擬環境就是在啟動的 Python 虛擬環境 keras-bk 下，執行 conda deactivate 命令，如下所示：

```
(keras-bk) $ conda deactivate Enter
```

上述命令可以關閉 keras-bk 虛擬環境回到 (base)，如下圖所示：

```
(keras-bk) hueyan@DESKTOP-JOE:~$ conda deactivate
(base) hueyan@DESKTOP-JOE:~$ |
```

在 Miniconda 移除 Python 虛擬環境的命令是 conda env remove，如下所示：

```
(base) $ conda env remove --name keras-bk Enter
```

上述命令的 --name 選項（或 -n 選項）是移除的 Python 虛擬環境名稱，以此例是 keras-bk，需要輸入 Y 鍵確認，如下圖所示：

```
(base) hueyan@DESKTOP-JOE:~$ conda env remove --name keras-bk

Remove all packages in environment /home/hueyan/miniconda3/envs/keras-bk:

Everything found within the environment (/home/hueyan/miniconda3/envs/keras
rations and any non-conda files, will be deleted. Do you wish to continue?
 (y/[n])? y

(base) hueyan@DESKTOP-JOE:~$ |
```

6-3 建立支援 GPU 的 Keras 開發環境

Keras 是 Google 工程師 François Chollet 使用 Python 開發的一套開放原始碼的高階神經網路函式庫，Keras 3.x 版是 Keras 的重磅回歸，其跨框架支援 JAX、TensorFlow 和 PyTorch 後台框架的優點，可以一統深度學習的前端模型，讓開發團隊更有效率的進行團隊協作，開發各種複雜的深度學習模型。

TensorFlow 後台框架支援 NAVIDA GPU，可以讓 Keras 模型使用獨立顯示卡的 GPU 來加速神經網路的訓練，因為 TensorFlow 在 2.10 之後的版本，就已經不再支援原生 Windows 作業系統的 GPU，不過，我們可以改用 WSL 2 的 Linux 子系統，在 Linux 子系統建立支援 GPU 的 Keras 開發環境（事實上是指 TensorFlow 後台框架）。

在 Linux 子系統安裝 GPU 的 Keras 開發環境前，我們需要先確認 Windows 電腦的獨立顯示卡是否支援 CUDA 相容運算，請進入 NVIDIA 開發人員網頁來確認有包含你的獨立顯示卡，其 URL 網址如下所示：

URL https://developer.nvidia.com/cuda-gpus

如果讀者 Windows 電腦沒有 NVIDIA 獨立顯示卡或不支援 CUDA 運算，就只能安裝 CPU 版的 Keras 開發環境。

安裝最新版 NVIDIA 驅動程式

首先請在 Windows 作業系統下載安裝最新版 NVIDIA 驅動程式，其 URL 網址如下所示：

URL https://www.nvidia.com.tw/Download/index.aspx?lang=tw

在 Windows 電腦可以開啟 NVIDIA 控制面板，檢視目前安裝的 NVIDIA 驅動程式版本。

建立 Keras 開發環境

現在，我們就可以在 Linux 子系統建立 Keras 開發環境，其步驟如下所示：

Step 1 請啟動 Windows 終端機進入 Linux 子系統後，輸入 conda create 命令建立名為 keras-tf 的虛擬環境，Python 版本是 3.10，如下所示：

```
(base) $ conda create -n keras-tf python=3.10 -y Enter
```

Step 2 在成功建立虛擬環境後，如果沒有在第 6-2 節執行過 conda init 命令初始化環境，請先執行此命令，在完成後需要重新啟動 Windows 終端機，如果已經執行過，請直接執行步驟 3 的 conda activate 命令啟動虛擬環境，如下所示：

```
(base) $ conda init Enter
```

Step 3 如果有重新啟動 Windows 終端機後，請再次輸入 wsl 和 cd ~ 命令進入 Linux 子系統的使用者目錄，可以看到前方的 (base)，即可輸入 conda activate 命令啟動 keras-tf 虛擬環境（在使用者名稱前方的 (base) 已經改成 (keras-tf)），如下所示：

```
(base) $ conda activate keras-tf Enter
```

```
(base) hueyan@DESKTOP-JOE:~$ conda activate keras-tf
(keras-tf) hueyan@DESKTOP-JOE:~$ |
```

Step 4 然後，我們就可以使用 pip install 命令安裝 Keras 和 TensorFlow，如果有 NVIDIA 獨立顯示卡且支援 CUDA 運算，請在命令 tensorflow 後加上 [and-cuda]，就可以在安裝 TensorFlow 時自動搜尋安裝對應版本的 CUDA 函式庫，如下所示：

```
(keras-tf) $ pip install --upgrade keras Enter
(keras-tf) $ pip install --extra-index-url https://pypi.nvidia.com
tensorflow[and-cuda] Enter
```

如果沒有 NVIDIA 獨立顯示卡或不支援 CUDA 運算，此時的安裝命令就不需要加上 [and-cuda]，如下所示：

```
(keras-tf) $ pip install --upgrade keras Enter
(keras-tf) $ pip install tensorflow Enter
```

Step 5 請耐心等待套件的下載與安裝，等到成功安裝後，就可以使用下列命令來檢視 NAVIDA GPU 的資訊（有 GPU 才支援），如下所示：

```
(keras-tf) $ nvidia-smi Enter
```

```
(keras-tf) hueyan@DESKTOP-JOE:~$ nvidia-smi
Tue Apr 23 12:19:33 2024
+-----------------------------------------------------------------------------------------+
| NVIDIA-SMI 550.40.06              Driver Version: 551.23         CUDA Version: 12.4     |
|-----------------------------------------+------------------------+----------------------+
| GPU  Name                 Persistence-M | Bus-Id          Disp.A | Volatile Uncorr. ECC |
| Fan  Temp   Perf          Pwr:Usage/Cap |           Memory-Usage | GPU-Util  Compute M. |
|                                         |                        |               MIG M. |
|=========================================+========================+======================|
|   0  NVIDIA GeForce GTX 1060 6GB    On  |   00000000:01:00.0  On |                  N/A |
|  0%   50C    P8              13W /  140W |     905MiB /   6144MiB |      1%      Default |
|                                         |                        |                  N/A |
+-----------------------------------------+------------------------+----------------------+

+-----------------------------------------------------------------------------------------+
| Processes:                                                                              |
|  GPU   GI   CI        PID   Type   Process name                              GPU Memory |
|        ID   ID                                                               Usage      |
|=========================================================================================|
|    0   N/A  N/A       321      G   /Xwayland                                 N/A        |
+-----------------------------------------------------------------------------------------+
(keras-tf) hueyan@DESKTOP-JOE:~$ |
```

Step 6 然後執行 Python 程式 ch6-3.py 顯示是否有找到 GPU 裝置，首先複製 Python 程式至使用者目錄後，執行此 Python 程式，如下所示：

```
(keras-tf) $ cp /mnt/d/WSL/ch06/ch6-3.py /home/hueyan Enter
(keras-tf) $ python3 ch6-3.py Enter
```

```
(keras-tf) hueyan@DESKTOP-JOE:~$ cp /mnt/d/WSL/ch06/ch6-3.py /home/hueyan
(keras-tf) hueyan@DESKTOP-JOE:~$ python3 ch6-3.py
[PhysicalDevice(name='/physical_device:GPU:0', device_type='GPU')]
(keras-tf) hueyan@DESKTOP-JOE:~$ |
```

如果上述執行結果的 Python 串列不是空的（筆者已經刪除伴隨的一大串警告訊息文字），其內容就是找到的 GPU 裝置，如下所示：

```
[PhysicalDevice(name='/physical_device:GPU:0', device_type='GPU')]
```

上述訊息顯示找到的 GPU 裝置名稱與類型，就表示已經成功建立支援 GPU 的 Keras 開發環境。

說明

請注意！如果 Python 程式 ch6-3.py 的執行結果顯示的是一個空串列，這是表示沒有找到 GPU 裝置，其原因可能是 WSL 2 的 Linux 子系統尚未支援最新版 TensorFlow GPU。此時，請降低 TensorFlow 版本，重新執行 pip install 安裝 TensorFlow 2.15.0 版，如下所示：

```
(keras-tf) $ pip install --extra-index-url https://pypi.nvidia.com
tensorflow[and-cuda]==2.15.0 Enter
```

上述 tensorflow[and-cuda] 後的 [and-cuda] 是 2.15 之後版本的新功能，可以在安裝 TensorFlow 時自動搜尋安裝對應版本的 CUDA 函式庫。因為是降版安裝 2.15.0 版，預設是安裝 Keras 2.x 版，在完成安裝後，記得需要再升級成 Keras 3.x 版，如下所示：

```
(keras-tf) $ pip install --upgrade keras Enter
```

當升級安裝 Keras 3.x 版時，如果顯示 pip 相依不相容的錯誤訊息，請不用理會此訊息，如下圖所示：

```
      Successfully uninstalled keras-2.15.0
ERROR: pip's dependency resolver does not currently take into account all
r is the source of the following dependency conflicts.
tensorflow 2.15.0 requires keras<2.16,>=2.15.0, but you have keras 3.3.2
Successfully installed keras-3.3.2
(keras-tf) hueyan@DESKTOP-JOE:~$ |
```

6-4 安裝與使用 Linux 子系統的 Jupyter Notebook

當成功建立支援 GPU 的 Keras 開發環境後，接著需要安裝 Python 開發工具，我們準備在 keras-tf 虛擬環境安裝 Jupyter Notebook，如此就可以直接從 Windows 作業系統啟動瀏覽器，透過網頁介面來使用 Linux 子系統的 Jupyter 檔案管理與筆記本。

Jupyter Notebook 是在 Web 伺服器執行的 Web 應用程式，可以讓我們透過瀏覽器在筆記本（Notebook）上編輯程式碼和建立豐富文件內容，包含程式碼、段落、方程式、標題文字、圖片和超連結等。

安裝 Linux 子系統的 Jupyter Notebook

請啟動 Windows 終端機進入 Linux 子系統的使用者目錄後，執行 conda activate 命令啟動 keras-tf 虛擬環境，就可以使用 pip install 命令安裝 Jupyter Notebook，如下所示：

```
(keras-tf) $ pip install notebook Enter
```

當成功安裝 Jupyter Notebook 後，我們可以馬上在 keras-tf 虛擬環境啟動 Jupyter 伺服器，因為在 Linux 發行版並沒有安裝瀏覽器，所以在命令後需加上 --no-browser 選項，如下所示：

```
(keras-tf) $ jupyter notebook --no-browser Enter
```

```
[C 2024-04-23 12:26:46.617 ServerApp]

    To access the server, open this file in a browser:
        file:///home/hueyan/.local/share/jupyter/runtime/jpserver-34853-open.html
    Or copy and paste one of these URLs:
        http://localhost:8888/tree?token=c4d865b7bdb9a46810480c4010f6859059867549cf15768e
        http://127.0.0.1:8888/tree?token=c4d865b7bdb9a46810480c4010f6859059867549cf15768e
[I 2024-04-23 12:26:47.928 ServerApp] Skipped non-installed server(s): bash-language-server,
nodejs, javascript-typescript-langserver, jedi-language-server, julia-language-server, pyrigh
python-lsp-server, r-languageserver, sql-language-server, texlab, typescript-language-server,
scode-css-languageserver-bin, vscode-html-languageserver-bin, vscode-json-languageserver-bin,
```

上述訊息顯示已經成功的啟動 Jupyter 伺服器，並且顯示 2 個 URL 網址，請按住 Ctrl 鍵，點選任何一個超連結，就可以啟動 Windows 瀏覽器來載入 Jupyter 檔案管理介面，如下圖所示：

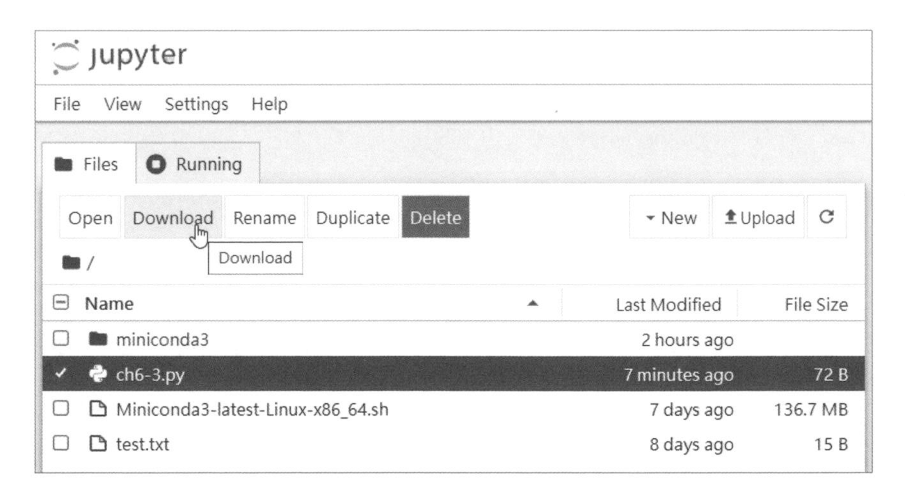

我們只需從 Windows 檔案總管拖拉檔案至上述檔案管理介面，即可上傳檔案至 Linux 子系統。選取 Linux 子系統的檔案後，點選上方【Download】，可以下載檔案至 Windows 作業系統。

建立第一份 Jupyter 筆記本

Jupyter 筆記本的副檔名是 .ipynb，這是一份包含程式碼和豐富文件內容的可執行文件，方便我們呈現和分享資料科學、機器學習或深度學習等資料分析的圖表和訓練結果，其建立步驟如下所示：

Step 1 請在 Jupyter 檔案管理介面的右方按【New】鈕，執行【Python 3 (ipykernel)】命令。

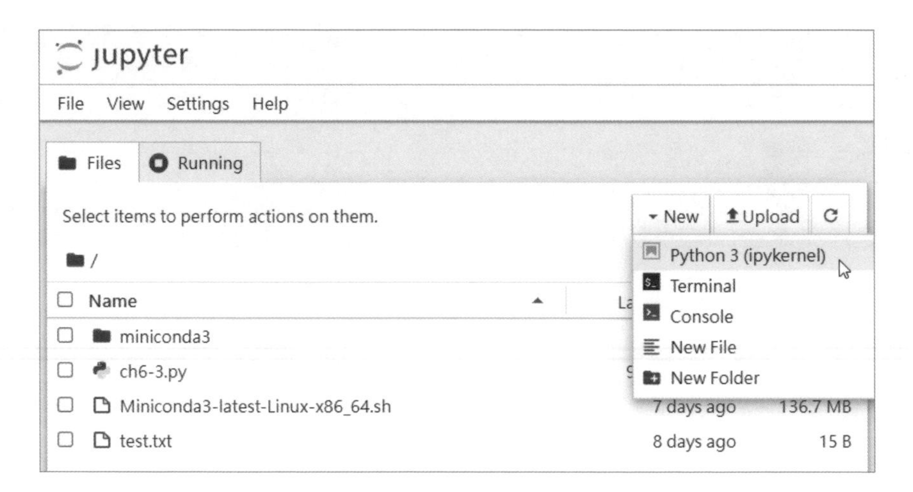

Step 2 可以建立一份名為【Untitled】的筆記本，如下圖所示：

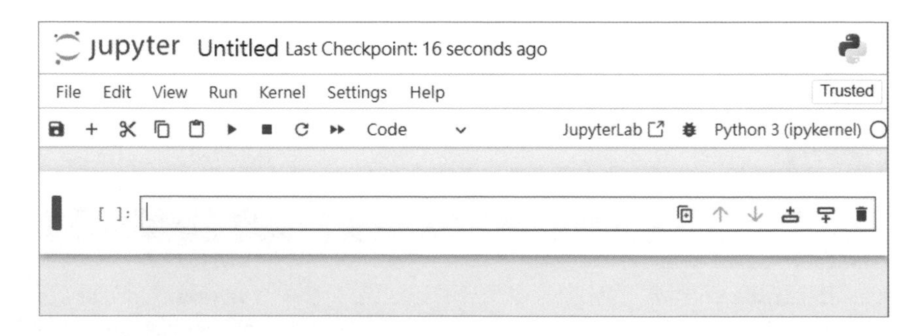

在上述圖例的上方，位在 jupyter 後的 Untitled 是筆記本名稱，在下方依序是功能表和工具列按鈕，接著是編輯區域，可以看到藍色框線的編輯框，這是作用中的編輯框（取得焦點），稱為儲存格（Cell），儲存格就是 Jupyter 筆記本的基本編輯單位。

Step 3 我們只需點選【Untitled】就可以更改文件名稱，請在【New Name】欄輸入新檔名【ch6-4】後，按【Rename】鈕更名文件。

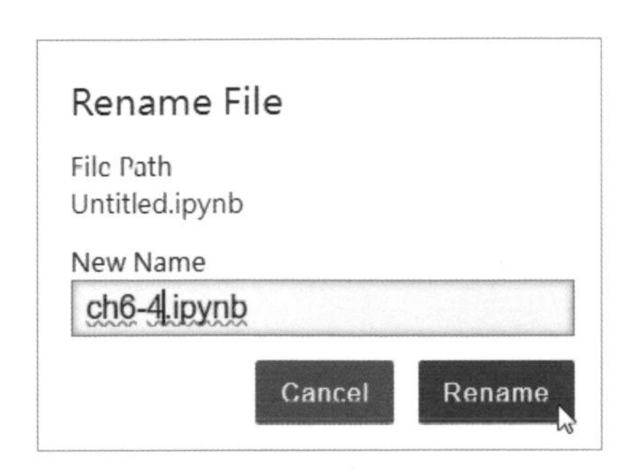

Step 4 可以看到上方的文件名稱已經改成 ch6-4，如下圖所示：

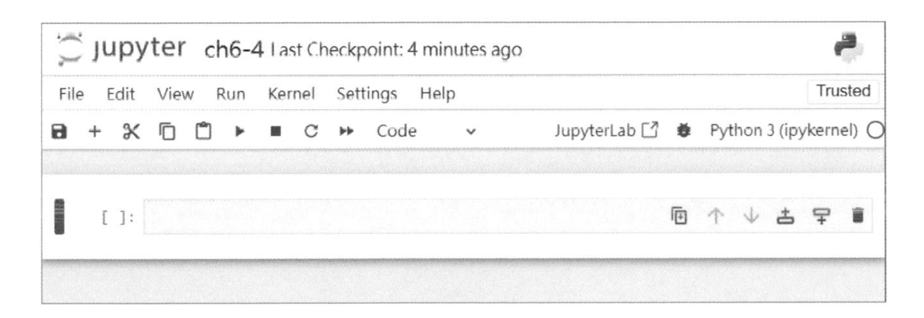

在 Jupyter 編輯和執行 Python 程式碼

當成功新增名為 ch6-4 的筆記本後，只需點選左上角的【jupyter】圖示，就可以回到文件管理介面，看到我們新建的筆記本檔案 ch6-4.ipynb，如下圖所示：

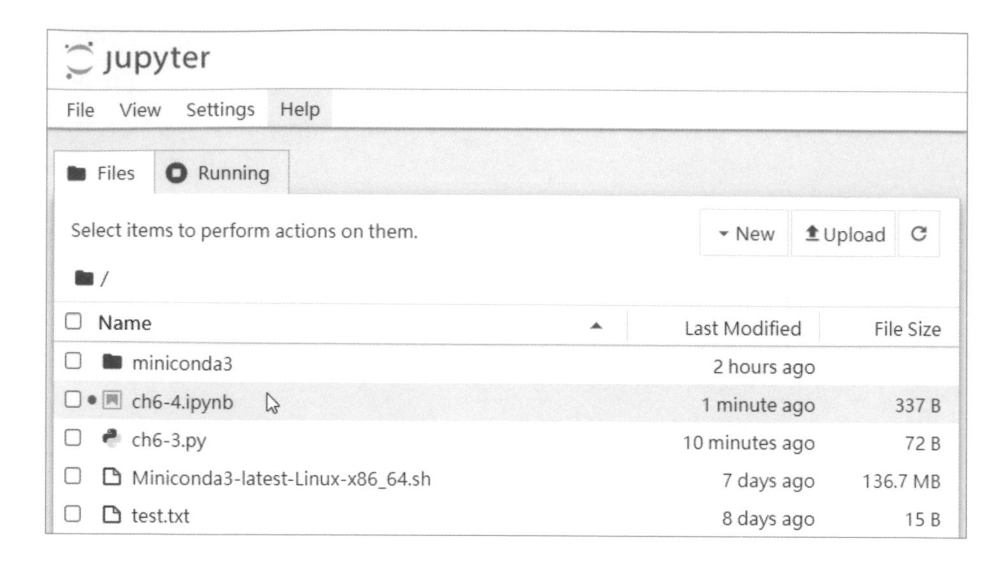

雙擊【ch6-4.ipynb】可以再次開啟 Jupyter 筆記本，請在作用中儲存格（Cell）的編輯框輸入文件內容，預設是程式碼儲存格，請注意！如果輸入的 Python 程式碼超過一行，請按 Enter 鍵換行。例如：在 [ ]: 提示文字後的程式碼儲存格輸入運算式 5 + 10，如下圖所示：

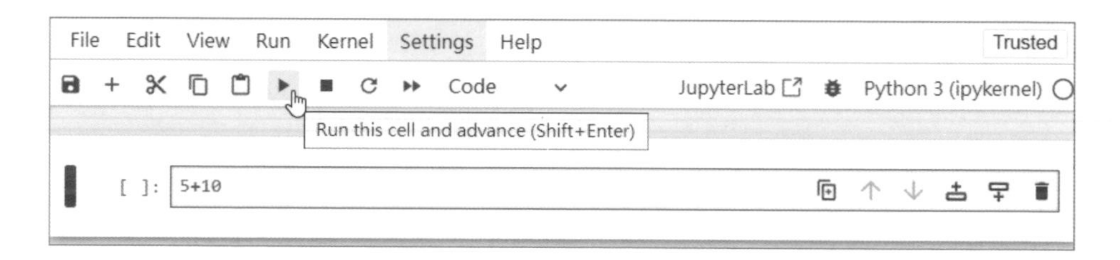

按上方工具列第 6 個三角箭頭圖示的執行鈕，可以在下方看到執行結果 15，並且在下方自動新增一個作用中的新程式碼儲存格，同時，位在運算式前方的 [ ] 已經改成 [1]，如下圖所示：

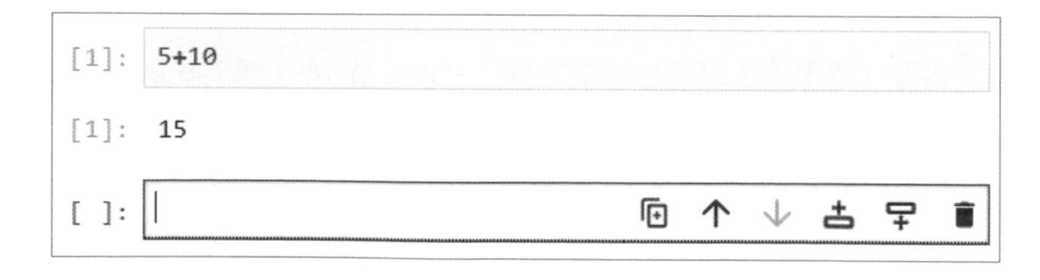

接著，請在新增的程式碼儲存格輸入 2 行程式碼，依序定義變數 num = 10，和使用 print() 函數顯示變數 num 值，因為程式碼有 print() 函數，所以執行結果只顯示 10，沒有前方的 [?]，如下圖所示：

同理，我們可以在程式碼儲存格輸入 if 條件，在輸入 if num >= 10: 後，按 Enter 鍵，就會自動縮排 4 個空白字元，然後輸入 print() 函數的程式碼，除了使用工具列按鈕來執行，也可以按 Shift 鍵 + Enter 鍵來執行作用中的儲存格，和在下方自動新增一個儲存格，如下圖所示：

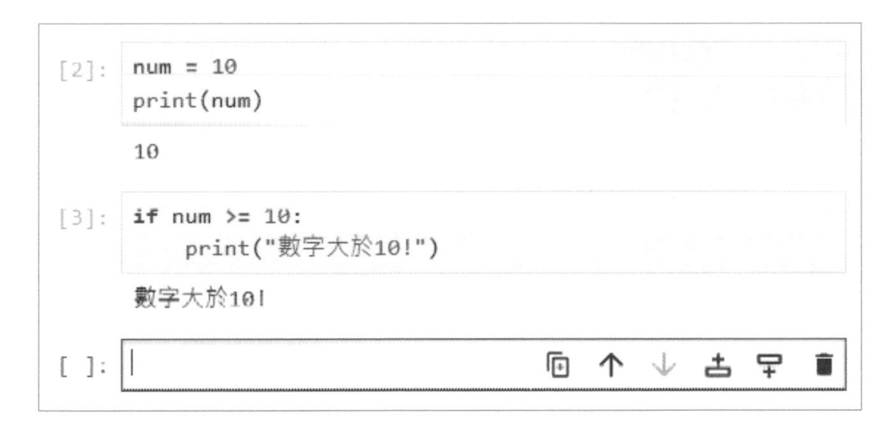

不只如此，Jupyter 還可以隨時修改 Python 程式碼來重複執行，例如：點選第 2 個程式碼儲存格成為作用中的儲存格後，將 num 變數的值改為 9，如下圖所示：

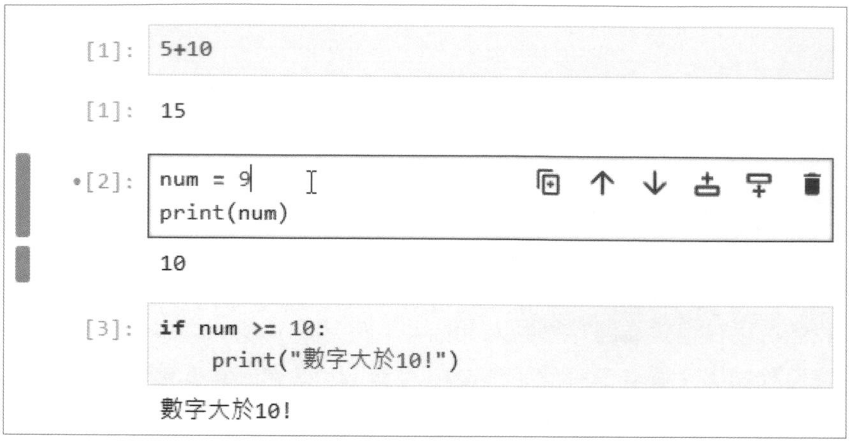

```
[1]: 5+10
[1]: 15
•[2]: num = 9
      print(num)
      10
[3]: if num >= 10:
         print("數字大於10!")
     數字大於10!
```

在更改後，請執行「Run > Run All Cells」命令重新執行全部程式碼，就可以顯示執行整份文件 Python 程式碼的執行結果，輸出從 10 改為 9，因為 if 條件不成立，所以沒有顯示任何訊息文字，如下圖所示：

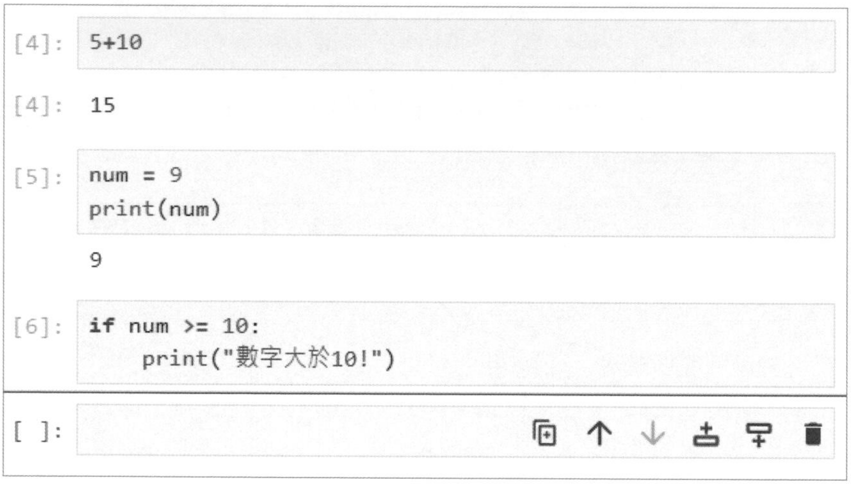

```
[4]: 5+10
[4]: 15
[5]: num = 9
     print(num)
     9
[6]: if num >= 10:
         print("數字大於10!")
[ ]:
```

Jupyter 預設會自動定時儲存文件，如果需要，我們也可以自行按工具列的第 1 個圖示按鈕來手動儲存筆記本文件。

6-5 使用 Jupyter Notebook 測試 GPU 開發環境

現在，我們準備使用 Jupyter Notebook 測試 GPU 開發環境，首先顯示 Keras 版本，然後顯示 TensorFlow 版本和找到的 GPU 裝置。

顯示 Keras 版本 | ch6-5.ipynb

請拖拉書附「ch06/ch6-5.ipynb」至 Jupyter 檔案管理介面後，雙擊檔名開啟筆記本，在第 1 個儲存格的 Python 程式碼可以顯示 Keras 版本，如下圖所示：

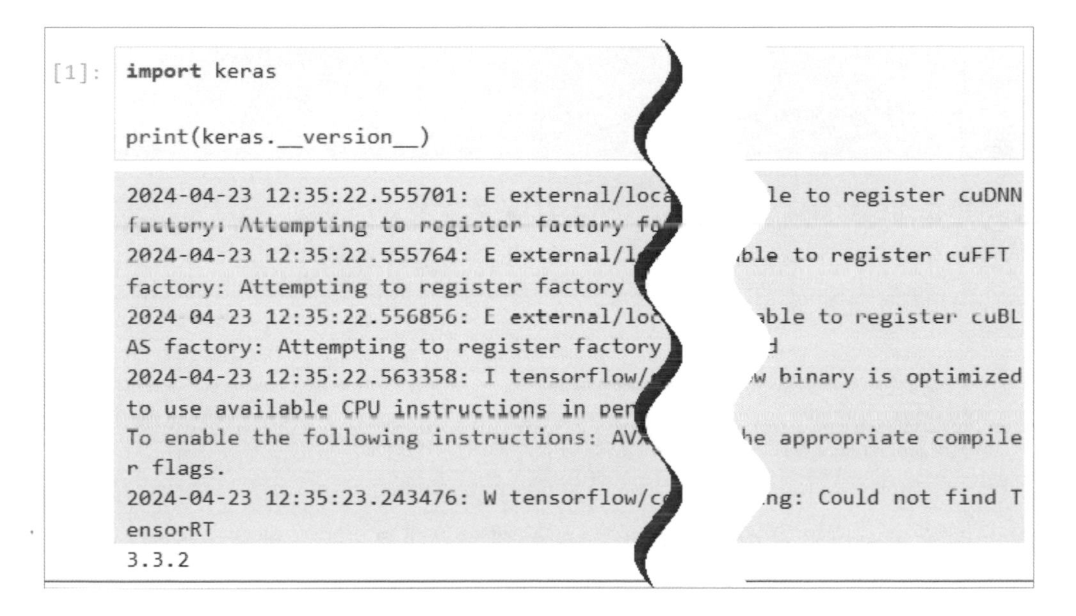

上述程式碼的執行結果首先顯示粉紅底 TensorFlow 和 CUDA 函式庫的警告訊息，對於 Keras 深度學習專案來說，可以不用理會這些訊息，然後顯示 Keras 版本是 3.3.2 版。

請注意！ Jupyter 筆記本的 Python 程式是使用 Linux 子系統的 Miniconda 來執行程式，並不是使用 Windows 作業系統的 Python 開發環境。

顯示 TensorFlow 版本和 GPU 裝置 | ch6-5a.ipynb

請拖拉書中檔案「ch06/ch6-5a.ipynb」至 Jupyter 檔案管理介面後，雙擊檔名開啟筆記本，在第 1 個儲存格的 Python 程式碼是避免顯示 TensorFlow 日誌記錄的警告訊息，如下圖所示：

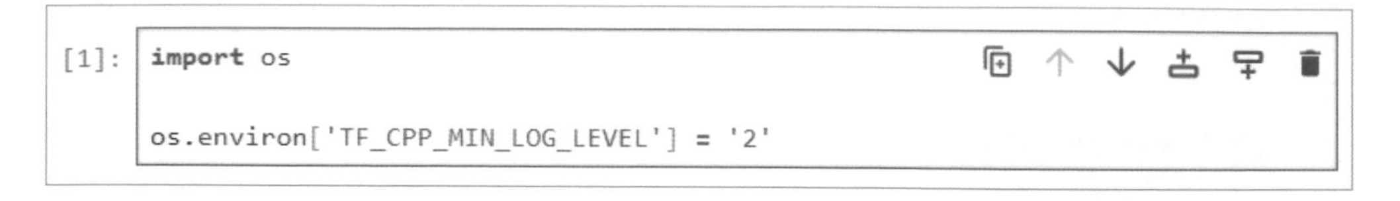

然後，在第 2 個儲存格的 Python 程式碼顯示 TensorFlow 版本，如下圖所示：

```
[2]: import tensorflow as tf
     print("TensroFlow版本: ", tf.__version__)
```

上述程式碼的執行結果可以顯示 TensorFlow 版本是 2.15.0 版（粉紅底的訊息文字是一些 CUDA 函式庫的警告訊息）。最後，在第 3 個儲存格的 Python 程式碼可以顯示 GPU 裝置清單，如下圖所示：

```
[3]: from tensorflow.python.client import device_lib
     print(device_lib.list_local_devices())
```

其執行結果可以列出 CPU 和 GPU 裝置的資訊，在第二部分就是找到的 GPU 裝置，如下所示：

```
, name: "/device:GPU:0"
device_type: "GPU"
memory_limit: 4927258624
```

使用 VS Code 在 WSL 與 GitHub 開發應用程式

7-1 下載與安裝 Visual Studio Code

Visual Studio Code（簡稱 VS Code）是微軟公司開發，跨平台支援 Windows、macOS 和 Linux 作業系統的一套功能強大的程式碼編輯器，可以幫助我們整合 WSL 2 的 Linux 子系統來進行專案開發。

下載 VS Code

VS Code 是一套開放原始碼（Open Source）的免費軟體，我們可以從網路上免費下載，其下載網址如下所示：

URL https://code.visualstudio.com/download

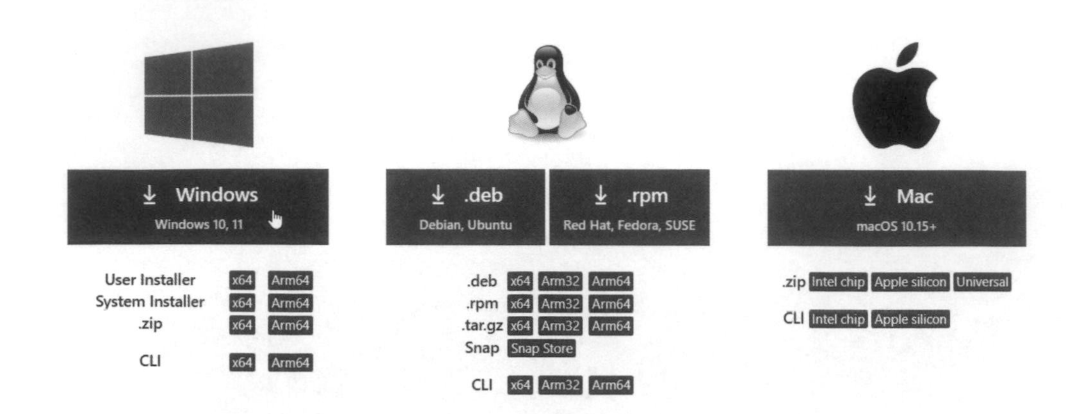

請按【Windows】鈕下載 Windows 10/11 最新版 Visual Studio Code，在本書的下載檔名是【VSCodeUserSetup-x64-1.88.1.exe】。

安裝 VS Code

當成功下載 Visual Studio Code 後，以 Windows 10 作業系統為例，安裝 Visual Studio Code 的步驟，如下所示：

Step 1 請雙擊【VSCodeUserSetup-x64-1.88.1.exe】檔案，可以看到授權合約的精靈畫面，選【我同意】同意授權後，按【下一步】鈕。

Step 2 在安裝目的地位置步驟可以按【瀏覽】鈕選擇安裝目錄，以此例不用更改，按【下一步】鈕。

Step 3 開始功能表名稱是【Visual Studio Code】，不用更改，按【下一步】鈕繼續。

Step 4 在選擇附加的工作步驟可以勾選額外工作，例如：建立桌面圖示，請確認勾選【加入 PATH 中】(預設勾選)後，按【下一步】鈕。

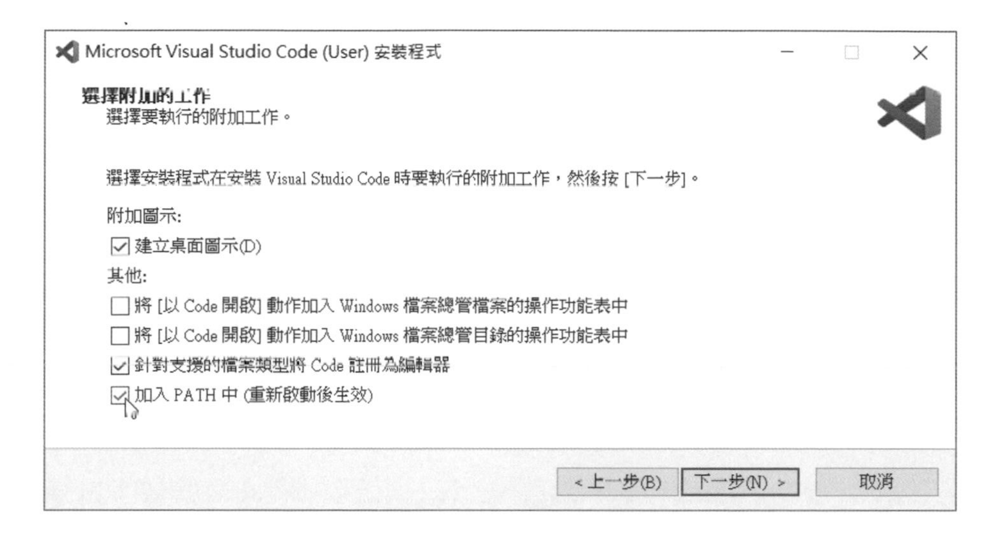

Step 5 按【安裝】鈕開始安裝，可以看到目前的安裝進度。

Step 6 等到安裝完成後，就可以看到成功安裝的精靈畫面，按【完成】鈕完成 VS Code 安裝。

在安裝完成後，預設就會第一次啟動 VS Code 程式碼編輯器。

在 VS Code 安裝 WSL 擴充功能

WSL 擴充功能（WSL Extension）可以讓 VS Code 使用 WSL 的 Linux 子系統作為開發環境，並且幫忙我們處理路徑和相容性問題，如果電腦已經安裝 VS Code，請確認 VS Code 版本是 1.35 May 之後的版本。

請啟動 VS Code 在左邊的側邊欄選單，點選最後的【Extensions】選項，然後在上方搜尋欄輸入 WSL，按 Enter 鍵，可以找到 WSL 擴充功能，請選此擴充功能後，按【Install】鈕進行安裝，如下圖所示：

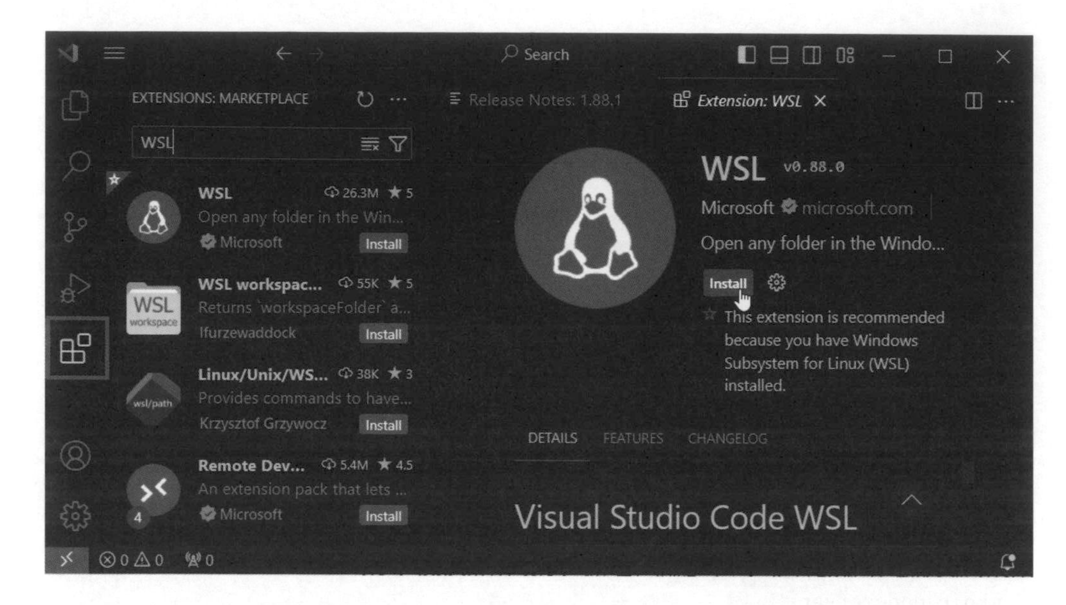

7-2 使用 WSL 2 + Node.js 建立 Web 伺服器

在本節是繼續使用第 5 章的 Linux 發行版 Ubuntu-AMP，請啟動 Windows 終端機執行下列命令指定 Ubuntu-AMP 成為預設發行版後，就可以啟動、進入和切換至 Linux 使用者目錄，如下所示：

```
> wsl -s Ubuntu-AMP Enter
> wsl Enter
$ cd ~ Enter
```

安裝 Node.js

因為我們準備建立的是 Node.js 的 Web 伺服器 lite-server，所以，需要先在 Linux 發行版 Ubuntu-AMP 安裝 Node.js。首先需要更新套件庫和升級已經安裝的應用程式（可能需要輸入使用者密碼），如下所示：

```
$ sudo apt update Enter
$ sudo apt upgrade -y Enter
```

然後，就可以依序安裝 Node.js 和 npm，如下所示：

```
$ sudo apt install nodejs -y Enter
$ sudo apt install npm -y Enter
```

建立專案目錄和啟動 VS Code

請參閱第 7-1 節下載安裝 VS Code 和安裝 WSL 擴充功能後，我們就可以在 Linux 發行版 Ubuntu-AMP 新建專案目錄 nodeserver，如下所示：

```
$ mkdir nodeserver Enter
```

```
hueyan@DESKTOP-JOE:~$ mkdir nodeserver
hueyan@DESKTOP-JOE:~$ ls
nodeserver  test.txt
hueyan@DESKTOP-JOE:~$ |
```

然後，切換至此目錄來啟動 VS Code，如下所示：

```
$ cd nodeserver/ Enter
$ code . Enter
```

上述命令首先切換至 nodeserver 專案目錄，然後使用 code 命令啟動 VS Code，在之後「.」是指目前的專案目錄，如下所示：

```
hueyan@DESKTOP-JOE:~$ cd nodeserver/
hueyan@DESKTOP-JOE:~/nodeserver$ code .
Installing VS Code Server for Linux x64
Downloading:  11%
```

當第一次從 Linux 子系統啟動 VS Code，就會自動下載安裝 VS Code Server，在成功安裝後，就會啟動 Windows 作業系統的 VS Code，請按【Yes, I trust the author】鈕信任使用者在此目錄的檔案，如下圖所示：

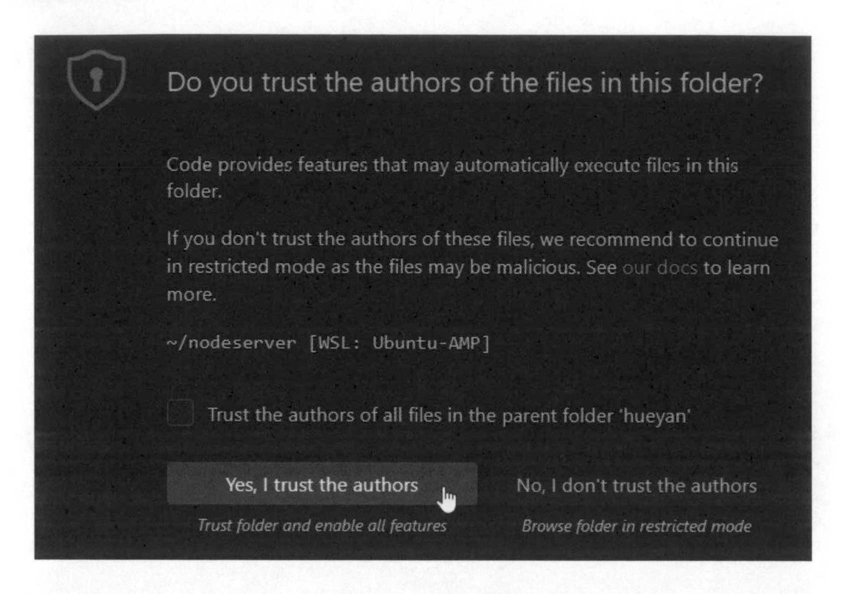

然後，就可以看到 VS Code 的執行畫面，如下圖所示：

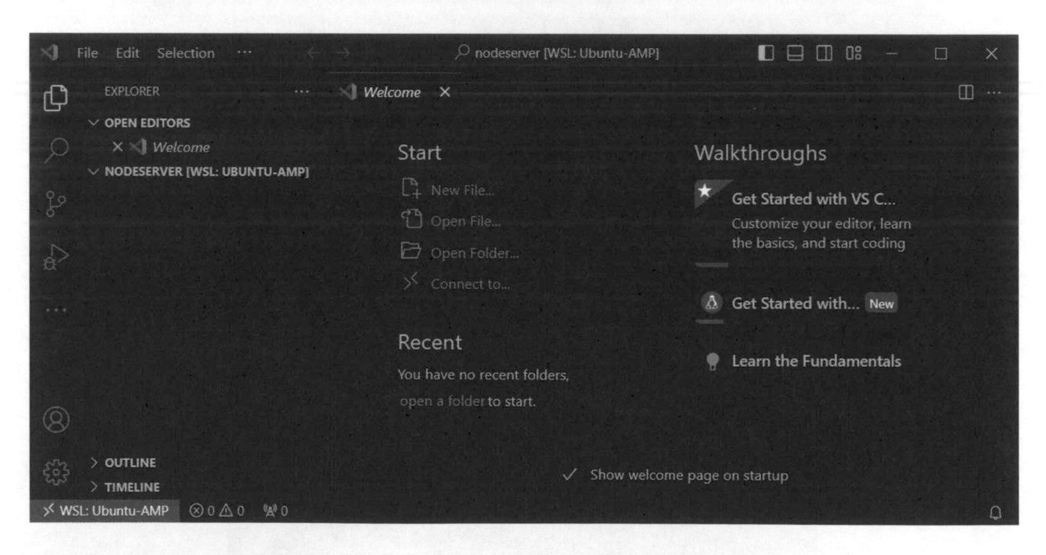

在左下角可以看到已經連接 WSL 的 Linux 發行版 Ubuntu-AMP。

建立 Node.js 的 Web 伺服器

現在，我們就可以建立 Node.js 的 Web 伺服器，在 VS Code 需要新增 package.json 和 index.html 共 2 個檔案，其步驟如下所示：

Step 1 請在【Welcome】標籤頁點選【New File...】，然後在上方輸入檔名 package.json 後，按 Enter 鍵。

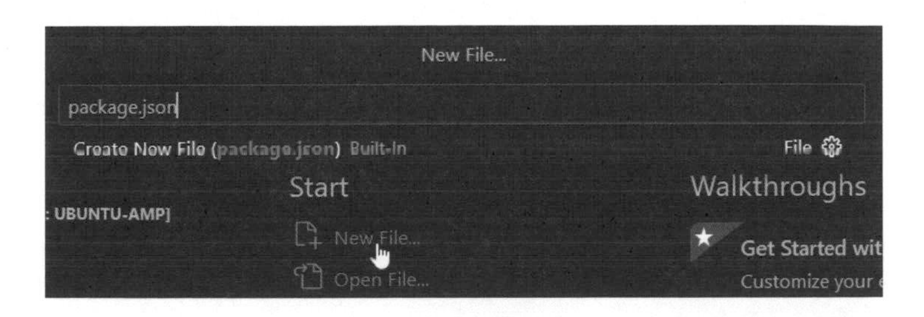

Step 2 可以看到檔案路徑是位在 Linux 檔案系統，請按【OK】鈕新增 package.json 檔案。

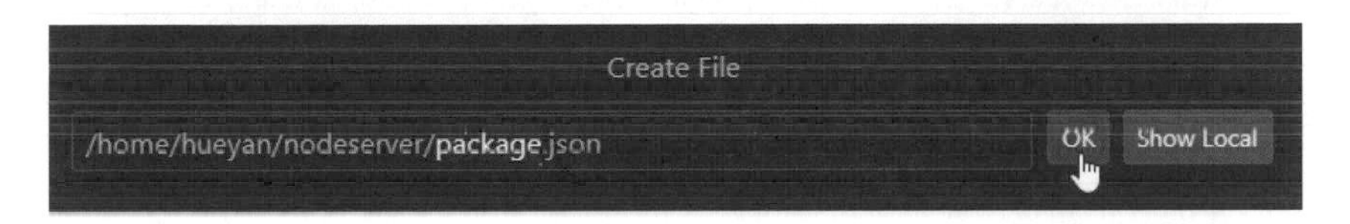

Step 3 然後，我們就可以輸入 package.json 檔案的內容，如下圖所示：

```
{
    "name": "web_server",
    "version": "1.0.0",
    "description": "web server demo project.",
    "scripts": {
        "lite": "lite-server --port 10000",
        "start": "npm run lite"
    },
    "author": "",
    "license": "ISC",
    "devDependencies": {
        "lite-server": "^1.3.1"
    }
}
```

Step 4 接著，再新增名為 index.html 的 HTML 文件，其內容是一個 <h1> 標籤，如下圖所示：

Step 5 請按 Ctrl 鍵 + ` 鍵（位在 Tab 鍵上方的按鍵）在 VS Code 開啟終端機，即可輸入 npm install 命令，此命令會自動搜尋此目錄下的 package.json 檔案，然後依據檔案內容來安裝相關 Node.js 套件，如下所示：

```
$ npm install Enter
```

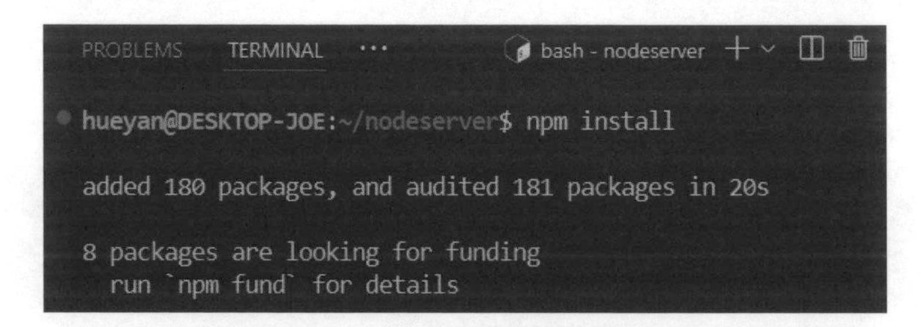

Step 6 接著，執行 npm start 命令來啟動 Web 伺服器，如下所示：

```
$ npm start Enter
```

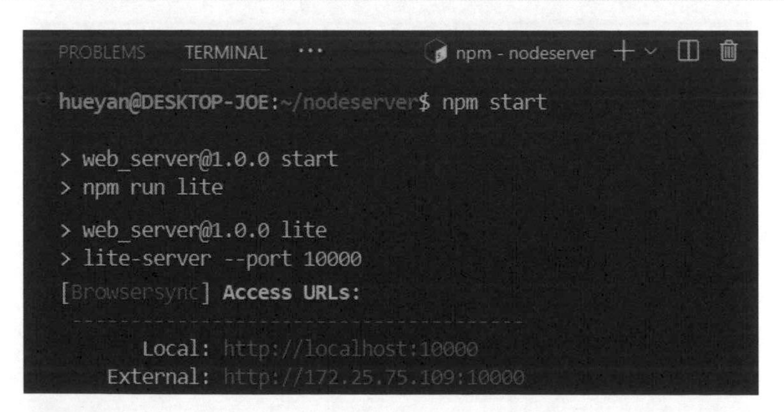

Step 7 請按住 Ctrl 鍵，然後點選上述的第 1 個超連結，就可以開啟 index.html 網頁來顯示網頁內容，如下圖所示：

最後，請在 Windows 終端機開啟一頁新標籤頁，然後執行下列命令來關機 Ubuntu-AMP，如下所示：

```
> wsl --terminate Ubuntu-AMP Enter
```

```
PS C:\Users\hueya> wsl --terminate Ubuntu-AMP
操作順利完成。
PS C:\Users\hueya> |
```

7-3 使用 WSL 2 + Python 進行 Web 開發

在本節是繼續使用第 6 章的 Linux 發行版 Ubuntu-Keras，請啟動 Windows 終端機執行下列命令指定 Ubuntu-Keras 成為預設發行版後，就可以啟動、進入和切換至 Linux 使用者目錄，如下所示：

```
> wsl -s Ubuntu-Keras Enter
> wsl Enter
$ cd ~ Enter
```

建立 Flask 專案目錄

Flask 框架是 Miguel Grinberg 使用 Python 開發的輕量級 Web 框架，也稱為微框架（Microframework），因為核心簡單，但保留相當大的擴充性，可以幫助我們快速建立 Web 網站和 Web API。

現在，我們就可以在 Linux 發行版 Ubuntu-Keras 新建專案目錄 flaskdemo，然後切換至此專案目錄，如下所示：

```
(base) $ mkdir flaskdemo Enter
(base) $ cd flaskdemo/ Enter
```

```
(base) hueyan@DESKTOP-JOE:~$ mkdir flaskdemo
(base) hueyan@DESKTOP-JOE:~$ cd flaskdemo/
(base) hueyan@DESKTOP-JOE:~/flaskdemo$ |
```

建立 Python 虛擬環境和安裝 Flask 套件

接著，請輸入 conda create 命令建立名為 flask-demo 的虛擬環境，Python 版本是 3.10，如下所示：

```
(base) $ conda create -n flask-demo python=3.10 -y Enter
```

然後，啟動 flask-demo 虛擬環境，在虛擬環境使用 pip install 命令安裝 Flask 套件，如下所示：

```
(base) $ conda activate flask-demo Enter
(flask-demo) $ pip install flask Enter
```

```
(base) hueyan@DESKTOP-JOE:~/flaskdemo$ conda activate flask-demo
(flask-demo) hueyan@DESKTOP-JOE:~/flaskdemo$ pip install flask
Collecting flask
  Downloading flask-3.0.3-py3-none-any.whl.metadata (3.2 kB)
Collecting Werkzeug>=3.0.0 (from flask)
  Using cached werkzeug-3.0.2-py3-none-any.whl.metadata (4.1 kB)
Collecting Jinja2>=3.1.2 (from flask)
```

啟動 VS Code 安裝 Python 擴充功能

現在，請在 Windows 終端機切換至「/home/hueyan/flaskdemo」專案目錄後，使用 code . 命令啟動 VS Code，如下所示：

```
$ code . Enter
```

如果 Linux 子系統是第一次啟動 VS Code，就會自動下載安裝 VS Code Server，然後，請按【Yes, I trust the author】鈕信任使用者在此目錄的檔案。

接著，我們需要在 VS Code 安裝 Python 擴充功能，請在左邊側邊選單，點選最後【Extensions】選項，然後在上方搜尋欄輸入 Python，可以找到 Python 擴充功能，請按【Install】鈕進行安裝，如下圖所示：

建立 Flask 框架的 Web 網站

當成功在 VS Code 安裝 Python 擴充功能後，我們就可以在 VS Code 開啟終端機來新增 Python 程式 app.py，然後，使用 VS Code 開啟和輸入 Flask 的 Python 程式碼，其步驟如下所示：

Step 1 請按 Ctrl 鍵 + ` 鍵（位在 Tab 鍵上方的按鍵）在 VS Code 開啟終端機，在啟動 flask-demo 虛擬環境後，使用 touch 命令建立 Python 程式檔案 app.py，如下所示：

```
(base) $ conda activate flask-demo Enter
(flask-demo) $ touch app.py Enter
(flask-demo) $ ls Enter
```

```
PROBLEMS   OUTPUT   TERMINAL   DEBUG CONSOLE   PORTS

(base) hueyan@DESKTOP-JOE:~/flaskdemo$ conda activate flask-demo
(flask-demo) hueyan@DESKTOP-JOE:~/flaskdemo$ touch app.py
(flask-demo) hueyan@DESKTOP-JOE:~/flaskdemo$ ls
app.py
(flask-demo) hueyan@DESKTOP-JOE:~/flaskdemo$
```

Step 2 然後，在【Welcome】標籤頁選【Open File...】。

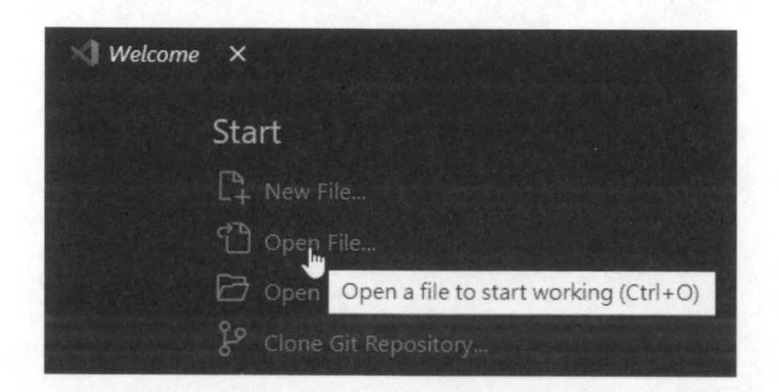

Step 3 在上方「Open File」雙擊 app.py 開啟 Python 程式檔案。

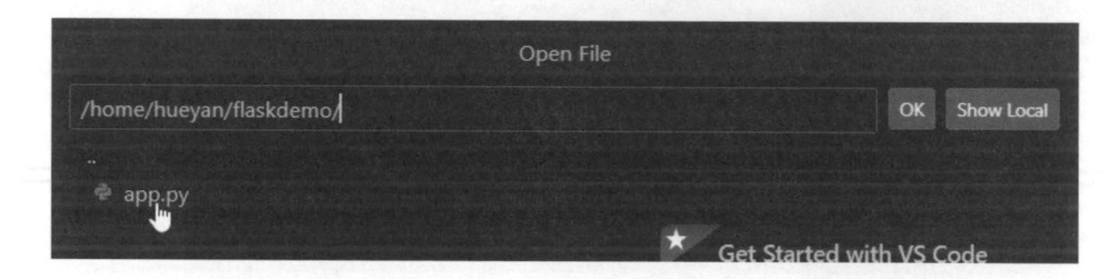

Step 4 然後，就可以在【app.py】標籤頁輸入 Flask 的 Python 程式碼，如下圖所示：

```
Welcome    app.py  ×    Extension: Python
app.py > ...
1  from flask import Flask
2
3  app = Flask(__name__)
4  @app.route("/")
5  def main():
6      return "Hello World!"
7
8  if __name__ == "__main__":
9      app.run(host="0.0.0.0", port=8080, debug=True)
```

Step 5 請點選 VS Code 右下角【Select Interpreter】（如果曾經選擇，顯示的就是 Python 直譯器的版號），即可切換選擇 VS Code 使用的 Python 直譯器，如下圖所示：

Step 6 請選 flask-demo 虛擬環境的 Python 直譯器，如下圖所示：

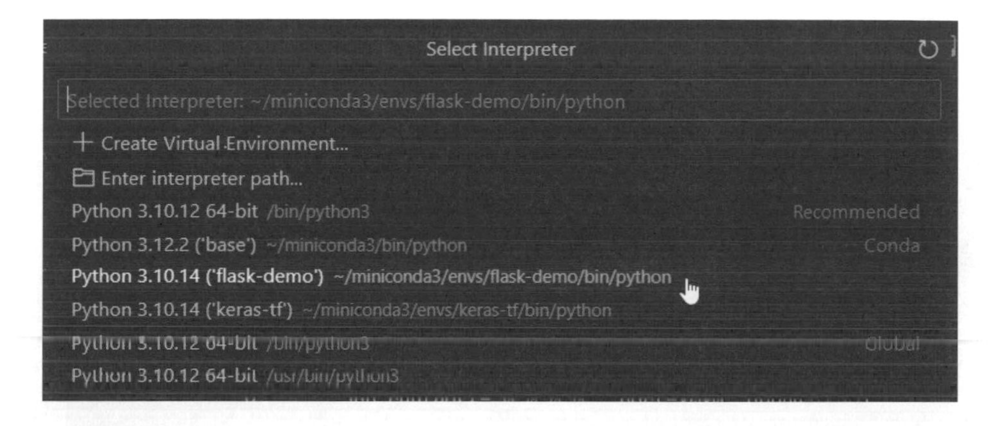

Step 7 請按 F5 鍵執行 Python 程式，首先選【Python Debugger】，再選【Flask】除錯設定（一般 Python 程式是選第 1 個【Python File】）。

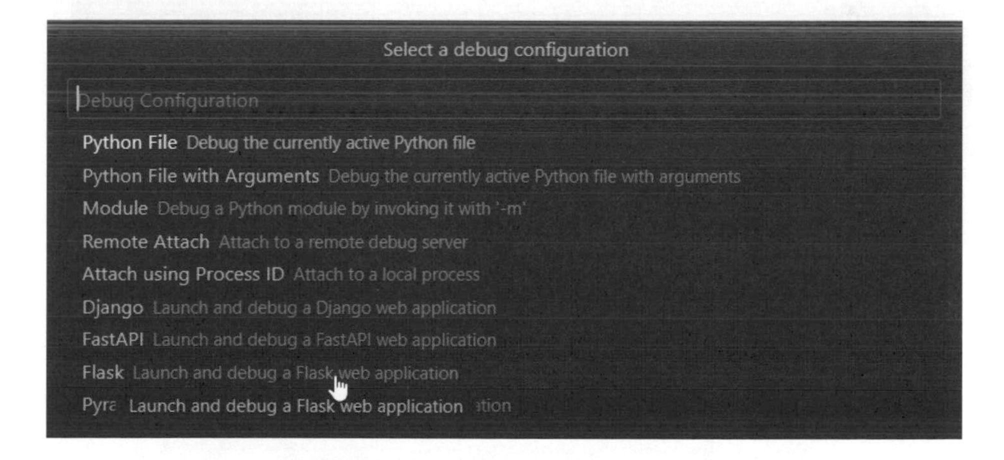

Step 8 再選【app.py】的 Python 程式檔案。

Step 9 可以在下方終端機顯示 Flask 應用程式的執行結果，此為 Web 伺服器，請按【Open in Browser】鈕開啟瀏覽器來顯示執行結果。

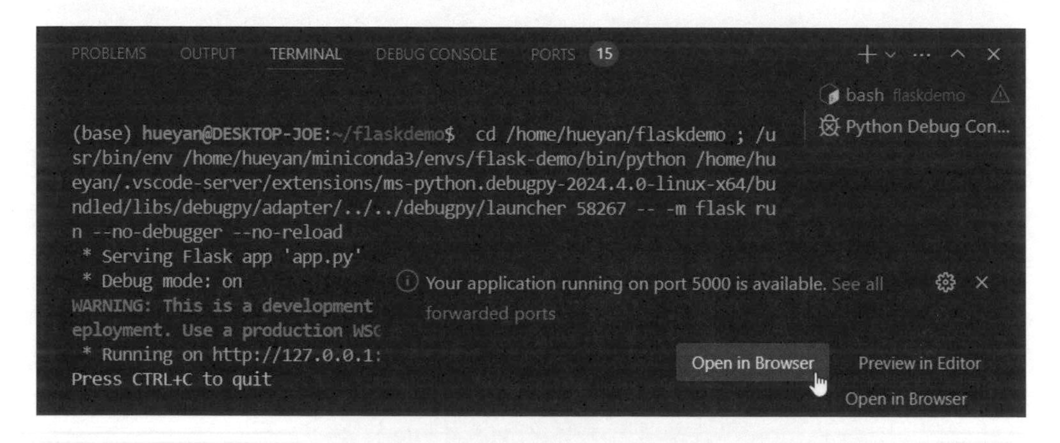

Step 10 然後，就可以在瀏覽器看到執行結果的 index.html 網頁內容，如下圖所示：

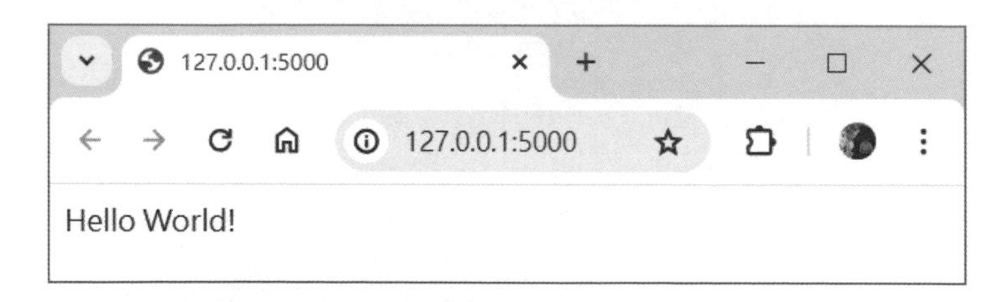

另一種方式，我們也可以直接在終端機執行 Flask 應用程式，如下所示：

```
(base) $ conda activate flask-demo  Enter
(flask-demo) $ python3 -m flask run  Enter
```

上述命令首先啟動 flask-demo 虛擬環境，然後執行 Flask 開發伺服器，預設是執行 app.py，我們一樣可以按【Open in Browser】鈕開啟瀏覽器來顯示執行結果，如下圖所示：

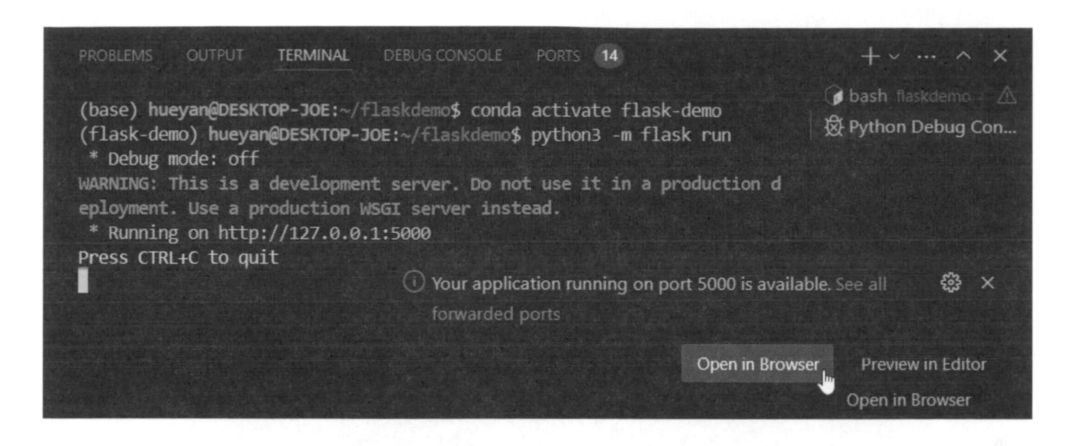

7-4 認識 Git 和 GitHub

「版本控制系統」（Version Control System）是一種輔助應用程式開發的工具程式，可以追蹤開發者或小組專案開發建立的所有原始程式碼、文件、Web 網站和相關檔案的變更，並且保留所有的變更記錄。

7-4-1 Git 和 GitHub

Git 原來是 Linux 開發者 Linus Torvalds 初始開發的一套版本控制系統，這是一套開放原始碼、高速、高擴充性、可靠、高安全性（資料加密傳輸）的版本控制系統，可以幫助小組專案的版本控制來開發高品質的應用程式。

Git 檔案庫（Repository）就是一個 Git 專案，包含開發專案所有相關檔案的集合，和每一個檔案變更的歷史記錄，每一次的提交就是建立一個新版本，Git 如同建立檔案的快照一般，記錄認可後此版本的檔案內容，可以完整記錄程式開發過程中，每一個版本的程式檔案內容。

GitHub 是提供放置 Git 檔案庫的雲端平台，不同於 Git 需要使用命令列命令來進行版本控制操作，GitHub 提供跨平台桌面工具和網頁介面來進行小組專案開發的版本控制，可以幫助開發者進行協同開發、工作追蹤、提取要求（Pull Requests）和程式碼評審（Code Review）等。

7-4-2 Git 是如何進行版本控制

Git 的主要工作就是幫助開發者追蹤工作目錄的檔案變更，即原始程式碼每一個版本到底是改了哪些地方的程式碼。

檔案的三種狀態

Git 檔案變更管理就是在處理檔案的三種狀態，其說明如下所示：

- **修改狀態（Modified）**：這些檔案是內容有修改的檔案，簡單的說，這些檔案是工作目錄有修改的檔案。
- **演出狀態（Staged）**：這些檔案是目前版本有修改的檔案，而且這些修改檔案已經加入追蹤，準備進入認可狀態，也就是說，這些檔案是目前版本需認可更改的追蹤檔案。
- **認可狀態（Committed）**：認可這些追蹤檔案，將這些追蹤檔案送入 Git 檔案庫成為目前的版本。

使用 Git 進行檔案的版本控制

首先我們需要使用 git init 命令初始一個全新的 Git 檔案庫，也就是建立 Git 專案，或使用 git clone 命令從遠端已經存在的檔案庫複製建立成為本機的 Git 檔案庫。

當成功建立本機 Git 檔案庫後，對於工作目錄需追蹤的全新或已編輯修改的檔案，我們需要使用 git add 命令將檔案加入追蹤檔案，也就是進入上演區域（Staging Area）的演出狀態（這些就是此版本需認可更改的檔案），因為這些檔案有修改，我們需要使用 git commit 命令認可後才存入本機 Git 檔案庫（建立此版本的檔案快照），和更新各版本變更的歷史記錄，如下圖所示：

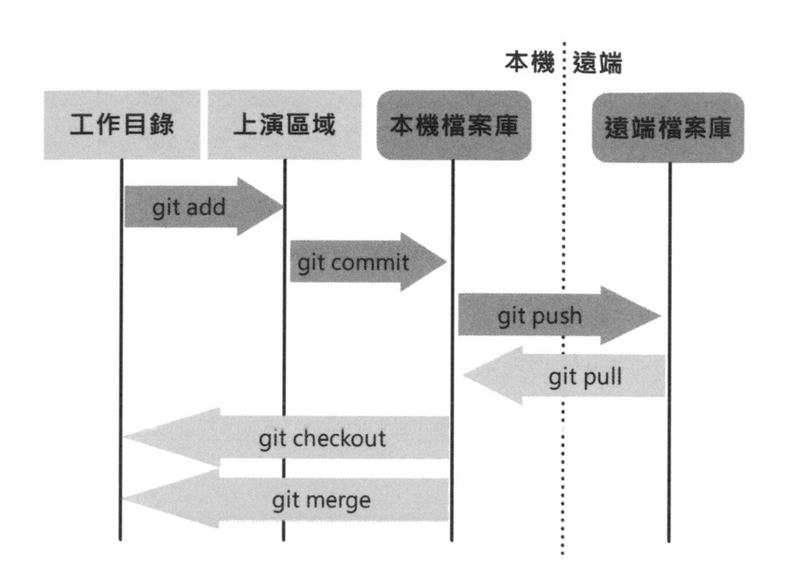

上述圖例可以看出本機和遠端檔案庫的同步操作是使用 git push 命令推送本機檔案庫的更新至遠端檔案庫，git pull 命令從遠端檔案庫提取資料來更新本機檔案庫，這 2 個命令是在同步本機和遠端檔案庫內容。

當開發者準備新增功能或除錯時，例如：開發專案有新功能 A，我們可以使用 git branch 命令建立分支（Branch），也就是再建立一個平行的 A 版本，檔案庫本身是名為 master 的主版本，可以讓開發者在分支 A 進行開發（如此就不會影響到 master 主分支的開發），等到分支 A 開發完成後，即可使用 git merge 命令合併分支 A 到 master 主分支。

如果發現需要回到檔案庫的上一次認可版本，我們可以使用 git checkout 命令從檔案庫取回之前版本的檔案，如果加上參數的分支名稱，就是切換到此分支。Git 檔案庫的基本操作是使用命令列模式的 git 命令，其簡單說明如下表所示：

git 命令	說明
git init	在工作目錄初始一個全新 Git 檔案庫，和開始追蹤此工作目錄的檔案
git clone	將遠端存在的 Git 檔案庫下載複製建立成本機 Git 檔案庫，包含所有專案檔案、變更的歷史記錄和所有分支
git checkout	從檔案庫取回之前版本的檔案，如果加上參數的分支名稱，就是切換到此分支

git 命令	說明
git add	將檔案加入追蹤清單的演出狀態，Git 會追蹤此檔案是否有編輯修改
git commit	將更改檔案認可至 Git 檔案庫，並且建立此版本檔案歷史記錄的檔案快照
git status	顯示工作目錄下的檔案狀態，可以是沒有追蹤的檔案、有修改或準備認可的追蹤檔案，即演出狀態的檔案
git branch	沒有參數是顯示檔案庫的分支清單，在之後加上參數名稱就是新增分支
git fetch	只從遠端檔案庫先下載檔案，但是沒有 merge 合併
git merge	合併 2 個分支的檔案變更
git pull	從遠端檔案庫提取更新本機檔案，包含下載和合併
git push	推送本機檔案的更新至遠端檔案庫

7-5 使用 GitHub 檔案庫進行 VS Code 專案開發

GitHub 帳戶可以免費申請註冊，只需準備一個電子郵件地址，就可以進入 https://github.com 申請一個 GitHub 帳戶，然後在 GitHub 檔案庫進行 VS Code 專案開發。

Python 程式：cifar10-demo.py 是 CIFAR-10 圖片辨識的 Keras 程式，我們準備使用此 Python 程式為例，說明如何進行 GitHub 檔案庫的版本控制。

建立 Keras 專案目錄

請開啟 Windows 終端機，然後啟動和進入 Linux 發行版 Ubuntu-Keras 的使用者目錄，即可新建專案目錄 cnndemo，和切換至此專案目錄，如下所示：

```
(base) $ mkdir cnndemo Enter
(base) $ cd cnndemo/ Enter
```

```
(base) hueyan@DESKTOP-JOE:~$ mkdir cnndemo
(base) hueyan@DESKTOP-JOE:~$ cd cnndemo/
(base) hueyan@DESKTOP-JOE:~/cnndemo$ |
```

然後，請複製 Python 程式「D:\WSL\ch07\cifar10-demo.py」至專案目錄 cnndemo，在命令最後是「.」，代表複製至目前目錄，如下所示：

```
(base) $ cp /mnt/d/WSL/ch07/cifar10-demo.py . Enter
(base) $ ls Enter
```

```
(base) hueyan@DESKTOP-JOE:~/cnndemo$ cp /mnt/d/WSL/ch07/cifar10-demo.py .
(base) hueyan@DESKTOP-JOE:~/cnndemo$ ls
cifar10-demo.py
(base) hueyan@DESKTOP-JOE:~/cnndemo$ |
```

啟動 VS Code 執行 Keras 程式

請在 Windows 終端機切換至「/home/hueyan/cnndemo」專案目錄後，使用 code . 命令啟動 VS Code，如下所示：

```
$ code . Enter
```

如果 Linux 子系統是第一次啟動 VS Code，就會自動下載安裝 VS Code Server，然後，請按【Yes, I trust the author】鈕信任使用者在此目錄的檔案。

請在 VS Code 開啟「/home/hueyan/cnndemo」專案目錄的 Python 程式 cifar10-demo.py 後，然後，切換 VS Code 使用 keras-tf 虛擬環境的 Python 直譯器，如下圖所示：

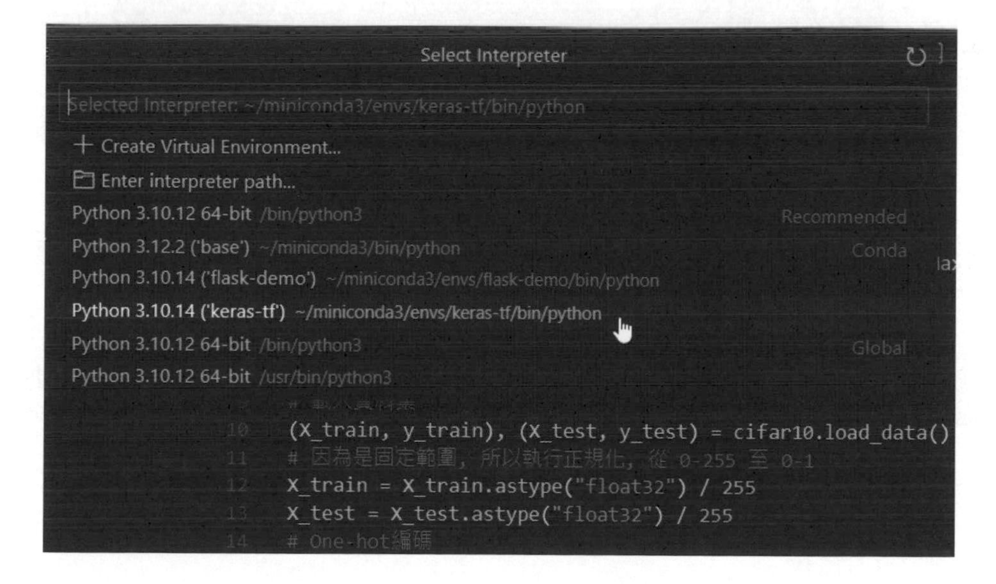

請按 F5 鍵執行 Python 程式，在上方設定【Python File】後即可按左邊的【Run and Debug】鈕執行 Python 程式，如果是第 1 次執行 Python 程式，就會自動下載訓練資料的 CIFAR-10 圖片資料集，如下圖所示：

```
Downloading data from https://www.cs.toronto.edu/~kriz/cifar-10-python.tar.gz
 60104704/170498071 ━━━━━━━━━━━━━━━━━━━━ 3:33 2us/step
```

Python 程式的執行結果首先可以看到神經網路模型的摘要資訊（同時會有很多警告訊息，可以不用理會這些訊息文字），如下圖所示：

Model: "sequential"

Layer (type)	Output Shape	Param #
conv2d (Conv2D)	(None, 32, 32, 32)	896
max_pooling2d (MaxPooling2D)	(None, 16, 16, 32)	0
dropout (Dropout)	(None, 16, 16, 32)	0
conv2d_1 (Conv2D)	(None, 16, 16, 64)	18,496
max_pooling2d_1 (MaxPooling2D)	(None, 8, 8, 64)	0
dropout_1 (Dropout)	(None, 8, 8, 64)	0
flatten (Flatten)	(None, 4096)	0
dense (Dense)	(None, 512)	2,097,664
dropout_2 (Dropout)	(None, 512)	0
dense_1 (Dense)	(None, 10)	5,130

```
Total params: 2,122,186 (8.10 MB)
Trainable params: 2,122,186 (8.10 MB)
Non-trainable params: 0 (0.00 B)
```

然後顯示 9 次訓練週期的訓練過程，最後可以顯示訓練資料集和測試資料集的圖片辨識準確度，分別是 0.78 就是 78% 和 0.71（71%），如下圖所示：

```
Testing ...
2024-04-23 14:56:07.847507: W external/local_tsl/tsl/framework/cpu_allocator_impl.cc:83]
Allocation of 614400000 exceeds 10% of free system memory.
2024-04-23 14:56:08.137405: W external/local_tsl/tsl/framework/cpu_allocator_impl.cc:83]
Allocation of 614400000 exceeds 10% of free system memory.
訓練資料集的準確度 = 0.78
測試資料集的準確度 = 0.71
```

上述執行結果的上方有 2 行訊息文字指出配置記憶體超過 10% 的系統可用記憶體，這是因為 Windows 作業系統和 Linux 子系統是共用電腦的記憶體，在實體電腦需要安裝足夠的記憶體，才能使用 VS Code 執行此類需消耗大量記憶體的 Python 程式，否則就有可能出現上述訊息文字，進一步還有可能產生記憶體耗盡的執行錯誤。

在 VS Code 出版專案目錄至 GitHub

VS Code 內建 GitHub 擴充功能，可以出版專案目錄至 GitHub，也就是在 GitHub 建立同名的 GitHub 檔案庫（即 Git 檔案庫），在出版前，我們需要先設定 Git 的 user.name 和 user.email 參數，其步驟如下所示：

Step 1 請在 VS Code 按 Ctrl 鍵＋ ` 鍵（位在 Tab 鍵上方的按鍵）在 VS Code 開啟終端機，然後使用 git config 命令和 –global 選項來設定這 2 個 Git 參數，如下所示：

```
$ git config --global user.name "hueyan" Enter
$ git config --global user.email "hueyanchen@outlook.com" Enter
```

```
:~/cnndemo$ git config --global user.name "hueyan"
:~/cnndemo$ git config --global user.email "hueyanchen@outlook.com"
:~/cnndemo$
```

Step 2 然後，在側邊欄選第 3 個【Source Control】選項，按【Publish to GitHub】鈕出版專案目錄至 GitHub 檔案庫。

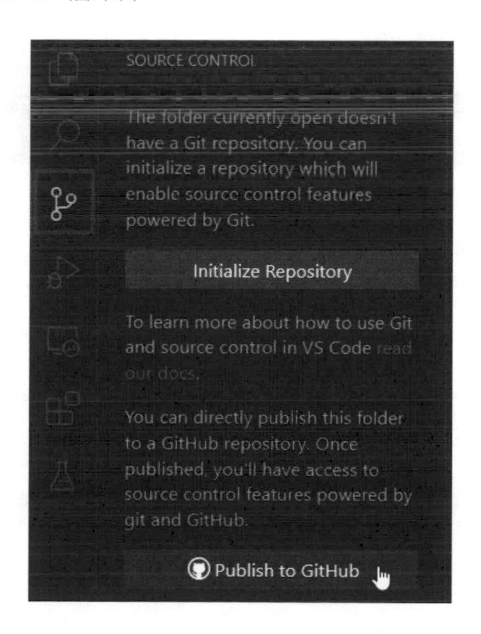

Step 3 按【Allow】鈕允許 GitHub 擴充功能登入 GitHub 網站。

Step 4 在登入 GitHub 網站後，請在授權頁面按【Authorize Visual-Studio-Code】鈕允許 VS Code 存取 GitHub 帳戶。

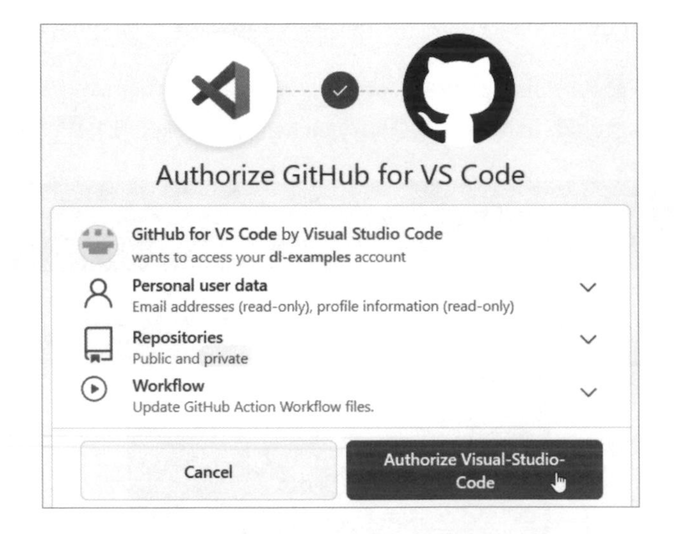

Step 5 即可按【開啟「Visual Studio Code」】鈕回到 VS Code。

Step 6 我們可以選擇將專案目錄出版成公開或私人的 GitHub 檔案庫，請選出版成公開的【public repository dl-examples/cnndemo】(在 GitHub 不可有同名的檔案庫)。

Step 7 再選擇出版 cifar10-demo.py 檔案後，按【OK】鈕即可出版至 GitHub 檔案庫。

當成功出版至 GitHub 後，在 VS Code 右下角就會顯示 2 個訊息視窗，如下圖所示：

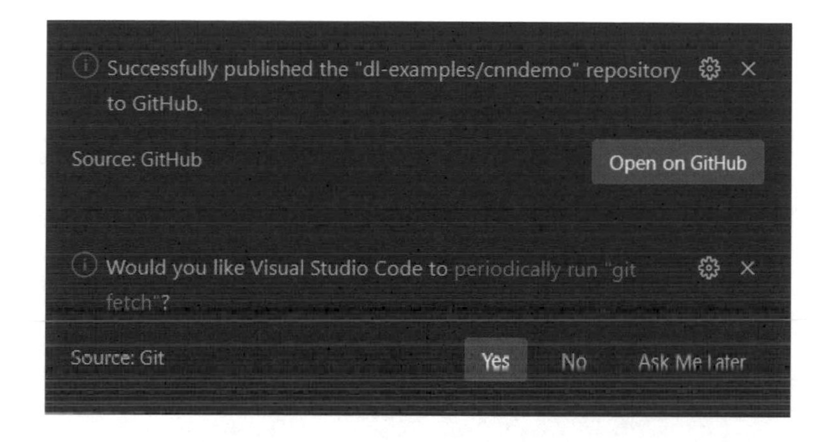

上述第 1 個訊息視窗顯示已經成功出版至 GitHub，第 2 個訊息視窗是詢問是否讓 VS Code 定時自動執行 git fetch 命令來下載檔案，按【Yes】鈕是允許，請自行選擇。

現在，在 GitHub 網站就可以看到新增 Public 公開，名為 cnndemo 的 GitHub 檔案庫，如下圖所示：

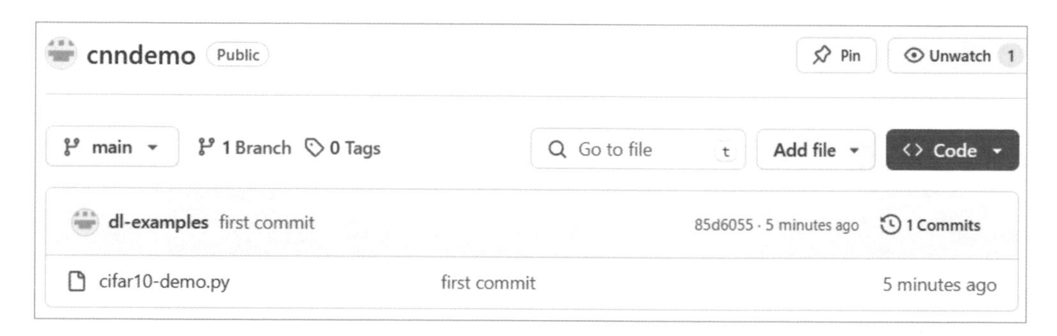

提交 Python 程式檔變更至 GitHub 檔案庫

當在 GitHub 成功建立名為 cnndemo 的 GitHub 檔案庫後，我們就可以修改 Python 程式 cifar10-demo.py，或新增 Python 程式檔來提交檔案變更至 GitHub 檔案庫，其步驟如下所示：

Step 1 在 VS Code 修改 Python 程式 cifar10-demo.py 的程式碼，請將第 8 行的亂數種子從 10 改為 11，如下所示：

```
np.random.seed(11)
```

Step 2 因為 Python 程式檔有變更，所以在 Source Control 選項上顯示訊息【1】，表示有一個檔案變更，請切換至 Source Control，記得一定需要在【Commit】鈕上方的訊息欄輸入提交訊息文字，以此例是輸入【modify random seed】後，按【Commit】鈕提交檔案變更。

Step 3 請按預設【Yes】鈕直接追蹤所有更改檔案，和提交所有的檔案變更。

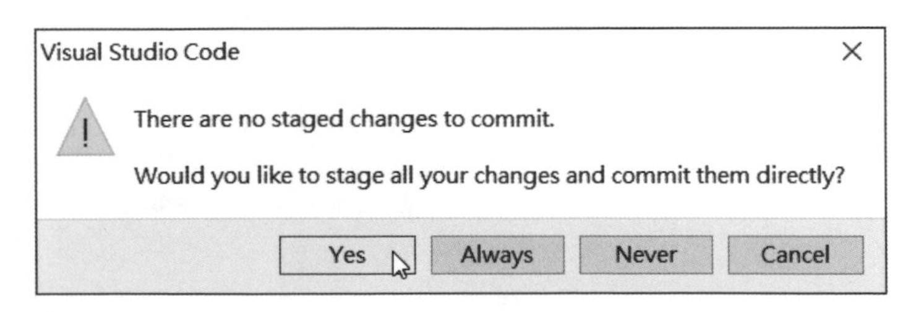

Step 4 即可按【Sync Changes】鈕開始同步檔案變更。

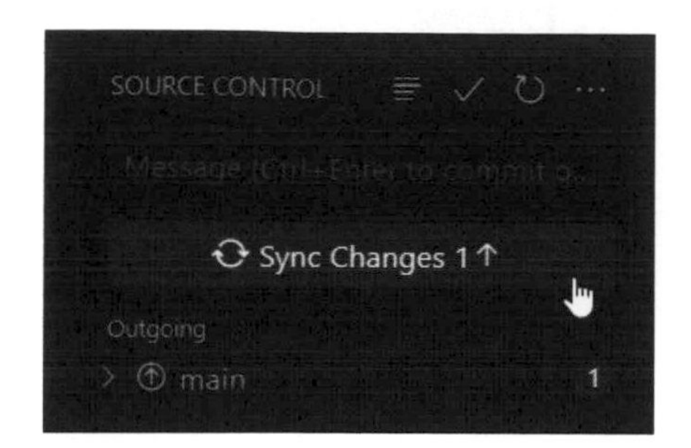

Step 5 按【OK】鈕確認執行 git pull 提取和 git push 推送命令來同步檔案庫的變更。

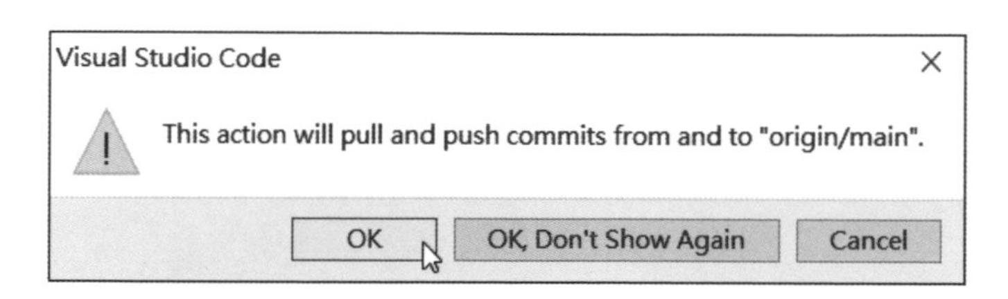

現在，在 GitHub 網站的 cnndemo 檔案庫，可以看到 Python 檔案 cifar10-demo.py 已經同步更新，在中間顯示的就是我們輸入的提交訊息文字，如下圖所示：

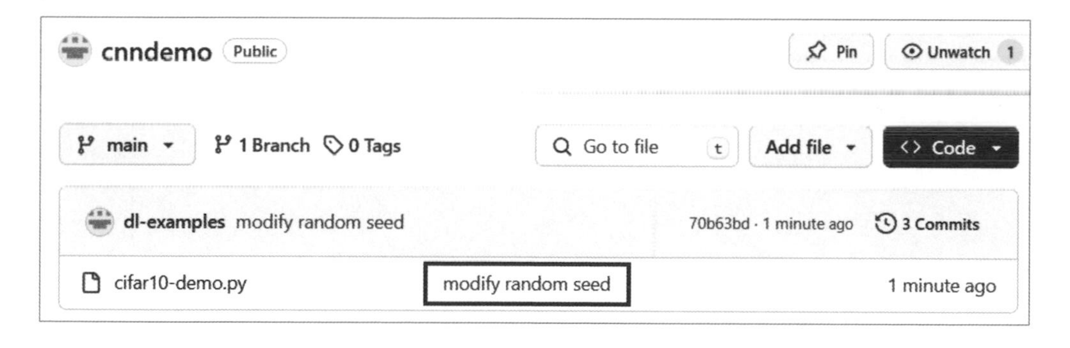

Note

部署 AI 模型：用 Gradio 部署 ResNet50、BERT 與 GPT-2 模型

8-1 建立 Gradio 和 KerasNLP 的 Python 開發環境

我們準備重頭開始打造一個 Linux 發行版 Ubuntu-NLP，這是一個支援 Gradio 和 KerasNLP 專案開發的 Python 開發環境。

因為 tensorflow-text 套件在 2.15 之後版本已經不再支援原生 Windows 作業系統，換句話說，我們並無法在 Windows 10/11 作業系統安裝 KerasNLP 預訓練模型，不過，我們可以在 WSL 2 的 Linux 子系統安裝 KerasNLP 預訓練模型。

使用匯入方式新增 Linux 發行版 Ubuntu-NLP

在第 6-1 節已經匯出安裝好 Miniconda 的 Linux 發行版成為 D:\Ubuntu_Miniconda.tar，我們準備再次使用 WSL 匯入功能，建立名為 Ubuntu-NLP 的 Linux 發行版，如下所示：

```
> wsl --import Ubuntu-NLP D:\Ubuntu_NLP D:\Ubuntu_Miniconda.tar Enter
> wsl -l -v Enter
```

```
PS C:\Users\hueya> wsl --import Ubuntu-NLP D:\Ubuntu_NLP
 D:\Ubuntu_Miniconda.tar
正在匯入，這可能需要幾分鐘的時間。
操作順利完成。
PS C:\Users\hueya> wsl -l -v
  NAME            STATE           VERSION
* Ubuntu-Keras    Running         2
  Ubuntu          Stopped         2
  Debian          Stopped         2
  Ubuntu-GUI      Stopped         2
  Ubuntu-AMP      Stopped         2
  Ubuntu-NLP      Stopped         2
PS C:\Users\hueya> |
```

然後，請執行下列命令使用 --set-default 選項（或 -s 選項）將 Ubuntu-NLP 設為預設的 Linux 發行版後，即可啟動、進入和切換至使用者目錄，如下所示：

```
> wsl -s Ubuntu-NLP Enter
$ wsl Enter
$ cd ~ Enter
```

```
PS C:\Users\hueya> wsl -s Ubuntu-NLP
操作順利完成。
PS C:\Users\hueya> wsl
hueyan@DESKTOP-JOE:/mnt/c/Users/hueya$ cd ~
hueyan@DESKTOP-JOE:~$ |
```

安裝 Keras、TensorFlow 和 Jupyter Notebook 套件

不同於第 6-3 節是安裝 GPU 版本的 TensorFlow，我們準備安裝支援 KerasNLP 的最新版 TensorFlow（在本書截稿前，此版本尚未支援 WSL 的 GPU 加速），首先建立名為 keras-nlp 的虛擬環境，Python 版本是 3.10 版，如下所示：

```
$ conda create -n keras-nlp python=3.10 -y Enter
```

```
hueyan@DESKTOP-JOE:~$ conda create -n keras-nlp python=3.10 -y
Channels:
 - defaults
Platform: linux-64
Collecting package metadata (repodata.json): done
Solving environment: done

## Package Plan ##
```

在 Linux 發行版 Ubuntu-NLP 成功建立 keras-nlp 虛擬環境後，我們需要輸入 conda init 命令來初始化環境，在完成後記得需要重新啟動 Windows 終端機，如下所示：

```
$ conda init Enter
```

```
hueyan@DESKTOP-JOE:~$ conda init
no change     /home/hueyan/miniconda3/condabin/conda
no change     /home/hueyan/miniconda3/bin/conda
no change     /home/hueyan/miniconda3/bin/conda-env
no change     /home/hueyan/miniconda3/bin/activate
no change     /home/hueyan/miniconda3/bin/deactivate
no change     /home/hueyan/miniconda3/etc/profile.d/co
no change     /home/hueyan/miniconda3/etc/fish/conf.d/
no change     /home/hueyan/miniconda3/shell/condabin/C
no change     /home/hueyan/miniconda3/shell/condabin/c
no change     /home/hueyan/miniconda3/lib/python3.12/s
no change     /home/hueyan/miniconda3/etc/profile.d/co
modified      /home/hueyan/.bashrc

==> For changes to take effect, close and re-open your

hueyan@DESKTOP-JOE:~$ |
```

請重新啟動 Windows 終端機，輸入 wsl 和 cd ~ 命令進入 Linux 子系統的使用者目錄後，即可看到位在使用者名稱前方的（base），然後啟動 keras-nlp 虛擬環境，即可在此虛擬環境依序安裝 Keras、TensorFlow 和 Jupyter Notebook，如下所示：

```
(base) $ conda activate keras-nlp Enter
(keras-nlp) $ pip install --upgrade keras Enter
(keras-nlp) $ pip install tensorflow Enter
(keras-nlp) $ pip install notebook Enter
```

安裝 Gradio 套件

接下來，我們就可以在 keras-nlp 虛擬環境安裝 Gradio 套件，如下所示：

```
(keras-nlp) $ pip install gradio Enter
```

```
(keras-nlp) hueyan@DESKTOP-JOE:~$ pip install gradio
Collecting gradio
  Downloading gradio-4.27.0-py3-none-any.whl.metadata (15 kB)
Collecting aiofiles<24.0,>=22.0 (from gradio)
  Downloading aiofiles-23.2.1-py3-none-any.whl.metadata (9.7 kB)
Collecting altair<6.0,>=4.2.0 (from gradio)
```

當成功安裝好 Gradio 套件後，因為本章是使用 Jupyter Notebook 開發環境執行 Gradio 應用程式，所以還需要安裝 Jupyter Widgets 小工具的 ipywidgets 套件，如下所示：

```
(keras-nlp) $ pip install ipywidgets Enter
```

```
(keras-nlp) hueyan@DESKTOP-JOE:~$ pip install ipywidgets
Collecting ipywidgets
  Downloading ipywidgets-8.1.2-py3-none-any.whl.metadata (2.4 kB)
```

安裝 KerasNLP 套件

請在 Windows 終端機啟動進入 Linux 子系統後，執行 conda activate 指令啟動 keras-tf 虛擬環境，就可以使用 pip install 命令來安裝 KerasNLP，如下所示：

```
(keras_nlp) $ pip install keras-nlp Enter
```

```
(keras-nlp) hueyan@DESKTOP-JOE:~$ pip install keras-nlp
Collecting keras-nlp
  Downloading keras_nlp-0.9.3-py3-none-any.whl.metadata (7.0 kB)
Collecting keras-core (from keras-nlp)
  Downloading keras_core-0.1.7-py3-none-any.whl.metadata (4.3 kB)
```

啟動 Gradio 和 KerasNLP 的 Python 開發環境

現在，我們可以在 keras-nlp 虛擬環境啟動 Jupyter 伺服器，然後使用 Jupyter 筆記本來開發 Gradio 和 KerasNLP 程式，其啟動命令如下所示：

```
(keras-nlp) $ jupyter notebook --no-browser Enter
```

```
    To access the server, open this file in a browser:
        file:///home/hueyan/.local/share/jupyter/runtime/jpserver-11170-open.html
    Or copy and paste one of these URLs:
        http://localhost:8888/tree?token=297ff52ca5cb65c45ea44cd0421d036006582aa10593f29d
        http://127.0.0.1:8888/tree?token=297ff52ca5cb65c45ea44cd0421d036006582aa10593f29d
[I 2024-04-23 13:31:38.030 ServerApp] Skipped non-installed server(s): bash-language-server,
nodejs, javascript-typescript-langserver, jedi-language-server, julia-language-server, pyrigh
```

上述訊息顯示已經成功的啟動 Jupyter 伺服器，並且顯示 2 個 URL 網址，請按住 Ctrl 鍵，點選任何一個超連結，就可以啟動 Windows 瀏覽器來載入 Jupyter 檔案管理介面，如下圖所示：

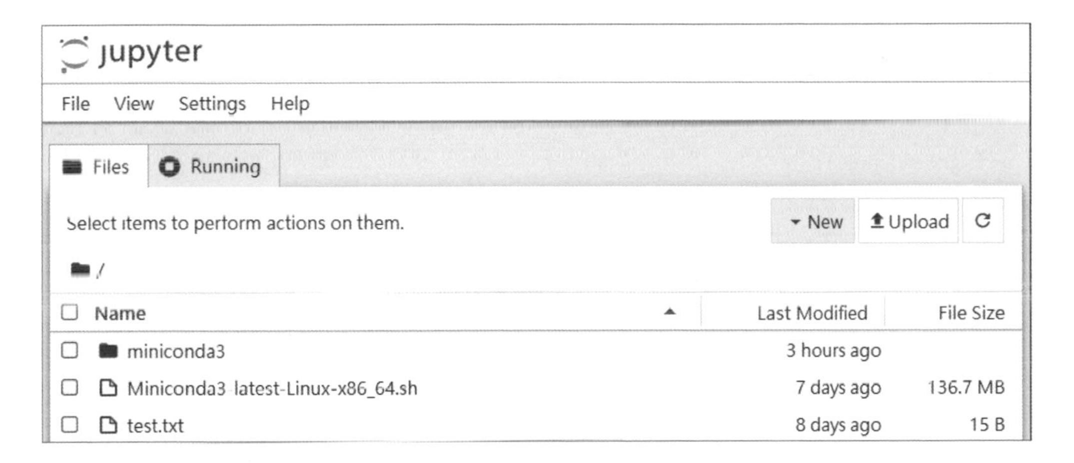

8-2 使用 Gradio 建立 AI 互動介面

Gradio 是一套快速建立機器學習互動介面的 Python 套件，可以讓開發者不用撰寫任何一行 HTML、CSS 或 JavaScript 程式碼，就可以輕鬆建立 Web 互動介面的機器學習應用。簡單的說，我們可以使用 Gradio 快速將訓練好的機器學習 / 深度學習模型部署成擁有實際操作介面，可以馬上讓使用者實際使用的 Python AI 應用程式。

建立第 1 個 Gradio 程式 | ch8-2.ipynb

在第 1 個 Gradio 程式的介面擁有輸入和輸出元件，可以讓使用者在輸入元件輸入姓名後，即可在輸出元件顯示歡迎的訊息文字，如下圖所示：

上述 Gradio 應用程式介面的左邊元件是輸入元件，在輸入姓名後，按【Submit】鈕，可以在右邊輸出元件顯示輸出的歡迎訊息文字。

在 Jupyter 筆記本第 1 個儲存格的 Python 程式碼，首先匯入 Gradio 套件，別名 gr，然後建立按下【Submit】鈕執行的 Python 函數 greet()，參數就是輸入的姓名 name，可以建立和回傳歡迎的訊息文字，如下所示：

```
import gradio as gr

def greet(name):
    return "你好: " + name + "!"

app = gr.Interface(fn=greet,
                   inputs="text",
                   outputs="text")
app.launch()
```

上述程式碼建立的 Interface 物件就是 Gradio 應用程式的使用介面，這是一個網頁介面，主要有 3 個參數，如下所示：

- **fn 參數**：這是按下按鈕執行的函數，即按鈕的事件處理函數。
- **inputs 參數**：輸入元件，"text" 是文字；"image" 是圖片等。
- **outputs 參數**：輸出元件，"text" 是文字；"image" 是圖片等。

最後呼叫 launch() 方法啟動 Gradio 的 Web 伺服器來顯示網頁的互動介面，可以看到本機 URL 網址 http://127.0.0.1:7861，如下所示：

```
Running on local URL:  http://127.0.0.1:7861

To create a public link, set `share=True` in `launch()`.
```

如果想建立公開的 URL 網址，在 Jupyter 筆記本第 2 個儲存格的 launch() 方法需要加上參數 share=True，如下圖所示：

```
app.launch(share=True)
```

請執行第 2 個儲存格，可以看到 Gradio 自動產生一個 72 小時內可以使用的公開 URL 網址，如下所示：

```
Running on local URL:  http://127.0.0.1:7862
Running on public URL: https://59d2990b9c116df28a.gradio.live
```

點選上述第 2 個公開的 URL 網址，就可以在瀏覽器顯示 Gradio 建立的網頁介面，如下圖所示：

客製化介面和輸入 / 輸出元件 | ch8-2a.ipynb

Gradio 介面元件可以使用 "text" 和 "image" 字串來定義，事實上，這是一種簡化寫法，如果我們需要客製化使用介面，就需要自行定義輸入 / 輸出元件，如下圖所示：

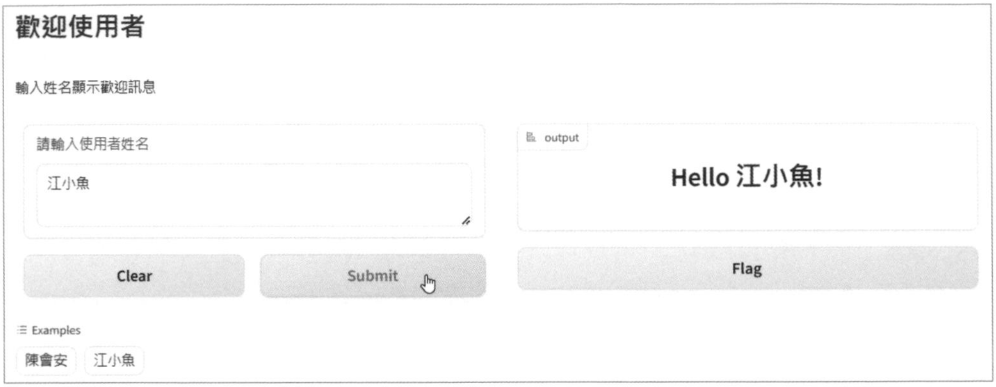

歡迎使用者

輸入姓名顯示歡迎訊息

請輸入使用者姓名

江小魚

output

Hello 江小魚!

Clear

Submit

Flag

Examples

陳會安 江小魚

上述客製化介面上方顯示網頁的標題文字和其下方的描述文字，在輸入介面的左上角是欄位說明，在下方可以顯示 2 個範例文字，直接點選即可在上方欄位輸入姓名。

在 Jupyter 筆記本第 1 個儲存格的 Python 程式碼，首先匯入 Gradio 套件，和建立事件處理的 greet() 函數，參數就是輸入姓名 name，如下所示：

```
import gradio as gr

def greet(name):
    return "Hello " + name + "!"

inputs = gr.Textbox(lines=2, placeholder="請輸入姓名...",
                    label="請輸入使用者姓名")
outputs = gr.Label()
examples = ["陳會安", "江小魚"]
```

上述程式碼建立 Textbox 物件 inputs 的輸入元件，lines 參數是行數；placeholder 參數是預設提示文字；label 參數是欄位說明文字，第 2 個建立 Label 物件 outputs

的輸出元件，然後是 2 個範例文字的串列。最後，在下方建立 Interface 物件的使用介面，如下所示：

```
app = gr.Interface(fn=greet,
                   inputs=inputs,
                   outputs=outputs,
                   examples=examples,
                   title = "歡迎使用者",
                   description = "輸入姓名顯示歡迎訊息")
app.launch()
```

上述 Interface() 的 inputs 和 outputs 參數值就是之前建立的物件，examples 參數是範例文字的 Python 串列，title 參數是網頁標題文字，description 參數是描述文字。

在介面使用多個輸入與輸出元件 | ch8-2b.ipynb

在 Gradio 使用介面可以同時建立多個輸入和多個輸出元件，我們只需使用串列來定義輸入 / 輸出元件，就可以建立多個輸入與多個輸出元件的使用介面，如下圖所示：

上述 Gradio 輸入介面從上而下依序是文字、核取方塊和滑桿元件，輸出介面是文字和數字元件。請輸入姓名後，如為女士請勾選 is_lady，然後輸入今天的華氏溫度後，按【Submit】鈕，即可在右方輸出顯示歡迎訊息文字和轉換的攝氏溫度。

在 Jupyter 筆記本第 1 個儲存格的 Python 程式碼，首先匯入 Gradio 套件，和建立事件處理的 greet() 函數，因為介面有 3 個輸入元件，所以函數也有 3 個參數，依序對應這 3 個輸入介面的輸入值，如下所示：

```
import gradio as gr

def greet(name, is_lady, fahrenheit):
    if is_lady:
        greeting = name + "女士你好!"
    else:
        greeting = name + "男士你好!"
    greeting += " 今天溫度是華氏: " + str(fahrenheit)
    celsius = (fahrenheit - 32) * 5 / 9
    return greeting, round(celsius, 2)

app = gr.Interface(fn=greet,
         inputs=["text", "checkbox", gr.Slider(0, 100)],
         outputs=["text", "number"])
app.launch()
```

上述 Interface() 的 inputs 和 outputs 參數是 Python 串列，其每一個元素就是一個 Gradio 元件，"checkbox" 是核取方塊；"number" 是數字，gr.Slider 物件是滑桿元件，其參數就是拖拉範圍 0～100。

在介面使用圖片元件 | ch8-2c.ipynb

在 Gradio 介面一樣可以使用圖片元件，如果圖片元件是輸入介面，就是建立上傳圖檔介面來上傳圖檔。我們準備建立一個 Gradio 使用介面來上傳圖檔，可以將上傳的彩色圖片轉換成灰階圖片，如下圖所示：

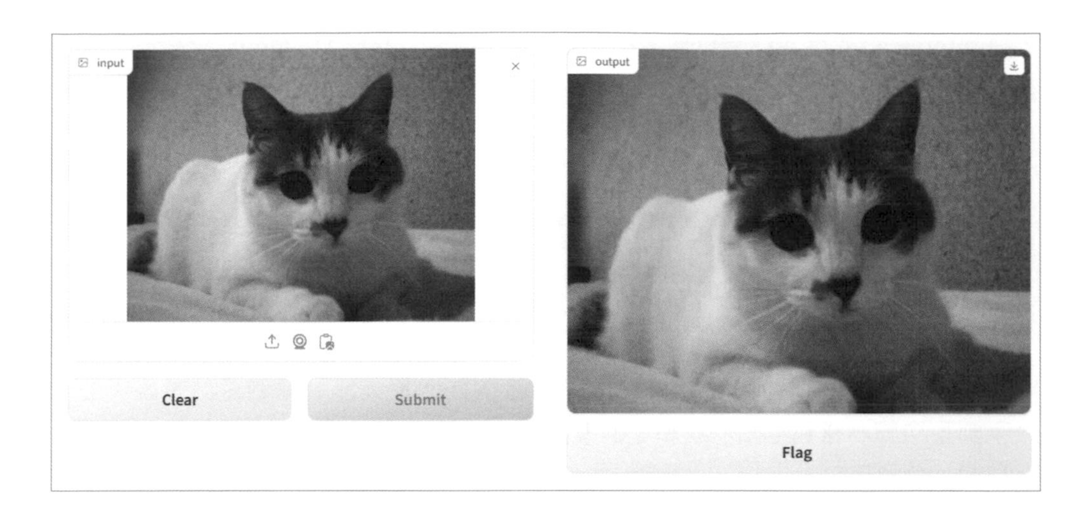

請直接拖拉圖片至左方輸入的圖片元件，或點選【點擊上傳】，即可上傳圖檔，然後按【Submit】鈕，可以在右方輸出轉換成的灰階圖片。

在 Jupyter 筆記本第 1 個儲存格的 Python 程式碼，首先匯入 NumPy 套件、Image 物件和 Gradio 套件，就可以建立事件處理的 rgb2gray() 函數，函數參數 input 就是上傳圖檔的圖片資料，如下所示：

```
import numpy as np
from PIL import Image
import gradio as gr

def rgb2gray(input):
    img = Image.fromarray(input)
    img = img.convert('L')
    return np.array(img)
```

上述函數首先呼叫 Image.fromarray() 方法轉換成 PIL 圖片，即可呼叫 convert('L') 方法轉換成灰階圖片，回傳的是 NumPy 陣列的圖片資料。在下方建立 Interface 物件的使用介面，如下所示：

```
app = gr.Interface(rgb2gray,
                   gr.Image(image_mode="RGB"),
                   "image")
app.launch()
```

上述 Interface() 是使用位置參數，第 1 個是 fn 參數，第 2 個是 inputs 參數，其值是輸入元件 gr.Image 物件，第 3 個 outputs 參數是使用 "image" 字串來定義輸出的圖片元件。

8-3 Keras 預訓練模型：MobileNet 與 ResNet50

Keras 應用程式（Applications）是一些 Keras 內建已經完成訓練的深度學習模型，除了模型結構，還包含預訓練模型的權重。我們可以直接使用 Keras 預訓練模型來進行圖片分類預測。

使用 MobileNet 進行圖片分類 | ch8-3.ipynb

Python 程式是使用 Gradio 建立使用介面，在上傳圖片後，可以使用 MobileNet 預訓練模型來進行圖片分類預測，如下圖所示：

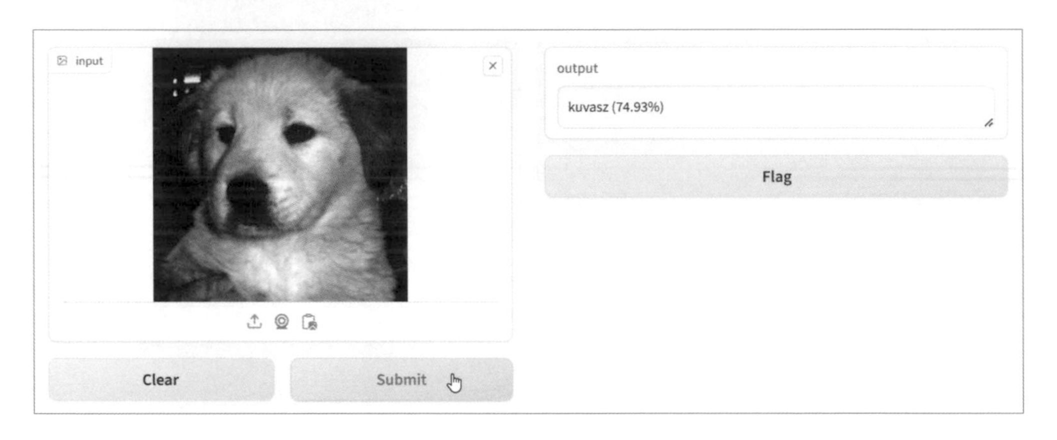

在 Jupyter 筆記本第 1 個儲存格的 Python 程式碼，首先匯入 MobileNet 相關模組和 Gradio 套件後，依序匯入 MobileNet 物件，資料預處理的 preprocess_input() 方法和解碼預測結果的 decode_predictions() 方法，如下所示：

```
from keras.applications.mobilenet import MobileNet
from keras.applications.mobilenet import preprocess_input
```

```
from keras.applications.mobilenet import decode_predictions
from PIL import Image
import numpy as np
import gradio as gr

model = MobileNet(weights="imagenet", include_top=True)
```

上述程式碼建立 MobileNet 物件，在 weights 參數指定使用 ImageNet 權重，include_top 參數 True 是包含頂部神經層。然後在下方建立 resize_image() 函數來調整參數圖片 img 的尺寸，可以調整成為新寬 new_w 和新高 new_h，如下所示：

```
def resize_image(img, new_w, new_h):
    img = Image.fromarray(img)
    w, h = img.size
```

上述程式碼首先呼叫 Image.fromarray() 方法轉換參數 img 成為 PIL 圖形，即可使用 size 屬性取得圖片原始尺寸的寬 w 和高 h。在下方使用參數的新尺寸和原尺寸來計算出圖形的寬比例與長比例，即可使用 min() 函數取得 2 個比例中的最小值，如下所示：

```
    w_scale = new_w / w
    h_scale = new_h / h
    scale = min(w_scale, h_scale)
    resized = img.resize((int(w*scale), int(h*scale)), Image.NEAREST)
    resized = resized.crop((0, 0, new_w, new_h))
    return resized
```

上述程式碼呼叫 resize() 方法，依計算出的比例調整圖片尺寸，和使用 crop() 方法剪裁出正確尺寸，即可回傳調整尺寸後的圖片。

在下方是 Interface 物件的事件處理 predict() 函數，其參數是傳入的上傳圖片，在此函數首先呼叫 resize_image() 函數調整圖片尺寸成為 (224, 224)，如下所示：

```
def predict(input):
    input_resized = resize_image(input, 224, 224)
```

```
    img = np.array(input_resized)
    img = img.reshape((1, 224, 224, 3))
```

上述程式碼在調整尺寸後，即可轉換成 NumPy 陣列，再調整形狀成為 4D 張量 (1, 244, 244, 3)，這是模型輸入的資料格式。然後，在下方呼叫 preprocess_input() 方法執行預訓練模型的資料預處理，可以將圖片的 NumPy 陣列處理成模型所需的輸入資料，如下所示：

```
    img = preprocess_input(img)
    y_pred = model.predict(img, verbose=0)
    label = decode_predictions(y_pred)
    top_prediction = label[0][0]
    formatted_string = "%s (%.2f%%)" % (top_prediction[1],
                                        top_prediction[2]*100)
    return formatted_string
```

上述程式碼呼叫 predict() 方法進行預測後，呼叫 decode_predictions() 方法解碼預測的結果，label[]0][0] 就是最可能的結果，然後建立分類和可能性的百分比字串，函數的回傳值就是此預測結果的字串。

在 Gradio 介面部分是建立 Interface 物件，事件處理函數 fn 參數是 predict()，輸入參數 inputs 是 Image 物件，輸出參數 outputs 是文字 "text"，如下所示：

```
app = gr.Interface(fn=predict,
                   inputs=gr.Image(),
                   outputs="text")
app.launch()
```

上述程式碼的最後是呼叫 launch() 方法啟動 Gradio 的 Web 伺服器來顯示網頁的互動介面。

說明

請注意！在第 1 次執行 Python 程式預設就會自動下載 MobileNet 模型結構與權重檔，這需花一些時間，如下圖所示：

```
Downloading data from https://storage.googleapis.com/tensorflow/keras-applications/mobilenet/mobilenet_1_0_224_tf.h5
17225924/17225924 ━━━━━━━━━━━━━━━━━━━━ 22s 1us/step
```

如果模型結構與權重檔下載失敗或檔案有錯誤，就會造成 Python 程式執行錯誤，而且，只要檔案存在，Keras 就不會自動再次重新下載檔案，所以，我們需要自行切換至「~/.keras/models/」目錄，然後使用檔案總管來顯示目錄內容，如下所示：

```
(base) hueyan@DESKTOP-JOE: $ cd ~/.keras/models/
(base) hueyan@DESKTOP-JOE:~/.keras/models$ explorer.exe .
```

上述命令首先切換至模型結構與權重檔目錄後，使用 Windows 檔案總管來開啟目前的資料夾，即可看到副檔名 .h5 的模型結構與權重檔，如下圖所示：

請在上述目錄刪除對應預訓練模型的 .h5 檔案，MobileNet 就是 mobilenet_1_0_224_tf.h5。

使用 ResNet50 進行圖片分類 | ch8-3a.ipynb

ResNet50 預訓練模型的使用和 MobileNet 十分相似，因為預訓練模型的分類結果會有多種可能，只是每一種的可能性不同，所以第 2 個範例不是顯示最有可能的結果，而是顯示前 3 個最有可能的分類結果，如下圖所示：

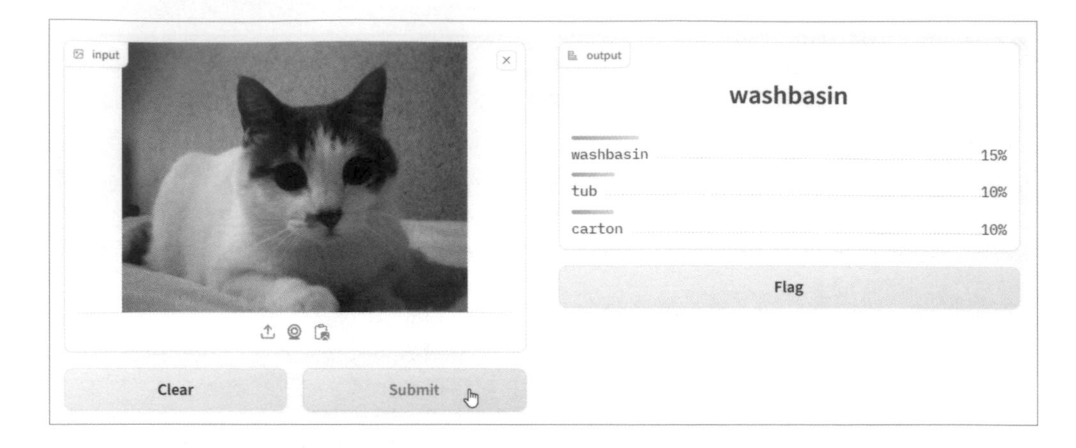

在 Jupyter 筆記本第 1 個儲存格的 Python 程式碼匯入相關模組和套件後，就可以建立 ResNet50 模型，如下所示：

```
from keras.applications.resnet50 import ResNet50
from keras.applications.resnet50 import preprocess_input
from keras.applications.resnet50 import decode_predictions
from PIL import Image
import numpy as np
import gradio as gr

model = ResNet50(weights="imagenet", include_top=True)
```

然後，就是和上一小節相同的 resize_image() 函數，接著是 Interface 物件的事件處理 predict() 函數，在此函數首先呼叫 resize_image() 函數調整圖片尺寸，在轉換成 NumPy 陣列後，調整形狀成為 4D 張量 (1, 244, 244, 3)，即可執行資料預處理和模型預測，如下所示：

```
def predict(input):
    input_resized = resize_image(input, 224, 224)
    img = np.array(input_resized)
    img = img.reshape((1, 224, 224, 3))
    img = preprocess_input(img)
    y_pred = model.predict(img, verbose=0)
```

```
    label = decode_predictions(y_pred)
    max_len = len(label[0])
    max_len = 10 if max_len > 10 else max_len
```

上述程式碼使用 len() 函數取得預測結果的數量後，如果數量大於 10，就指定成 10。然後，在下方產生前 10 個預測結果的 Python 字典，如下所示：

```
    top_10_predictions = {
        label[0][i][1]: float(label[0][i][2])
        for i in range(max_len)
    }

    return top_10_predictions
```

上述程式碼使用字典推導方式來建立前 10 個預測結果，函數的回傳值就是這 10 個結果的 Python 字典。

在 Gradio 介面部分首先建立輸入的 Image 物件，輸出是 Label 物件，參數 num top_classes 是 3，只顯示前 3 個最有可能的預測結果分類，如下所示：

```
inputs = gr.Image()
outputs = gr.Label(num_top_classes=3)
app = gr.Interface(fn=predict,
                   inputs=inputs,
                   outputs=outputs)
app.launch()
```

上述程式碼建立 Interface 物件，事件處理函數 fn 參數是 predict()，輸入參數 inputs 是 inputs 物件，輸出參數 outputs 是 outputs 物件，最後呼叫 launch() 方法啟動 Gradio 的 Web 伺服器來顯示網頁的互動介面。

8-4 KerasNLP 預訓練模型：BERT 與 GPT-2

KerasNLP 是基於 Keras 3 架構，一個模組化自然語言處理（Natural Language Processing，NLP）函式庫，可以擴充 Keras 支援建構自然語言處理的工作流程，並且提供預訓練模型來解決常見自然語言處理的任務，例如：文字生成、回答問題、聊天機器人和機器翻譯等。

BERT 語言模型的情緒分析 | ch8-4.ipynb

BERT（Bidirectional Encoder Representations from Transformers）是 Google 在 2018 年建立的語言模型，這是一種遮罩語言模型（Masked Language Model），可以隨機遮掉部分輸入文字中的單字，然後訓練模型來預測出這些被遮掉內容的單字。

BERT 模型是雙向的，可以同時考量每一個單字的左側和右側文字之間的關係，使之成為文字分類等任務的好選擇，其核心的神經網路架構就是 Transformer 模型。

例如：情緒分析可以分析英文句子的情緒是正面或負面，以此例的第 1 個句子是負面情緒，第 2 個句子是正面情緒，如下所示：

```
This movie is not good.
A total waste of my time.
```

BERT 語言模型的情緒分析可以讓使用者輸入一個英文句子，然後回應這個句子是正面或負面情緒，請選第 1 個英文句子範例後，按【Submit】鈕，其結果如下圖所示：

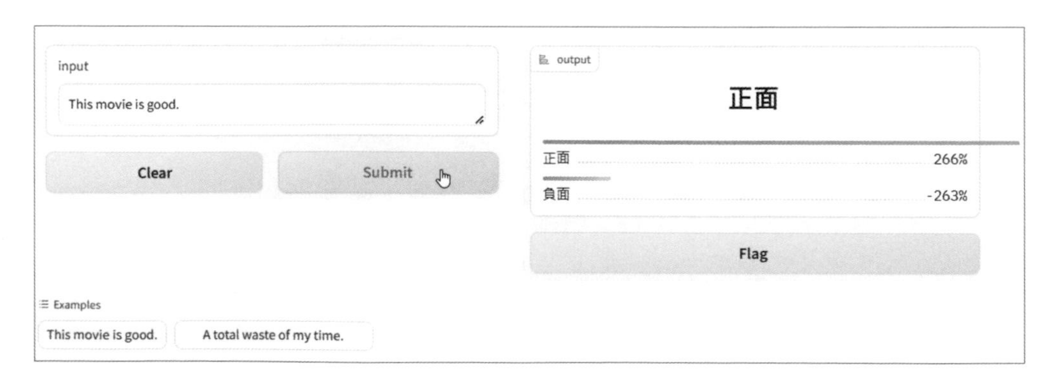

然後選第 2 個英文句子範例後，按【Submit】鈕，其結果如下圖所示：

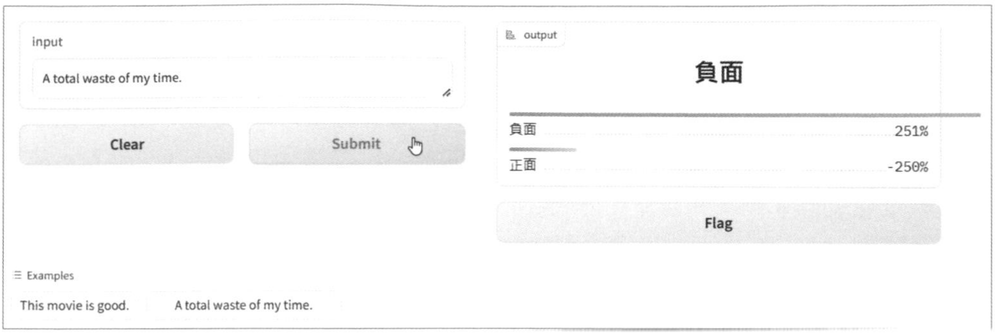

input
A total waste of my time.
Clear
Submit
output
負面
負面 251%
正面 -250%
Flag
Examples
This movie is good.
A total waste of my time.

在 Jupyter 筆記本第 1 個儲存格的 Python 程式碼，首先匯入 keras_nlp 的 BERT 模型和預處理物件後，匯入 Gradio 套件，如下所示：

```
from keras_nlp.models import BertClassifier
from keras_nlp.models import BertPreprocessor
import gradio as gr

labels = ["負面", "正面"]
model_name = "bert_tiny_en_uncased_sst2"

preprocessor = keras_nlp.models.BertPreprocessor.from_preset(
    model_name,
    sequence_length=128,
)
```

上述程式碼建立 2 種分類名稱 labels 後，指定 BERT 模型名稱的 model_name 變數（這是微小版 BERT 模型），即可建立 BertPreprocessor 預處理物件，和呼叫 from_preset() 方法來設定預處理，以此例是縮減文字長度來加速模型的推論，第 1 個參數是模型名稱，sequence_length 參數指定文字長度改成 128（預設值是 512）。

然後在下方建立 BertClassifier 物件來載入 BERT 模型，如下所示：

```
classifier = keras_nlp.models.BertClassifier.from_preset(
    model_name,
```

```
    num_classes=2,
    preprocessor=preprocessor
)
```

上述 from_preset() 方法的第 1 個參數是模型名稱，num_classes 參數指定分成 2 類，最後使用 preprocessor 參數指定使用的預處理。

在下方是 Interface 物件的事件處理 predict() 函數，可以呼叫 classifier.predict() 方法來執行模型預測，如下所示：

```
def predict(input):
    output = classifier.predict([input])
    predictions = {
        labels[i]: float(output[0][i])
        for i in range(len(labels))
    }
    return predictions
```

上述程式碼是使用 Python 字典推導建立出 2 個預測結果，函數的回傳值就是這 2 個結果的 Python 字典。

在 Gradio 介面部分首先建立輸入的 Image 物件，輸出是 Label 物件 outputs，參數 num_top_classes 是 2，只顯示前 2 個最有可能的預測結果分類，然後是英文句子範例的串列，如下所示：

```
outputs = gr.Label(num_top_classes=2)
examples = ["This movie is good.",
            "A total waste of my time."]
app = gr.Interface(fn=predict,
                   inputs="text",
                   outputs=outputs,
                   examples=examples)
app.launch()
```

上述程式碼建立 Interface 物件，事件處理函數 fn 參數是 predict()，輸入參數 inputs 是 "text" 文字，輸出參數 outputs 是 outputs 物件，examples 參數指定英文範例句子串列，最後呼叫 launch() 方法啟動 Gradio 的 Web 伺服器來顯示網頁的互動介面。

使用 GPT-2 大型語言模型生成文字 | ch8-4a.ipynb

GPT-2（Generative Pre-trained Transformer 2）也是基於 Transformer 模型的大型語言模型（Large Language Models，LLM），這是 OpenAI 公司所開發，屬於 GPT 系列模型的第二代模型。

GPT-2 模型是一種因果語言模型（Causal Language Model），這是使用對角遮罩矩陣，可以讓每一個單字只能看到之前的文字資訊，遮掉之後的文字內容，可以訓練模型根據之前的單字來預測下一個單字。

GPT-2 大型語言模型可以讓使用者輸入開頭的一個英文句子或片段後，自動接續生成出完整的英文文字段落，如下圖所示：

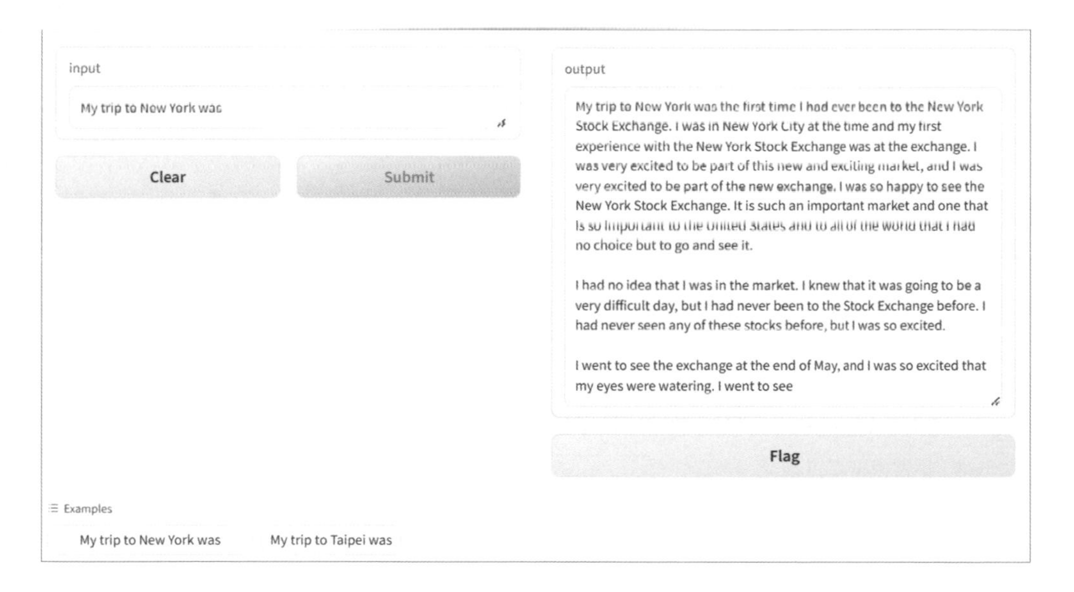

在 Jupyter 筆記本第 1 個儲存格的 Python 程式碼，首先匯入 keras_nlp 的 GPT-2 模型和預處理物件，然後匯入 Gradio 套件，即可指定全域混合精度 "mixed_float16"，這是透過同時使用 16 位和 32 位浮點數來提高訓練性能與效率，如下所示：

```
from keras_nlp.models import GPT2CausalLMPreprocessor
from keras_nlp.models import GPT2CausalLM
import gradio as gr
import keras

keras.mixed_precision.set_global_policy("mixed_float16")

preprocessor = GPT2CausalLMPreprocessor.from_preset(
    "gpt2_base_en",
    sequence_length=128,
)

gpt2_lm = GPT2CausalLM.from_preset(
    "gpt2_base_en",
    preprocessor=preprocessor
)
```

上述程式碼建立 GPT-2 模型的預處理，為了加速所以將文字長度改成 128（預設值是 1024），然後載入 GPT-2 模型 "gpt2_base_en"。

在下方是 Interface 物件的事件處理 predict() 函數，可以使用 GPT-2 模型來生成文字，如下所示：

```
def predict(input):
    # 使用模型進行預測
    output = gpt2_lm.generate(input,
                                max_length=200)
    return output
```

上述程式碼是呼叫 generate() 方法來生成文字，第 1 個參數是提示文字，max_length 參數是 GPT-2 模型生成文字的最大長度。

在 Gradio 介面部分首先是建立英文句子範例的 examples 串列，然後建立 Interface 物件，事件處理函數 fn 參數是 predict()，輸入參數 inputs 是 "text" 文字，輸出參數 outputs 也是 "text" 文字，examples 參數指定範例句子串列，如下所示：

```
examples = ["My trip to New York was",
            "My trip to Taipei was"]
app = gr.Interface(fn=predict,
                   inputs="text",
                   outputs="text",
                   examples=examples)
app.launch()
```

上述程式碼的最後是呼叫 launch() 方法啟動 Gradio 的 Web 伺服器來顯示網頁的互動介面。

Note

PART

3

作業系統層級的虛擬化：使用 WSL 2 + Docker 容器

CHAPTER 09

認識與安裝設定 Docker

9-1 認識 Docker

Docker 是一個開放原始碼的平台，一種使用容器來建立、部署和執行應用程式的工具，讓開發人員可以在容器封裝執行應用程式所需的全部元件（包含：程式碼、函式庫、設置檔、環境變數、執行環境和相依性等），確保應用程式可以使用相同的環境來執行，而不用考量部署電腦的環境設定。Docker 可以讓開發人員專注於撰寫程式碼，而不用擔心寫出的程式碼無法在其他電腦系統上正確的執行。

Docker 基本架構是一種主從架構，在 Docker 客戶端送出操作命令至 Docker 服務端，然後讓 Docker 服務端（Docker Daemon）處理使用者下達的命令來執行所需的操作，如下圖所示：

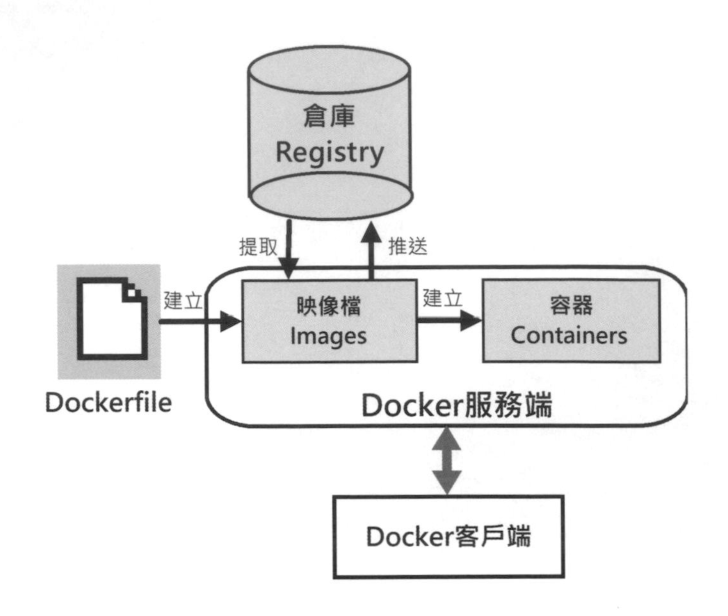

上述 Dockerfile 類似於批次檔案，可以用來建立映像檔，映像檔是用來建立容器，倉庫就是儲存現成映像檔的檔案庫，在 Docker 服務端可以直接從倉庫提取現成映像檔，同理，如果我們建立了自己的客製化映像檔，也可以推送至倉庫來儲存。

說明

Dockerfile 是一個文字檔案，其內容包含定義 Docker 映像檔的指令集，我們是使用這些指令來描述應用程式的部署環境與運行方式，可以讓 Docker 自動化依據 Dockerfile 指令來建立映像檔，詳見第 12 章的說明與範例。

基本上，Docker 核心概念就是映像檔、容器和倉庫，如下圖所示：

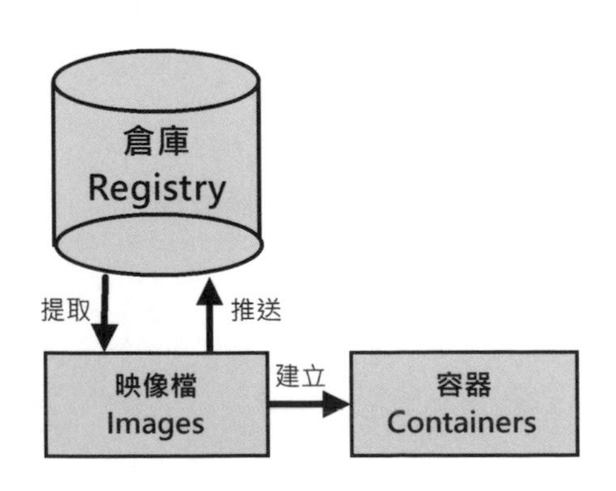

上述映像檔是容器的基礎，Docker 是使用映像檔來建立容器，同一個映像檔可以建立多個不同的獨立容器，容器就是映像檔實際的運行實體，倉庫是用來存放和分發現成的映像檔。在第 10 章說明的 Docker 操作命令就是針對映像檔、容器和倉庫三個核心概念來進行所需的操作。

映像檔（Images）

Docker 映像檔就是一個唯讀的檔案和目錄集合，其內容就是容器執行應用程式所需的所有檔案，包含程式碼、函式庫、設置檔、環境變數、執行環境和相依性等，如同物件導向程式語言的類別與物件，映像檔是模版的類別，可以讓我們使用映像檔的類別來建立容器的物件，例如：一個完整的 MySQL 資料庫、一個 Node.js 的 Web 伺服器、一個 Python 的開發環境和一個 Ubuntu 作業系統等。

基本上，映像檔是使用 Dockerfile 建立，這是由多層（Layers）組成的一種層次結構，可以有效地共享與重複使用這些層，在 Dockerfile 的每一個指令會產生一個新層，讓我們一層一層堆疊起最後的映像檔。

容器（Containers）

容器就是 Docker 映像檔實際運行的實例，可以將應用程式的執行環境進行封裝（例如：檔案系統與網路設定等），封裝成一個獨立和可移植的應用程式執行環境，而且，因為每一個容器都是相互隔離，所以 Docker 可以在同一台主機上獨立執行多個不同的容器，而且不會互相干擾。

簡單的說，映像檔是靜態唯讀快照的毛坯蛋糕，容器就是架構在映像檔的毛坯蛋糕上，塗抹上奶油和裝飾物的美味蛋糕，如下圖所示：

上述容器在啟動時，就會在映像檔之上建立一層可執行層，這是一層可以修改的可讀寫層。換句話說，容器就是使用可執行層來擴充唯讀映像檔的功能，以便建立執行應用程式所需的環境。

倉庫（Image Registry）

Docker 倉庫提供一個長期保存映像檔的儲存機制，可以用來分享映像檔，倉庫分為公開和私有倉庫，例如：公司內部的倉庫只提供公司內部電腦的環境配置，就是私有倉庫。

Docker Hub 是 Docker 官方倉庫，提供很多現成開發環境、作業系統的官方映像檔來免費下載使用。Docker 倉庫的觀念如同第 6 章的 GitHub 檔案庫，我們可以在倉庫建立很多個映像檔，然後使用 push 和 pull 方式來推送和提取映像檔，Docker Hub 如同是映像檔的版本控制。

例如：當開發者需要 Node.js 執行環境來執行最近開發的 Node.js 專案，就可以直接從 Docker Hub 提取 Node.js 官方映像檔，然後使用此映像檔建立一個容器來跑 Node.js 專案的程式。

9-2 使用 Docker Desktop 安裝設定 Docker

在 Windows 作業系統安裝 Docker 有兩種方式，第一種方法是安裝 Docker Desktop（此方法在本節說明），第二種方法是在 WSL 2 的 Linux 發行版自行下達命令來安裝 Docker（詳見第 9-3 節的說明）。

下載 Windows 版的 Docker Desktop

Docker Desktop 可以免費使用在個人用途和小型企業，如果需要專業 Pro 版、小組 Team 版或商務 Business 版，其費用的相關資訊請參閱 Docker 網站：https://www.docker.com/pricing/。Docker Desktop 下載網址的 URL，如下所示：

URL https://docs.docker.com/desktop/wsl/#download

Turn on Docker Desktop WSL 2

▲ Important

To avoid any potential conflicts with using WSL 2 on Docker Desktop, you must uninstall any previous versions of Docker Engine and CLI installed directly through Linux distributions before installing Docker Desktop.

1. Download and install the latest version of Docker Desktop for Windows.
2. Follow the usual installation instructions to install Docker Desktop. Depending on which version of Windows you are using, Docker Desktop may prompt you to turn on WSL 2 during installation. Read the information displayed on the screen and turn on the WSL 2 feature to continue.

請捲動網頁找到「Turn on Docker Desktop WSL 2」區段後，點選【Docker Desktop for Windows】超連結來下載安裝程式檔案，在本書下載的檔名是：【Docker Desktop Installer.exe】。

安裝 Docker Desktop

在 Windows 電腦成功安裝 WSL 2 版後，我們就可以使用下載的安裝檔案來安裝 Docker Desktop，其安裝步驟如下所示：

Step 1 請雙擊下載的【Docker Desktop Installer.exe】程式檔案，如果看到「使用者帳戶控制」視窗，請按【是】鈕，然後在「Configuration」步驟按【OK】鈕開始安裝（預設勾選建立桌面捷徑）。

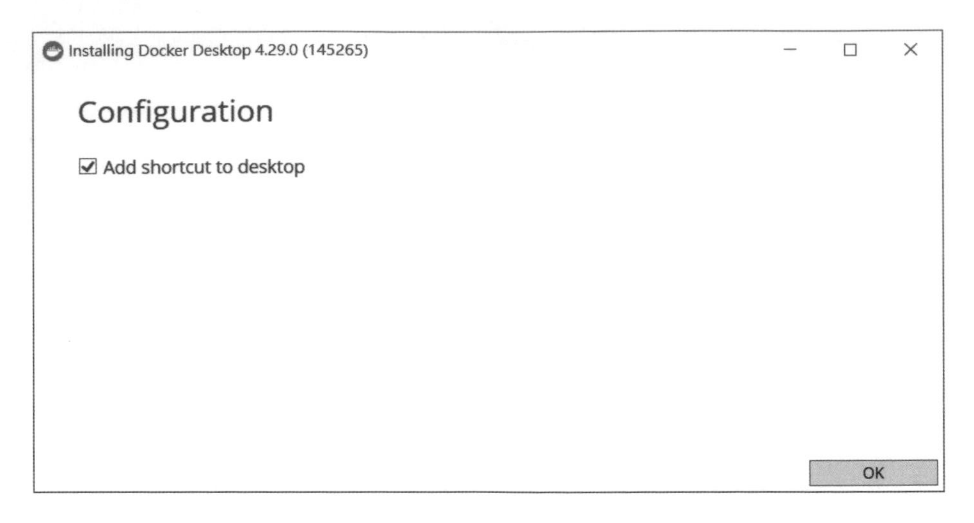

Step 2 可以看到目前的安裝進度，等到成功安裝，請按【Close and log out】鈕重新登入 Windows 電腦。

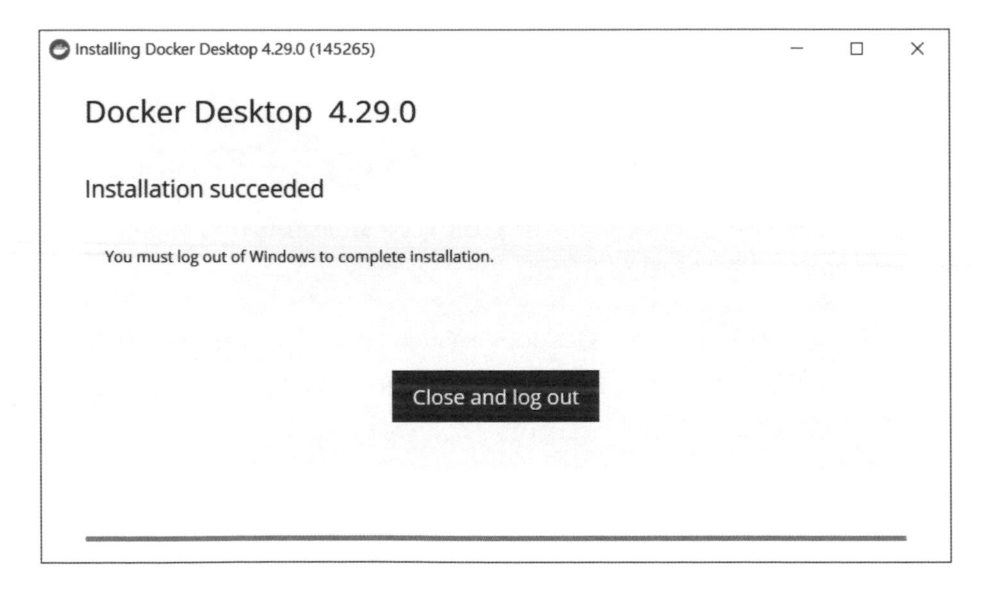

Step 3 在重新登入 Windows 後，就會自動啟動 Docker Desktop，可以看到 Docker 使用者授權，請按【Accept】鈕同意授權。

Step 4 然後，可以看到註冊和登入 Docker Desktop 畫面，請自行決定是否註冊，因為不註冊也可以使用 Docker Desktop。

設定 Docker Desktop

在完成 Docker Desktop 安裝後，我們需要設定 Docker Desktop，其步驟如下所示：

Step 1 請執行「開始 >Docker Desktop」命令啟動 Docker Desktop，然後點選位在上方標題列的【Settings】設定圖示。

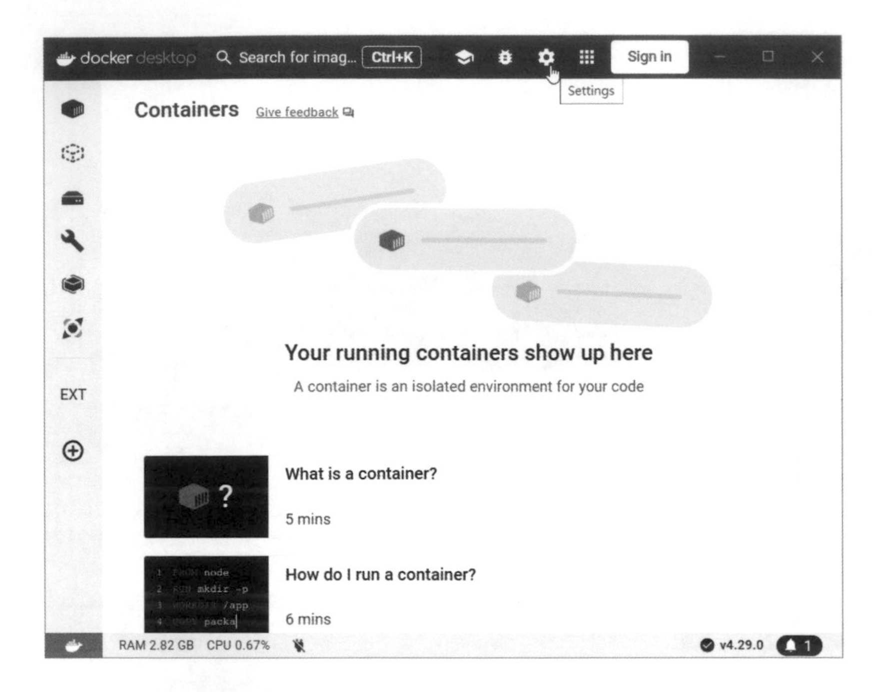

Step 2 選【General】標籤頁，可以看到已經勾選使用 WSL 2（因為 Windows 有安裝 WSL 2，如果沒有安裝，請自行勾選），如下圖所示：

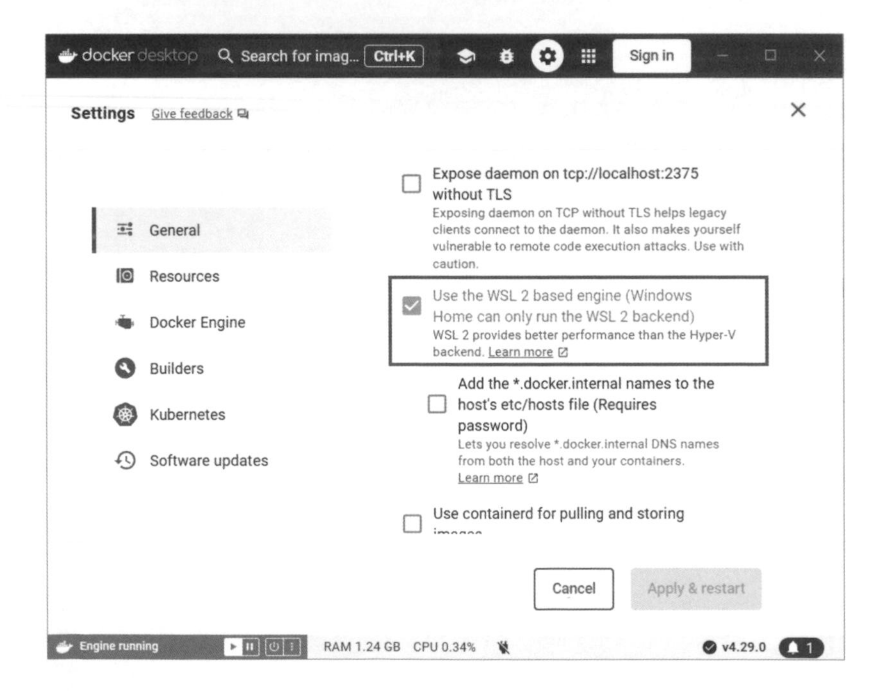

Step 3 選「Resource＞WSL Integration」標籤頁，可以選擇哪些 Linux 發行版整合 Docker Desktop，預設勾選【Enable integration with my default WSL distro】自動整合預設 Linux 發行版，我們也可以選擇整合其他發行版，例如：Ubuntu，在開啟後，請按【Apply & restart】鈕來套用設定。

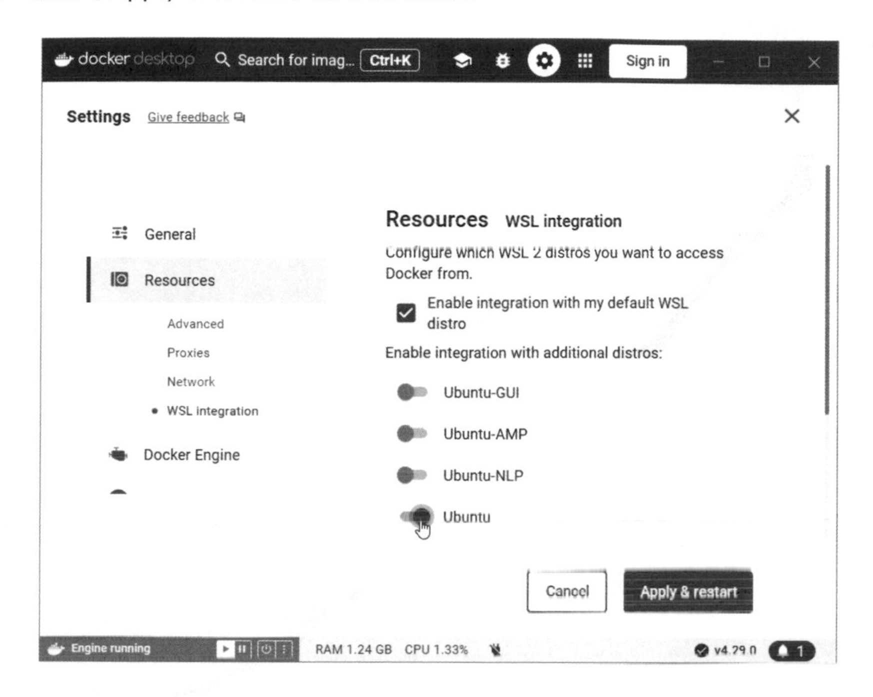

在 Linux 發行版 Ubuntu 測試使用 Docker

現在，我們可以在 Ubuntu 的 Linux 發行版使用 Docker，請啟動 Windows 終端機，使用 -d 選項啟動和進入 Linux 發行版 Ubuntu，然後輸入 docker --version 命令來顯示 Docker 版本，如下所示：

```
> wsl -d Ubuntu Enter
$ cd ~ Enter
$ docker --version Enter
```

```
PS C:\Users\hueya> wsl -d Ubuntu
Welcome to Ubuntu 22.04.4 LTS (GNU/Linux 5.15.150.

 * Documentation:  https://help.ubuntu.com
 * Management:     https://landscape.canonical.com
 * Support:        https://ubuntu.com/pro

 * Strictly confined Kubernetes makes edge and IoT
   just raised the bar for easy, resilient and sec

   https://ubuntu.com/engage/secure-kubernetes-at-

This message is shown once a day. To disable it pl
/home/hueyan/.hushlogin file.
hueyan@DESKTOP-JOE:/mnt/c/Users/hueya$ cd ~
hueyan@DESKTOP-JOE:~$ docker --version
Docker version 26.0.0, build 2ae903e
hueyan@DESKTOP-JOE:~$ |
```

上述命令的執行結果可以看到 Docker 版本是 26.0.0 版。然後，我們可以執行 docker run 命令使用 hello-world 映像檔來建立第 1 個容器，如下所示：

```
$ docker run hello-world Enter
```

```
hueyan@DESKTOP-JOE:~$ docker run hello-world
Unable to find image 'hello-world:latest' locally
latest: Pulling from library/hello-world
c1ec31eb5944: Pull complete
Digest: sha256:a26bff933ddc26d5cdf7faa98b4ae1e3ec20c49
Status: Downloaded newer image for hello-world:latest

Hello from Docker!
This message shows that your installation appears to b
```

上述命令的執行結果因為本機並沒有此映像檔，所以先提取 library/hello-world 映像檔，然後建立和執行容器，其執行結果可以顯示 "Hello from Docker!" 歡迎訊息，當成功看到此訊息，就表示已經成功安裝 Docker。

因為在 Docker Desktop 有勾選整合 Ubuntu 發行版，所以在 Docker Desktop 選側邊欄的第 1 個【Containers】圖示，可以顯示使用 hello-world 映像檔建立的容器，如下圖所示：

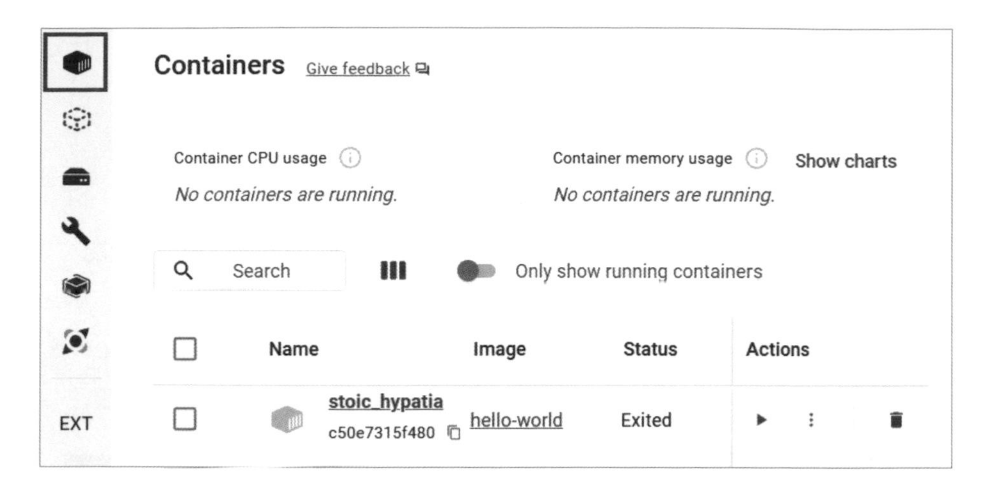

選第 2 個【Images】圖示，可以顯示我們提取的 hello-world 映像檔資訊，如下圖所示：

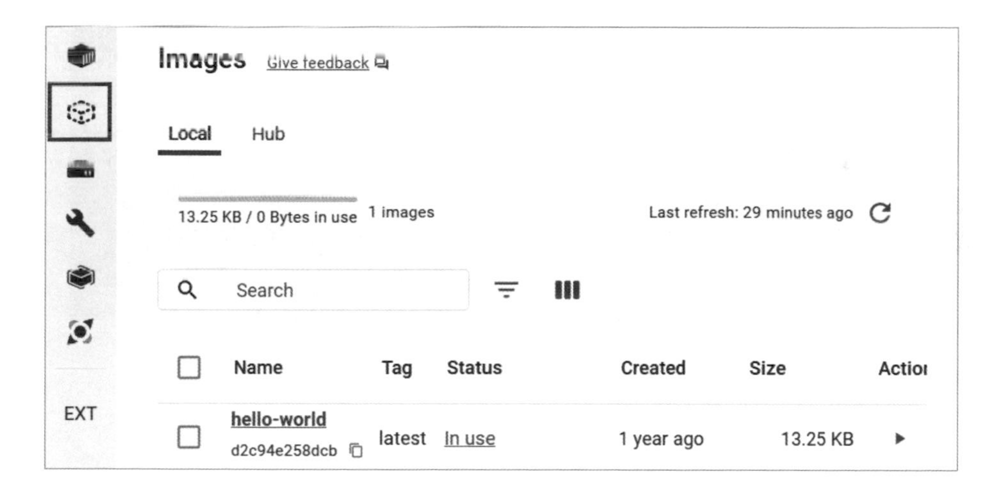

9-3 在 WSL 2 的 Linux 發行版自行安裝 Docker

因為 WSL 2 的 Linux 子系統是一個擁有 Linux 核心的 Linux 作業系統，我們可以直接啟動進入 Linux 發行版來自行安裝 Docker。

使用匯入方式新增 Linux 發行版 Ubuntu-Docker

請啟動 Windows 終端機，我們準備繼續第 2-6 節再次使用 WSL 的匯入功能，建立名為 Ubuntu-Docker 的 Linux 發行版，如下所示：

```
> wsl --import Ubuntu-Docker D:\Ubuntu_DK D:\Ubuntu_Backup.tar Enter
> wsl -l -v Enter
```

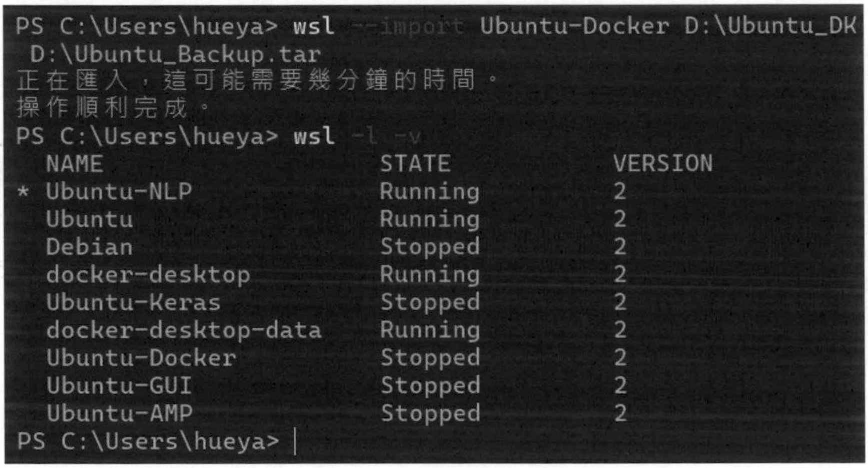

```
PS C:\Users\hueya> wsl --import Ubuntu-Docker D:\Ubuntu_DK
 D:\Ubuntu_Backup.tar
正在匯入，這可能需要幾分鐘的時間。
操作順利完成。
PS C:\Users\hueya> wsl -l -v
  NAME                      STATE           VERSION
* Ubuntu-NLP                Running         2
  Ubuntu                    Running         2
  Debian                    Stopped         2
  docker-desktop            Running         2
  Ubuntu-Keras              Stopped         2
  docker-desktop-data       Running         2
  Ubuntu-Docker             Stopped         2
  Ubuntu-GUI                Stopped         2
  Ubuntu-AMP                Stopped         2
PS C:\Users\hueya>
```

然後，請將上述 Ubuntu-Docker 發行版的預設使用者改成 hueyan。

在 WSL 2 的 Linux 發行版安裝 Docker

在 Docker 官方網頁可以找到 Ubuntu 安裝 Docker 的說明，其 URL 網址如下所示：

URL https://docs.docker.com/engine/install/ubuntu/

我們準備在 WSL 2 的 Ubuntu-Docker 發行版依據上述網頁的步驟來安裝 Docker，其步驟如下所示：

Step 1 如果尚未啟動 WSL，請啟動 Windows 終端機，輸入 wsl -d 命令進入指定的 Ubuntu-Docker 發行版，然後輸入 cd ~ 命令切換至 Linux 使用者目錄「/home/hueyan」，如下所示：

```
> wsl -d Ubuntu-Docker Enter
$ cd ~ Enter
```

Step 2 在安裝前需要更新套件資料庫，請在提示文字後輸入密碼，就可以開始更新套件資料庫，然後是升級安裝的套件，如下所示：

```
$ sudo apt update Enter
$ sudo apt upgrade -y Enter
```

Step 3 在安裝前，我們需要移除舊版有衝突的相關套件，請在官方網頁找到「Uninstall old versions」區段，就可以在下方找到和複製命令，在貼上 Windows 終端機後，即可按 y 鍵執行解除安裝，如下所示：

```
$ for pkg in docker.io docker-doc docker-compose docker-compose-v2 podman-
docker containerd runc; do sudo apt-get remove $pkg; done Enter
```

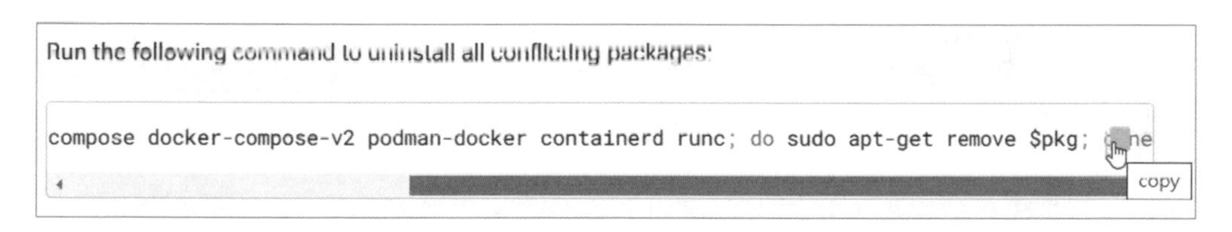

Step 4 然後，在官網找到「Install using the apt repository」區段的步驟 1.，即可複製執行下列命令來安裝 Docker，如下所示：

```
$ # Add Docker's official GPG key:
sudo apt-get update
sudo apt-get install ca-certificates curl
sudo install -m 0755 -d /etc/apt/keyrings
sudo curl -fsSL https://download.docker.com/linux/ubuntu/gpg -o /etc/apt/
```

```
keyrings/docker.asc
sudo chmod a+r /etc/apt/keyrings/docker.asc

# Add the repository to Apt sources:
echo \
  "deb [arch=$(dpkg --print-architecture) signed-by=/etc/apt/keyrings/
docker.asc] https://download.docker.com/linux/ubuntu \
  $(. /etc/os-release && echo "$VERSION_CODENAME") stable" | \
  sudo tee /etc/apt/sources.list.d/docker.list > /dev/null
sudo apt-get update Enter
```

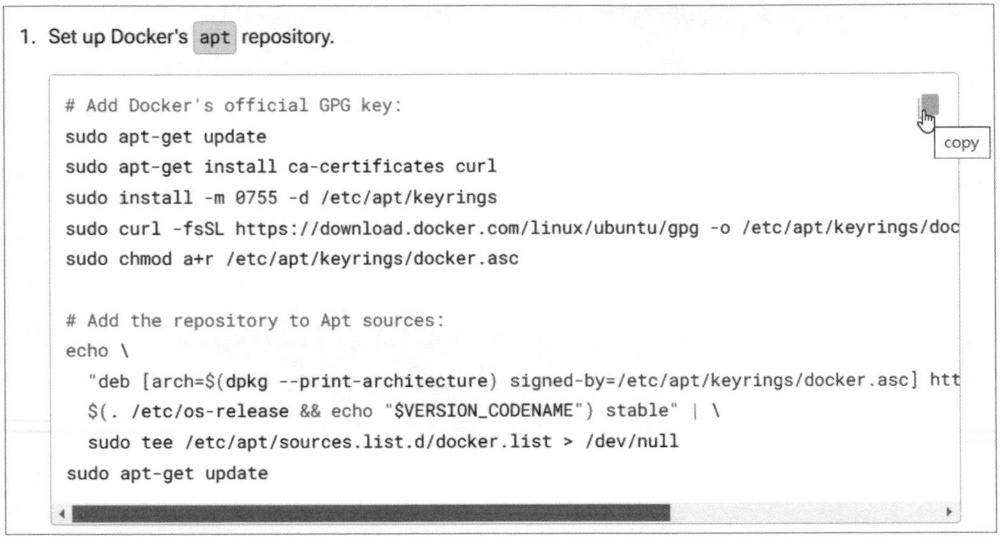

1. Set up Docker's `apt` repository.

```
# Add Docker's official GPG key:
sudo apt-get update
sudo apt-get install ca-certificates curl
sudo install -m 0755 -d /etc/apt/keyrings
sudo curl -fsSL https://download.docker.com/linux/ubuntu/gpg -o /etc/apt/keyrings/doc
sudo chmod a+r /etc/apt/keyrings/docker.asc

# Add the repository to Apt sources:
echo \
  "deb [arch=$(dpkg --print-architecture) signed-by=/etc/apt/keyrings/docker.asc] htt
  $(. /etc/os-release && echo "$VERSION_CODENAME") stable" | \
  sudo tee /etc/apt/sources.list.d/docker.list > /dev/null
sudo apt-get update
```

copy

Step 5 在成功安裝後，我們可以使用下列命令來啟動和檢查 Docker 服務是否正常的啟動，如下所示：

```
$ sudo service docker start Enter
$ service docker status Enter
```

```
hueyan@DESKTOP-JOE:~$ sudo service docker start
hueyan@DESKTOP-JOE:~$ service docker status
● docker.service - Docker Application Container Engine
     Loaded: loaded (/lib/systemd/system/docker.service
     Active: active (running) since Sat 2024-04-27 15:0
TriggeredBy: ● docker.socket
       Docs: https://docs.docker.com
   Main PID: 21985 (dockerd)
      Tasks: 12
     Memory: 33.7M
     CGroup: /system.slice/docker.service
             └─21985 /usr/bin/dockerd -H fd:// --contai
```

Step 6 在 Active: 的哪一行可以看到綠色字的 (running)，表示正常啟動，請按 Ctrl 鍵＋ C 鍵離開返回 Bash Shell，就可以執行下列命令來顯示 Docker 版本，如下所示：

```
$ docker --version Enter
```

```
hueyan@DESKTOP-JOE:~$ docker --version
Docker version 26.1.0, build 9714adc
hueyan@DESKTOP-JOE:~$ |
```

Step 7 接著，請將使用者帳號 hueyan 新增至 docker 群組（如此就不需要使用 sudo 命令來執行 Docker 命令），其命令如下所示：

```
$ sudo usermod -aG docker hueyan Enter
```

```
hueyan@DESKTOP-JOE:~$ sudo usermod -aG docker hueyan
hueyan@DESKTOP-JOE:~$ |
```

Step 8 在成功將使用者加入 docker 群組後，需要使用下列命令來讓變更的設定值生效，如下所示：

```
$ newgrp docker Enter
```

```
hueyan@DESKTOP-JOE:~$ newgrp docker
hueyan@DESKTOP-JOE:~$ |
```

在 Linux 發行版 Ubuntu-Docker 測試使用 Docker

請在 Windows 終端機執行 docker run 命令，使用 hello-world 映像檔來建立第 1 個容器（並不需要使用 sudo 命令），如下所示：

```
$ docker run hello-world Enter
```

```
hueyan@DESKTOP-JOE:~$ docker run hello-world
Unable to find image 'hello-world:latest' locally
latest: Pulling from library/hello-world
c1ec31eb5944: Pull complete
Digest: sha256:a26bff933ddc26d5cdf7faa98b4ae1e3ec20c4
Status: Downloaded newer image for hello-world:latest

Hello from Docker!
This message shows that your installation appears to
```

上述命令的執行結果因為本機並沒有此映像檔，所以先提取 library/hello-world 映像檔，然後建立和執行容器，其執行結果可以顯示 "Hello from Docker!" 歡迎訊息，當成功看到此訊息，就表示已經在 Linux 發行版 Ubuntu-Docker 成功的自行安裝 Docker。

9-4 談談 Docker Desktop 的 Docker

在第 9-2 節安裝 Docker Desktop 後，就會自動在 WSL 新增 2 個特殊用途的內部 Linux 發行版，請執行 wsl -l -v 命令顯示目前安裝的 Linux 發行版（筆者已經關閉全部的 Linux 發行版），如下所示：

```
> wsl -l -v Enter
```

```
PS C:\Users\hueya> wsl -l -v
  NAME                   STATE           VERSION
* Ubuntu-NLP             Stopped         2
  Ubuntu                 Stopped         2
  Debian                 Stopped         2
  docker-desktop         Stopped         2
  Ubuntu-Keras           Stopped         2
  docker-desktop-data    Stopped         2
  Ubuntu-Docker          Stopped         2
  Ubuntu-GUI             Stopped         2
  Ubuntu-AMP             Stopped         2
PS C:\Users\hueya> |
```

上述 docker-desktop 和 docker-desktop-data 就是 Docker Desktop 新增的 2 個內部 Linux 發行版（這是 Docker Desktop 專用的發行版），事實上，Docker Desktop 的 Docker 就是使用在內部 Linux 發行版安裝的 Docker，其說明如下所示：

- **docker-desktop**：此 Linux 發行版就是執行 Docker 命令的 Docker 引擎（dockerd）。
- **docker-desktop-data**：在此 Linux 發行版儲存容器和映像檔。

目前的 docker-desktop 和 docker-desktop-data 並沒有啟動，請執行「開始 >Docker Desktop」命令啟動 Docker Desktop 後，再次執行 wsl -l -v 命令，可以看到這 2 個發行版已經啟動 Running，如下圖所示：

```
docker-desktop           Running         2
Ubuntu-Keras             Stopped         2
docker-desktop-data      Running         2
```

首先，因為 Linux 發行版 Ubuntu-AMP 並不是預設發行版，請使用 wsl -d 命令來啟動和進入 Ubuntu-AMP 後，顯示 Docker 版本，如下所示：

```
> wsl -d Ubuntu-AMP [Enter]
$ cd ~ [Enter]
$ docker --version [Enter]
```

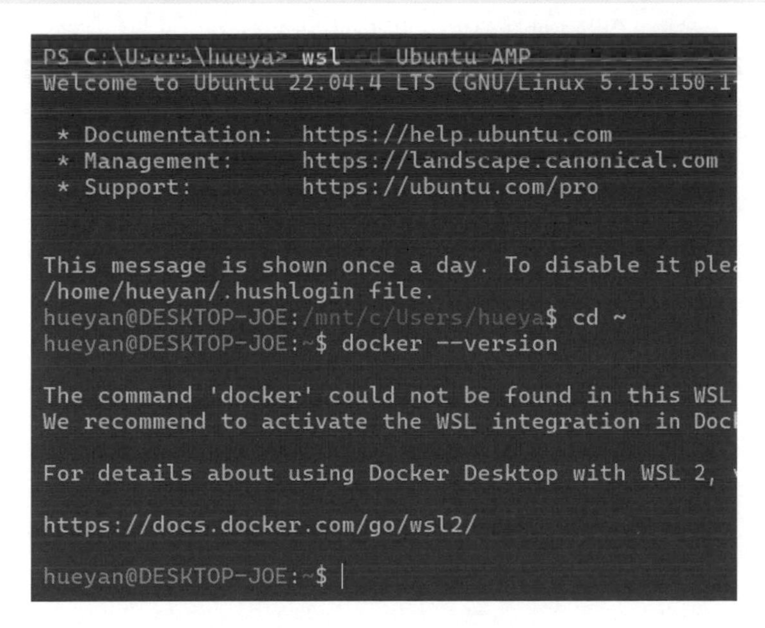

因為上述 Linux 發行版根本沒有安裝 Docker，所以顯示沒有此命令。現在，請將 Linux 發行版 Ubuntu-AMP 改為預設發行版，然後再次啟動進入 Ubuntu-AMP 後，顯示 Docker 版本，如下所示：

```
> wsl -s Ubuntu-AMP Enter
> wsl Enter
$ cd ~ Enter
$ docker --version Enter
```

```
PS C:\Users\hueya> wsl -s Ubuntu-AMP
操作順利完成。
PS C:\Users\hueya> wsl
hueyan@DESKTOP-JOE:/mnt/c/Users/hueya$ cd ~
hueyan@DESKTOP-JOE:~$ docker --version
Docker version 26.0.0, build 2ae903e
hueyan@DESKTOP-JOE:~$ |
```

當我們將 Ubuntu-AMP 設為預設 Linux 發行版，就可以成功顯示 Docker 版本，記得嗎！這個 Linux 發行版根本沒有安裝 Docker。

這是因為在第 9-2 節安裝設定 Docker Desktop 時，預設勾選【Enable integration with my default WSL distro】，就會自動將 Docker Desktop 整合至目前的預設 Linux 發行版，所以，Linux 發行版 Ubuntu-AMP 就是 Docker 客戶端，我們的命令是下達至 Docker 服務端的 Linux 發行版 docker-desktop 來執行，如下圖所示：

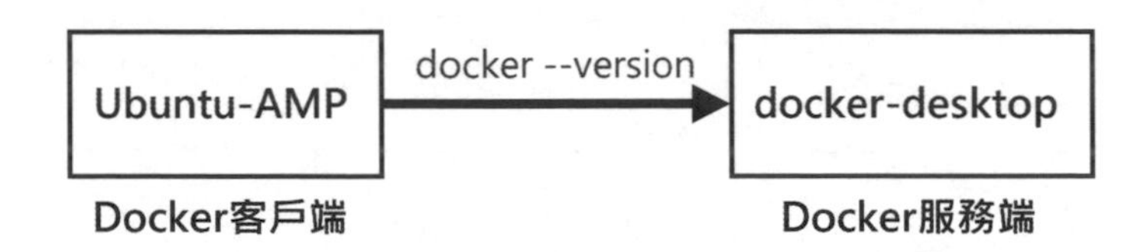

換句話說，就算在 Linux 發行版 Ubuntu-AMP 沒有安裝 Docker，我們一樣可以透過 Docker Desktop 在預設 Linux 發行版執行 Docker 命令。

說明

請注意！因為第 9-3 節已經在 Ubuntu-Docker 發行版安裝 Docker，此時，就算將 Ubuntu-Docker 發行版設為預設發行版，其執行的 Docker 仍然是在此 Linux 發行版自行安裝的 Docker，並不是 Docker Desktop 的 Docker，可以看到顯示的 Docker 版本並不相同，如下所示：

```
> wsl -s Ubuntu-Docker Enter
> wsl Enter
$ cd ~ Enter
$ docker --version Enter
```

```
PS C:\Users\hueya> wsl -s Ubuntu-Docker
操作順利完成。
PS C:\Users\hueya> wsl
hueyan@DESKTOP-JOE:/mnt/c/Users/hueya$ cd ~
hueyan@DESKTOP-JOE:~$ docker --version
Docker version 26.1.0, build 9714adc
hueyan@DESKTOP-JOE:~$
```

9-5 註冊 Docker Hub

Docker Hub 是一個提供 Docker 映像檔儲存、分享和管理的線上服務平台。我們可以在 Docker Hub 找到各種官方開源和私有的映像檔，也可以將自己建立的映像檔上傳至平台來分享給其他使用者，讓開發者加速應用程式的開發與部署。

Docker Hub 線上服務平台如果是個人使用者可以免費使用，其註冊步驟如下所示：

Step 1 請啟動瀏覽器進入 Docker Hub 網址：https://hub.docker.com/，然後按右上角的【Sign up】註冊帳戶（Sign In 是登入帳戶）。

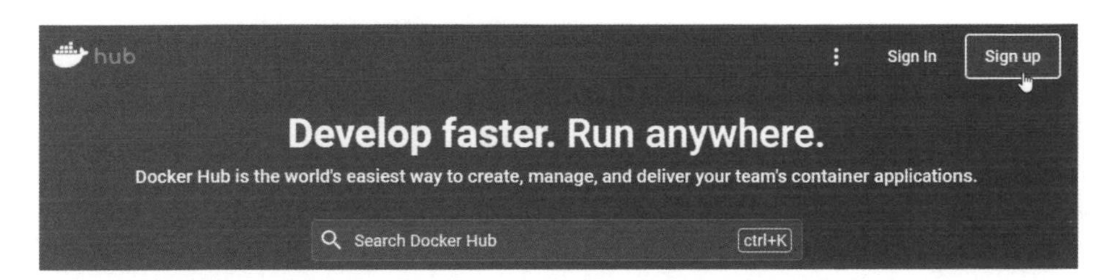

Step 2 請直接使用現成 Google 或 GitHub 帳戶來註冊 Docker Hub 帳戶，以此例，我們是使用第 7 章申請的 GitHub 帳戶，請按【Continue with GitHub】鈕。

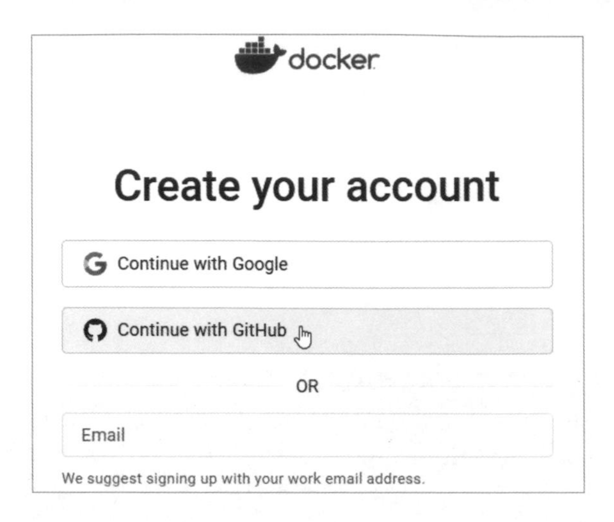

Step 3 按【Authorize Docker Inc】鈕同意授權。

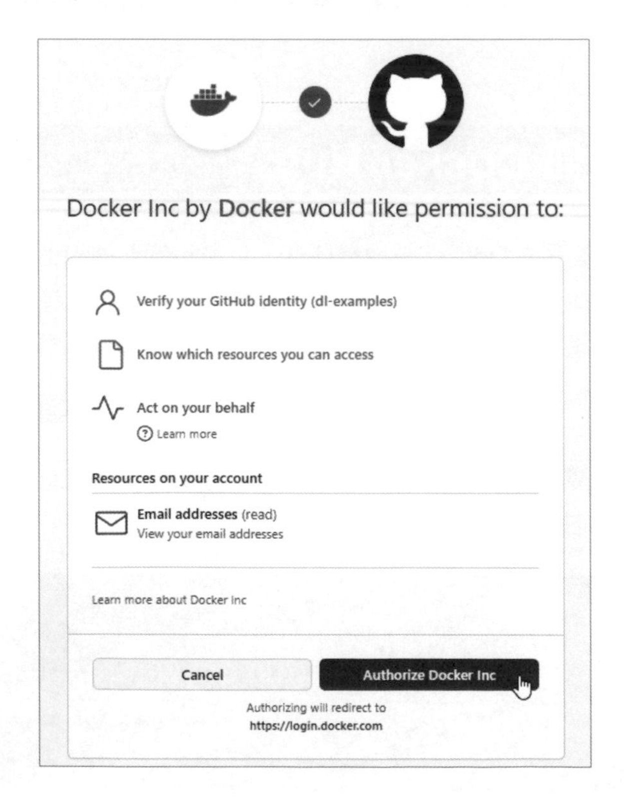

Step 4 請使用第 7 章的帳戶登入 GitHub 後，即可在【Username】欄輸入使用者名稱後，按【Sign Up】鈕進行註冊。

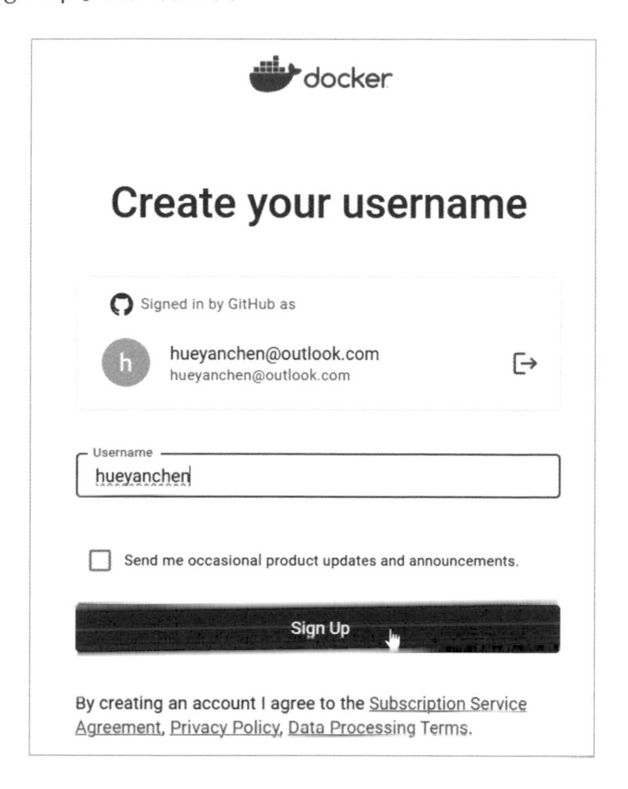

Step 5 成功註冊就會自動登入 Docker Hub 的帳戶首頁，如下圖所示：

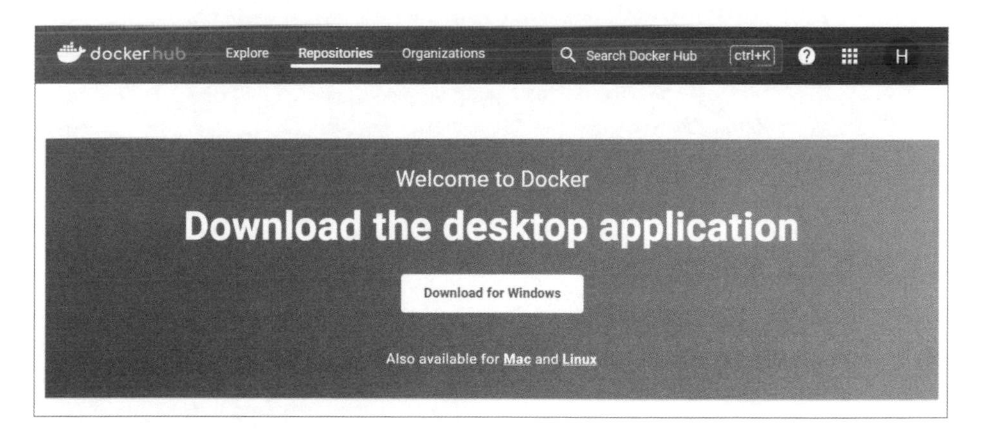

Note

Docker 基本使用

10-1 Docker 服務的基本操作

因為在第 9-2 節安裝 Docker Desktop 是在遠端其他 Linux 發行版安裝 Docker，所以，我們並無法在 Docker 客戶端執行 Docker 服務的操作，即啟動、重啟和停止 Docker 服務。

所以，在這一節我們只能使用第 9-3 節在 Ubuntu-Docker 發行版安裝的 Docker，請在 Windows 終端機啟動和進入 Ubuntu-Docker 發行版後，切換至 Linux 使用者目錄，如下所示：

```
> wsl -d Ubuntu-Docker Enter
$ cd ~ Enter
```

啟動 Docker 服務

Docker 服務預設是啟動中，如果服務沒有啟動，我們可以使用下列命令來啟動 Docker 服務（可能需輸入使用者密碼），如下所示：

```
$ sudo service docker start Enter
```

```
hueyan@DESKTOP-JOE:~$ sudo service docker start
[sudo] password for hueyan:
hueyan@DESKTOP-JOE:~$ |
```

重啟 Docker 服務

如果因為安裝和設定所需，我們可以使用下列命令來重新啟動 Docker 服務（可能需輸入使用者密碼），如下所示：

```
$ sudo service docker restart Enter
```

```
hueyan@DESKTOP-JOE:~$ sudo service docker restart
hueyan@DESKTOP-JOE:~$ |
```

查詢 Docker 服務的狀態

對於 Docker 服務目前的狀態，我們可以使用下列命令來查詢，如下所示：

```
$ service docker status Enter
```

```
hueyan@DESKTOP-JOE:~$ service docker status
● docker.service - Docker Application Container Engine
     Loaded: loaded (/lib/systemd/system/docker.service;
     Active: active (running) since Mon 2024-04-29 14:33
TriggeredBy: ● docker.socket
       Docs: https://docs.docker.com
   Main PID: 1163 (dockerd)
      Tasks: 13
     Memory: 35.7M
     CGroup: /system.slice/docker.service
             └─1163 /usr/bin/dockerd -H fd:// --containe
```

在上述 Active: 哪一行可以看到綠色字的 (running)，表示目前是正常啟動中，請按 Ctrl 鍵 + C 鍵離開返回 Bash Shell。

停止 Docker

我們可以使用下列命令來停止 Docker 服務（可能需輸入使用者密碼），如下所示：

```
$ sudo service docker stop Enter
```

```
hueyan@DESKTOP-JOE:~$ sudo service docker stop
Warning: Stopping docker.service, but it can still be a
  docker.socket
hueyan@DESKTOP-JOE:~$ service docker status
○ docker.service - Docker Application Container Engine
     Loaded: loaded (/lib/systemd/system/docker.service
     Active: inactive (dead) since Mon 2024-04-29 14:41
TriggeredBy: ● docker.socket
       Docs: https://docs.docker.com
```

上述警告訊息顯示正在停止 Docker 服務，在停止後，請再次執行 service docker status 命令，可以在上述 Active: 哪一行看到黑色字的 (dead)，表示已經停止 Docker 服務，請按 Ctrl 鍵＋ C 鍵離開返回 Bash Shell。

10-2 Docker 映像檔的基本操作

Docker 映像檔的基本操作有：顯示映像檔清單、提取、刪除、執行、提交和推送映像檔等操作，其中最後的提交和推送操作和 Docker Hub 有關，所以留在第 10-5 節再一併說明。

在本書主要是使用 Docker Desktop 的 Docker 來測試本節後的 Docker 命令，請先在 Windows 作業系統執行「開始 >Docker Desktop」命令啟動 Docker Desktop 後，再開啟 Windows 終端機啟動和進入預設 Linux 發行版後，切換至使用者目錄來執行 Docker 操作的相關命令。

提取官方的映像檔

我們可以提取官方映像檔至本機，簡單的說，就是下載映像檔，其語法如下所示：

```
docker image pull 映像檔名稱[:標籤]
```

或

```
docker pull 映像檔名稱[:標籤]
```

上述命令可以使用 docker image pull 的完整命令，或簡寫的 docker pull 命令，可以提取之後的映像檔，映像檔的全名是【映像檔名稱：標籤】，標籤提供映像檔額外註記，大部分來說，就是映像檔的版本，沒有指名就是預設標籤 latest 的最新版。首先我們準備提取 Ubuntu 作業系統的官方 ubuntu 映像檔，如下所示：

```
$ docker image pull ubuntu Enter
```

```
hueyan@DESKTOP-JOE:~$ docker image pull ubuntu
Using default tag: latest
latest: Pulling from library/ubuntu
fdcaa7e87498: Pull complete
Digest: sha256:562456a05a0dbd62a671c1854868862a4
Status: Downloaded newer image for ubuntu:latest
docker.io/library/ubuntu:latest
hueyan@DESKTOP-JOE:~$ |
```

上述 ubuntu 因為沒有指定標籤，所以訊息指出是使用預設標籤 latest，然後可以看到正在下載映像檔 library/ubuntu（在「/」符號前是倉庫名稱，預設倉庫就是 library），當成功下載後，可以在 Status: 哪一行看到已經成功下載的訊息文字。

因為沒有標籤所以提取的是 latest 版本，如果需要提取指定版本的 Ubuntu 作業系統，我們就需要指定標籤，例如：提取 16.04 版的 ubuntu:16.04，如下所示：

```
$ docker pull ubuntu:16.04 Enter
```

```
hueyan@DESKTOP-JOE:~$ docker pull ubuntu:16.04
16.04: Pulling from library/ubuntu
58690f9b18fc: Pull complete
b51569e7c507: Pull complete
da8ef40b9eca: Pull complete
fb15d46c38dc: Pull complete
Digest: sha256:1f1a2d56de1d604801a9671f30119070
Status: Downloaded newer image for ubuntu:16.04
docker.io/library/ubuntu:16.04
```

顯示映像檔清單

我們可以使用 docker image ls 或 docker images 命令來顯示本機目前所有已下載或自行建構的映像檔，因為在第 9 章已經提取過 hello-world 映像檔，所以可以看到共有 3 個映像檔的資訊，如下所示：

```
$ docker image ls Enter
```

或

```
$ docker images Enter
```

```
hueyan@DESKTOP-JOE:~$ docker image ls
REPOSITORY    TAG       IMAGE ID       CREATED          SIZE
ubuntu        latest    de52d803b224   5 days ago       76.2MB
hello-world   latest    d2c94e258dcb   12 months ago    13.3kB
ubuntu        16.04     b6f507652425   2 years ago      135MB
hueyan@DESKTOP-JOE:~$ docker images
REPOSITORY    TAG       IMAGE ID       CREATED          SIZE
ubuntu        latest    de52d803b224   5 days ago       76.2MB
hello-world   latest    d2c94e258dcb   12 months ago    13.3kB
ubuntu        16.04     b6f507652425   2 years ago      135MB
hueyan@DESKTOP-JOE:~$ |
```

上述映像檔資訊的欄位說明，如下表所示：

欄位	說明
REPOSITORY	映像檔的名稱
TAG	映像檔的標籤，latest 是最新版映像檔
IMAGEID	映像檔的識別碼 ID
CREATED	映像檔的建立日期
SIZE	映像檔的尺寸

我們只需在 docker image ls 或 docker images 指令後加上映像檔名稱，就可以顯示所有相同名稱但不同標籤的映像檔資訊，如果進一步指明標籤，就是顯示指定名稱和標籤的映像檔資訊，如下所示：

```
$ docker image ls ubuntu Enter
$ docker images ubuntu:16.04 Enter
```

```
hueyan@DESKTOP-JOE:~$ docker image ls ubuntu
REPOSITORY   TAG       IMAGE ID       CREATED        SIZE
ubuntu       latest    de52d803b224   5 days ago     76.2MB
ubuntu       16.04     b6f507652425   2 years ago    135MB
hueyan@DESKTOP-JOE:~$ docker images ubuntu:16.04
REPOSITORY   TAG       IMAGE ID       CREATED        SIZE
ubuntu       16.04     b6f507652425   2 years ago    135MB
hueyan@DESKTOP-JOE:~$ |
```

移除映像檔

如果在本機的映像檔並沒有用來建立容器，我們就可以移除這些映像檔來節省硬碟空間，其語法如下所示：

```
docker image rm 映像檔名稱[:標籤] | 識別碼ID
```

或

```
docker rmi 映像檔名稱[:標籤] | 識別碼ID
```

上述命令可以使用 docker image rm 或簡寫的 docker rmi 命令，在之後的映像檔可以使用名稱或識別碼 ID 來指明移除的映像檔。首先移除之前新增的 ubuntu 映像檔，在此例只有使用映像檔名稱，並沒有標籤，所以移除的是 latest，如下所示：

```
$ docker image rm ubuntu Enter
```

```
hueyan@DESKTOP-JOE:~$ docker image rm ubuntu
Untagged: ubuntu:latest
Untagged: ubuntu@sha256:562456a05a0dbd62a671c185
Deleted: sha256:de52d803b2245ea6d6b4235e43533dc5
Deleted: sha256:3e1ed584ae0e22f951b55e86be65fe08
hueyan@DESKTOP-JOE:~$ |
```

然後，移除 ubuntu:16.04 映像檔，這次使用的是映像檔的識別碼 ID：b6f507652425，如下所示：

```
$ docker rmi b6f507652425 Enter
```

```
hueyan@DESKTOP-JOE:~$ docker rmi b6f507652425
Untagged: ubuntu:16.04
Untagged: ubuntu@sha256:1f1a2d56de1d604801a9671f
Deleted: sha256:b6f50765242581c887ff1acc2511fa2d
Deleted: sha256:0214f4b057d78b44fd12702828152f67
Deleted: sha256:1b9d0485372c5562fa614d5b35766f6c
Deleted: sha256:3c0f34be6eb98057c607b9080237cce0
Deleted: sha256:be96a3f634de79f523f07c7e4e0216c2
hueyan@DESKTOP-JOE:~$ |
```

10-3 Docker 容器的基本操作

基本上，Docker 容器的生命週期共有五種狀態：建立（Created）、啟動（Started）、停止（Exited）、暫停（Paused）和移除（Dead）狀態，而容器的基本操作命令就圍繞在處理這五種狀態，如下圖所示：

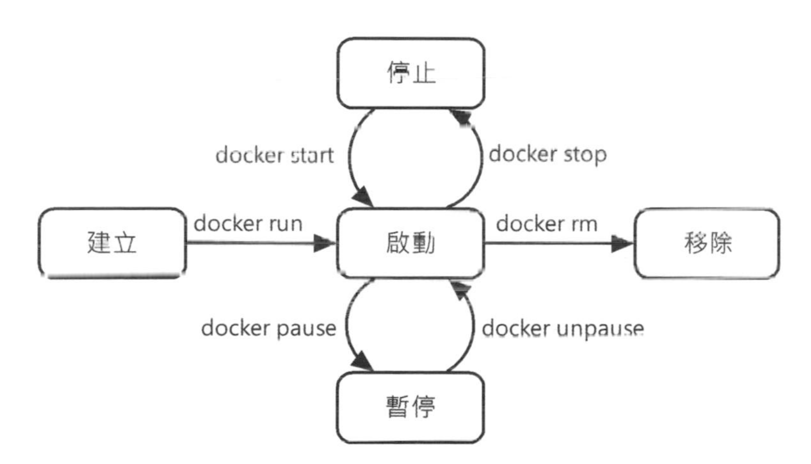

上述容器的生命週期就是從映像檔使用 docker run 命令建立容器開始，直到執行 docker rm 命令移除容器為止。停止和暫停這 2 個狀態的差異說明，如下所示：

- **停止（Exited）**：此狀態是容器暫時被關閉，所以並不會耗用系統資源，我們需要執行 docker start 命令來重新啟動關閉的容器。
- **暫停（Paused）**：此狀態是容器暫時被暫停在目前的狀態，所以依然會耗用系統資源，直到執行 docker unpause 命令，才能從目前的暫停狀態繼續的執行。

在建立的新容器執行命令

我們可以使用映像檔建立新容器和執行命令，其語法如下所示：

```
docker container run [選項] 映像檔名稱[:標籤] [執行的命令] [參數]
```

或

```
docker run [選項] 映像檔名稱[:標籤] [執行的命令] [參數]
```

上述命令可以使用 docker container run 或簡寫的 docker run 命令，這是使用之後的映像檔來建立新容器後，在新容器執行最後的命令和參數。此命令常用的選項說明，如下表所示：

選項	說明
-i, --interactive	啟動容器和使用互動交談模式來保持 STDIN 開啟
-t, --tty	配置一個虛擬終端機，可以用命令列來使用容器
-d, --detach	以背景方式來執行容器和顯示容器的識別碼 ID
--name	指定容器的名稱
-p, --publish	指定埠號對應，即出版容器的埠號至宿主作業系統

我們準備使用 ubuntu 映像檔建立新容器來進入 Bash Shell，如下所示：

```
$ docker container run -it ubuntu bash Enter
```

上述命令是使用 docker container run，選項 -it 即 -i 和 -t，可以啟動互動交談模式的虛擬終端機，然後是 ubuntu 映像檔名稱，最後是啟動容器後執行的命令 bash，即啟動 Bash Shell，如下圖所示：

```
hueyan@DESKTOP-JOE:~$ docker container run -it ubuntu bash
Unable to find image 'ubuntu:latest' locally
latest: Pulling from library/ubuntu
fdcaa7e87498: Pull complete
Digest: sha256:562456a05a0dbd62a671c1854868862a4687bf979a96d
Status: Downloaded newer image for ubuntu:latest
root@e64236fb3577:/# ls
bin  boot  dev  etc  home  lib  lib64  media  mnt  opt  proc
srv  sys  tmp  usr  var
root@e64236fb3577:/# 
```

上述執行結果可以看到先提取 library/ubuntu 映像檔，然後建立和執行容器，其執行結果是進入 Bash Shell 介面，可以看到「#」提示符號，我們可以輸入 Linux 命令 ls 顯示檔案和目錄資訊，或其他的 Linux 命令，最後請輸入 exit 命令離開容器。

接著，我們準備建立容器來執行 Web 應用程式，使用的是 Docker 官方教學文件的 docker/getting-started 映像檔（在「/」符號前是倉庫名稱 docker），如下所示：

```
$ docker run --name webapp -d -p 8080:80 docker/getting-started Enter
```

上述命令是使用簡寫的 docker run，在選項 --name 指定容器名稱 webapp，-d 選項是在背景執行，然後使用 -p 選項建立埠號的對應，可以將宿主作業系統的埠號 8080 對應至「:」後容器的埠號 80（WWW 預設埠號），最後的 docker/getting-started 是映像檔名稱，如下圖所示：

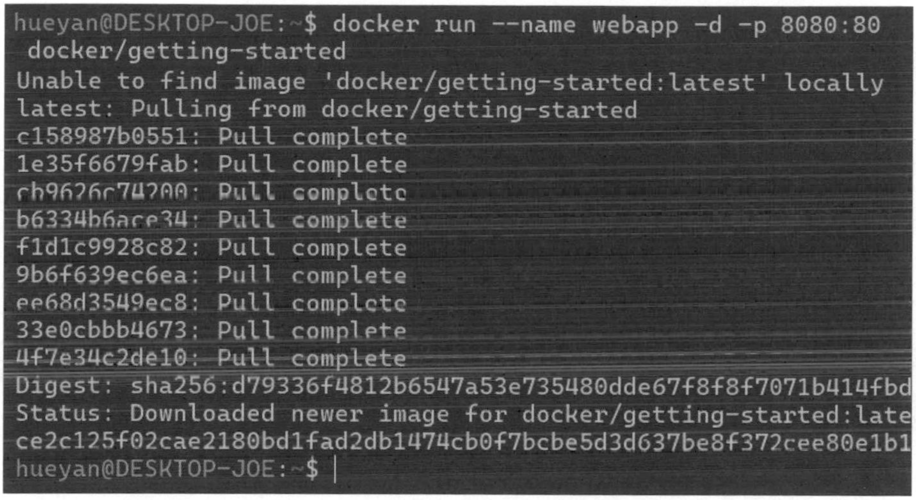

```
hueyan@DESKTOP-JOE:~$ docker run --name webapp -d -p 8080:80
 docker/getting-started
Unable to find image 'docker/getting-started:latest' locally
latest: Pulling from docker/getting-started
c158987b0551: Pull complete
1e35f6679fab: Pull complete
cb9626cc74200: Pull complete
b6334b6ace34: Pull complete
f1d1c9928c82: Pull complete
9b6f639ec6ea: Pull complete
ee68d3549ec8: Pull complete
33e0cbbb4673: Pull complete
4f7e34c2de10: Pull complete
Digest: sha256:d79336f4812b6547a53e735480dde67f8f8f7071b414fbd
Status: Downloaded newer image for docker/getting-started:late
ce2c125f02cae2180bd1fad2db1474cb0f7bcbe5d3d637be8f372cee80e1b1
hueyan@DESKTOP-JOE:~$ |
```

上述執行結果可以看到先提取 docker/getting-started 映像檔，然後建立和執行容器，這是一個在背景執行 Web 應用程式的容器，因為需要存取網路，如果有看到「Windows 安全性資訊」視窗，請按【允許存取】鈕，如下圖所示：

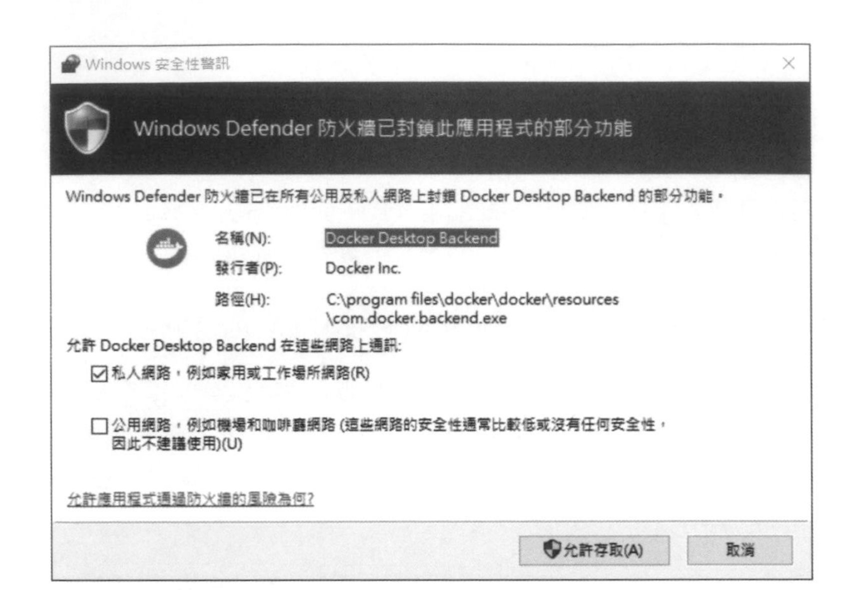

然後，我們可以啟動 Windows 瀏覽器進入 http://localhost:8080 的 URL 網址，可以看到 Docker 官方教學文件的頁面，如下圖所示：

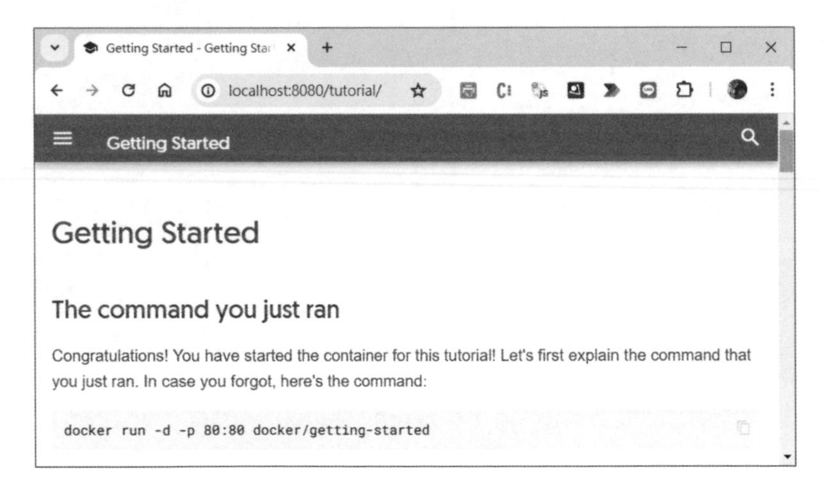

查詢容器的相關資訊

在成功建立容器後，我們可以使用 docker ps 命令查詢容器的相關資訊，首先查詢目前已經啟動執行中的容器，如下所示：

```
$ docker ps Enter
```

```
hueyan@DESKTOP-JOE:~$ docker ps
CONTAINER ID   IMAGE                      PORTS                    NAMES
ce2c125f02ca   docker/getting-started     0.0.0.0:8080->80/tcp     webapp
037a5b142491   ubuntu                                              trusting_kirch
hueyan@DESKTOP-JOE:~$ |
```

上述執行結果顯示 ubuntu 容器，和背景執行的 Web 應用程式，其欄位說明如下表所示：

欄位	說明
CONTAINER ID	容器的識別碼 ID
IMAGE	映像檔的名稱
COMMAND	預設的啟動命令
CREATED	建立容器的日期
STATUS	目前的狀態是啟動多久或多久前離開
PORTS	埠號對應
NAMES	容器的名稱
SIZE	容器的尺寸（需用 -s 選項）

在 docker ps 命令可以加上 -a 選項來顯示所有建立的容器，包含啟動和停止的容器，共可顯示 3 個容器，如下所示：

```
$ docker ps -a Enter
```

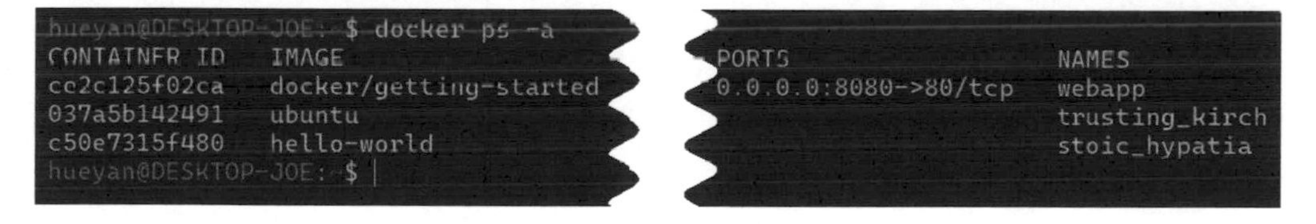

如果需要顯示容器的尺寸，請使用 -s 選項，如下所示：

```
$ docker ps -s Enter
```

如果需要顯示新建立的容器，請使用 -l 選項，如下所示：

```
$ docker ps -l Enter
```

對於指定容器，我們可以使用 -f 選項，然後在之後指定 name 參數值的容器名稱，即可顯示指定容器的資訊，如下所示：

```
$ docker ps -f name=webapp Enter
```

停止容器

停止容器就是暫時關閉容器來避免耗用系統資源，我們可以使用 docker container stop，或簡寫的 docker stop 命令來停止容器，在之後是容器名稱或識別碼 ID，例如：停止 Web 應用程式名為 webapp 的容器，如下所示：

```
$ docker container stop webapp Enter
```

```
hueyan@DESKTOP-JOE:~$ docker container stop webapp
webapp
hueyan@DESKTOP-JOE:~$ |
```

當成功停止容器，就會顯示容器名稱或容器的識別碼 ID，以此例是容器名稱 webapp。因為 ubuntu 容器並沒有指定名稱，所以我們是使用容器 ID：037a5b142491 來停止容器，如下所示：

```
$ docker stop 037a5b142491 Enter
```

啟動容器

對於已經停止的容器，我們可以使用 docker container start，或簡寫的 docker start 命令來重新啟動容器，在之後是容器名稱或識別碼 ID，例如：啟動 Web 應用程式名為 webapp 的容器，這次是使用 ID：ce2c125f02ca，如下所示：

```
$ docker container start ce2c125f02ca Enter
```

```
hueyan@DESKTOP-JOE:~$ docker container start ce2c125f02ca
ce2c125f02ca
hueyan@DESKTOP-JOE:~$ |
```

當成功啟動容器，就會顯示容器名稱或容器的識別碼 ID，以此例是容器的識別碼 ID。

暫停與恢復暫停容器

暫停容器就是容器暫時被暫停在目前的狀態，請注意！此狀態仍然會耗用系統資源，我們是使用 docker container pause，或簡寫的 docker pause 命令來暫停容器，在之後是容器名稱或識別碼 ID，例如：暫停 Web 應用程式名為 webapp 的容器，如下所示：

```
$ docker container pause webapp Enter
```

對於已經暫停的容器，我們可以使用 docker container unpause，或簡寫的 docker unpause 命令來重新執行容器，即恢復暫停的容器成為啟動執行狀態，在之後是容器名稱或識別碼 ID，例如：恢復 Web 應用程式 webapp 的暫停容器，這次是使用 ID：ce2c125f02ca，如下所示：

```
$ docker unpause ce2c125f02ca Enter
```

在存在的容器執行命令

對於已經建立的存在容器，我們可以針對容器來執行一些命令，其語法如下所示：

```
docker container exec [選項] 容器名稱|容器ID [執行的命令] [參數]
```

或

```
docker exec [選項] 容器名稱|容器ID [執行的命令] [參數]
```

上述命令可以使用 docker container exec 或簡寫的 docker exec 命令，可以針對之後的容器名稱或識別碼 ID，執行最後針對容器執行的命令和參數。此命令常用的選項說明（docker exec 一樣支援 docker run 的 -i、-d 和 -t 選項），如下表所示：

選項	說明
-e, --env	設定環境變數
-u, --user	設定使用者名稱
-w, --workdir	指定容器的工作目錄（Working Directory）

首先，我們準備在 ubuntu 容器 ID：037a5b142491 執行 whoami 命令，如果容器是停止狀態，請先執行 docker container start 命令來啟動容器，如下所示：

```
$ docker container start 037a5b142491 Enter
$ docker container exec -it 037a5b142491 whoami Enter
```

上述命令首先使用 docker container start 命令啟動容器後，再執行 docker container exec 命令，選項 -it 即 -i 和 -t，可以啟動互動交談模式的虛擬終端機，然後是容器 ID，最後在容器執行 whoami 命令，可以顯示使用者名稱是 root，如下圖所示：

```
hueyan@DESKTOP-JOE:~$ docker container start 037a5b142491
037a5b142491
hueyan@DESKTOP-JOE:~$ docker container exec -it 037a5b142491 whoami
root
hueyan@DESKTOP-JOE:~$ |
```

然後，我們準備執行 bash 命令（或 /bin/bash 命令）來進入 Bash Shell 介面，即可在 Bash Shell 介面依序執行 ls 和 exit 命令，如下所示：

```
$ docker container exec -it 037a5b142491 bash Enter
# ls Enter
# exit Enter
```

```
hueyan@DESKTOP-JOE:~$ docker container exec -it 037a5b142491 bash
root@037a5b142491:/# ls
bin   dev  home  lib64  mnt  proc  run   srv  tmp  var
boot  etc  lib   media  opt  root  sbin  sys  usr
root@037a5b142491:/# exit
exit
hueyan@DESKTOP-JOE:~$ |
```

強制關閉容器

強制關閉容器和停止容器的差異在於停止容器就是正常的關閉應用程式的執行，而強制關閉容器通常是因為意外無法正常關閉時，強制關閉容器的執行，使用的是 docker container kill 或簡寫的 docker kill 命令，例如：強制關閉名為 webapp 的容器，如下所示：

```
$ docker container kill webapp Enter
```

```
hueyan@DESKTOP-JOE:~$ docker container kill webapp
webapp
hueyan@DESKTOP-JOE:~$ |
```

當成功強制關閉容器，就會顯示容器名稱或容器的識別碼 ID，以此例是容器名稱。

移除容器

對於已經停止的容器（執行過 docker stop 或 docker kill 命令），我們就可以使用 docker container rm 或簡寫的 docker rm 命令來移除容器，例如：移除第 9 章建立的 hello-world 容器，這次使用的是 ID：c50e7315f480，如下所示：

```
$ docker container rm c50e7315f480 Enter
```

```
hueyan@DESKTOP-JOE:~$ docker container rm c50e7315f480
c50e7315f480
hueyan@DESKTOP-JOE:~$ |
```

當成功移除容器，就會顯示容器名稱或容器的識別碼 ID，以此例是容器 ID。

10-4 Docker 容器的網路環境

Docker 容器的網路環境主要是指容器與宿主作業系統之間的網路環境，和在同一個宿主作業系統中，不同容器之間的網路環境。

容器與宿主作業系統之間的網路環境

在容器與宿主作業系統之間的網路環境是一種對應，在第 10-3 節我們建立 webapp 容器的命令中，就是用 -p 選項建立對應，如下所示：

```
$ docker run --name webapp -d -p 8080:80 docker/getting-started Enter
```

上述 8080:80 是將 webapp 容器中 WWW 預設埠號 80 對應到宿主作業系統的埠號 8080（需要是宿主作業系統的可用埠號），如下圖所示：

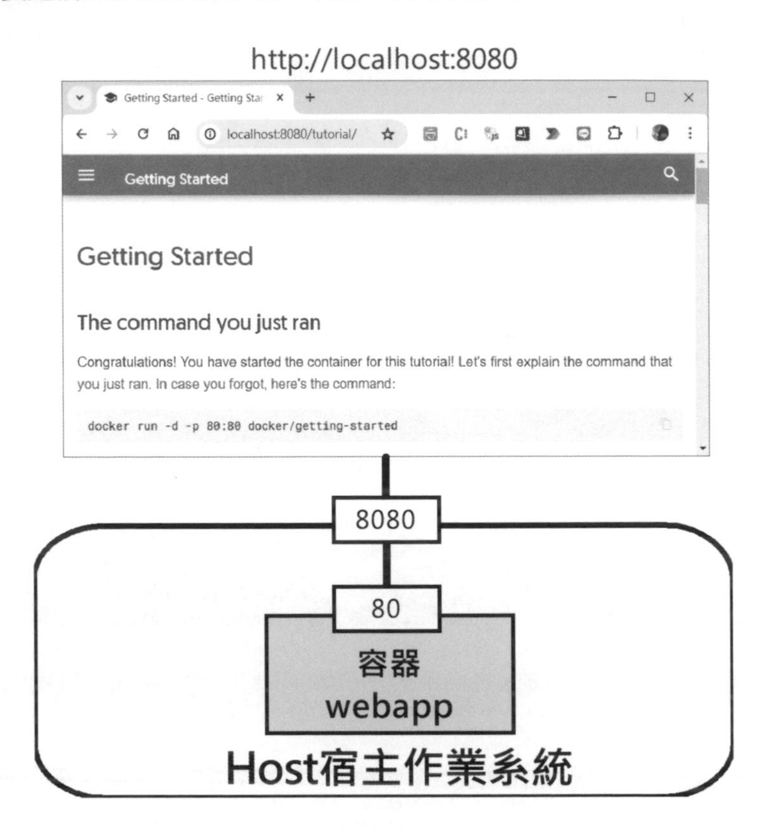

容器與容器之間的網路環境

在容器與容器之間的網路環境是使用虛擬網路卡，每一個容器都擁有一個虛擬網路卡和自己的 IP 位址，然後透過宿主作業系統的實際網路卡來連接外部網路。

alpine 映像檔是一種輕量級 Linux 發行版的映像檔，現在，我們準備使用 alpine 映像檔來啟動 2 個容器和執行 ash（A Shell 是另一種常見的 Shell 程式），並且分別命名為 ap1 和 ap2。首先建立和啟動 ap1 容器，如下所示：

```
$ docker run --name ap1 -it alpine ash Enter
# hostname -i Enter
```

```
hueyan@DESKTOP-JOE:~$ docker run --name ap1 -it alpine ash
Unable to find image 'alpine:latest' locally
latest: Pulling from library/alpine
4abcf2066143: Pull complete
Digest: sha256:c5b1261d6d3e43071626931fc004f70149baeba2c8ec
27761f8e1ad6b
Status: Downloaded newer image for alpine:latest
/ # hostname -i
172.17.0.4
/ # |
```

上述執行結果可以看到進入 Shell 介面，顯示「#」提示字元，然後請輸入 hostname -i 命令（小寫 i），可以顯示 IP 位址是：172.17.0.4。

請在 Windows 終端機新增一頁標籤頁，然後啟動進入 wsl 預設 Linux 發行版後，執行下列命令來建立名為 ap2 的容器，如下所示：

```
> wsl Enter
$ cd ~ Enter
$ docker run --name ap2 -it alpine ash Enter
# hostname -i Enter
```

```
PS C:\Users\hueya> wsl
hueyan@DESKTOP-JOE:/mnt/c/Users/hueya$ cd ~
hueyan@DESKTOP-JOE:~$ docker run --name ap2 -it alpine ash
/ # hostname -i
172.17.0.5
/ # |
```

上述執行結果可以看到進入 Shell 介面，顯示「#」提示字元，然後輸入 hostname -i 命令（小寫 i），可以顯示 IP 位址是：172.17.0.5。

現在，我們可以看出 ap1 容器的 IP 位址是：172.17.0.4；ap2 是 172.17.0.5。請切換至 ap1 容器的 Shell 介面，輸入下列命令來 ping 容器 ap2，選項 -c 2 表示發送 2 個 ping 請求，如下所示：

```
# ping -c 2 172.17.0.5 Enter
```

```
/ # hostname -i
172.17.0.4
/ # ping -c 2 172.17.0.5
PING 172.17.0.5 (172.17.0.5): 56 data bytes
64 bytes from 172.17.0.5: seq=0 ttl=64 time=0.062 ms
64 bytes from 172.17.0.5: seq=1 ttl=64 time=0.067 ms

--- 172.17.0.5 ping statistics ---
2 packets transmitted, 2 packets received, 0% packet loss
round-trip min/avg/max = 0.062/0.064/0.067 ms
/ #
```

然後，我們再次執行 ping 請求來 ping 外部的 Google 網站，如下所示：

```
# ping -c 2 www.google.com Enter
```

```
/ # ping -c 2 www.google.com
PING www.google.com (142.251.43.4): 56 data bytes
64 bytes from 142.251.43.4: seq=0 ttl=63 time=36.377 ms
64 bytes from 142.251.43.4: seq=1 ttl=63 time=28.318 ms

--- www.google.com ping statistics ---
2 packets transmitted, 2 packets received, 0% packet loss
round-trip min/avg/max = 28.318/32.347/36.377 ms
/ #
```

Docker 容器 ap1 不只可以 ping 另一個 ap2 容器，也可以 ping 外部網站，此時透過的就是宿主作業系統的實體網路卡。同理，請切換至 ap2 容器標籤頁的 Shell 介面，我們一樣可以 ping 容器 ap1，如下所示：

```
# ping -c 2 172.17.0.4 Enter
```

```
/ # hostname -i
172.17.0.5
/ # ping -c 2 172.17.0.4
PING 172.17.0.4 (172.17.0.4): 56 data bytes
64 bytes from 172.17.0.4: seq=0 ttl=64 time=0.103 ms
64 bytes from 172.17.0.4: seq=1 ttl=64 time=0.142 ms

--- 172.17.0.4 ping statistics ---
2 packets transmitted, 2 packets received, 0% packet loss
round-trip min/avg/max = 0.103/0.122/0.142 ms
/ #
```

當然，容器 ap2 也一樣可以 ping 外部的 Google 網站，如下所示：

```
# ping -c 2 www.google.com Enter
```

Docker 的 bridge 網路

請在 Windows 終端機再新增一頁標籤頁，在啟動進入 wsl 預設 Linux 發行版後，執行 docker network ls 命令來查詢 Docker 支援的網路，如下所示：

```
> wsl Enter
$ cd ~ Enter
$ docker network ls Enter
```

```
PS C:\Users\hueya> wsl
hueyan@DESKTOP-JOE:/mnt/c/Users/hueya$ cd ~
hueyan@DESKTOP-JOE:~$ docker network ls
NETWORK ID     NAME      DRIVER    SCOPE
e50c92cd26f8   bridge    bridge    local
d782c7c58311   host      host      local
47c5a66933de   none      null      local
hueyan@DESKTOP-JOE:~$ |
```

上述執行結果可以看到 Docker 網路有 bridge、host 和 none 三種，其中 bridge 網路是 Docker 容器預設使用的網路，因為筆者在第 10-3 節的 2 個容器目前都是在啟動執行中，請先執行下列命令停止這 2 個容器，如下所示：

```
$ docker stop webapp Enter
$ docker stop 037a5b142491 Enter
```

```
hueyan@DESKTOP-JOE:~$ docker stop webapp
webapp
hueyan@DESKTOP-JOE:~$ docker stop 037a5b142491
037a5b142491
hueyan@DESKTOP-JOE:~$ |
```

然後，我們可以使用 docker network inspect 命令檢查 bridge 網路，如下所示：

```
$ docker network inspect bridge Enter
```

上述命令的執行結果首先看到 bridge 網路的資訊（JSON 格式資料），如下圖所示：

```
{
    "Name": "bridge",
    "Id": "e50c92cd26f8e88be0bccd180019a356235d2b
    "Created": "2024-04-30T01:51:37.969491363Z",
    "Scope": "local",
    "Driver": "bridge",
    "EnableIPv6": false,
    "IPAM": {
        "Driver": "default",
        "Options": null,
        "Config": [
            {
                "Subnet": "172.17.0.0/16",
                "Gateway": "172.17.0.1"
            }
        ]
    },
```

Docker 是使用上述 Gateway 連接宿主作業系統的網路卡，然後可以看到 2 個容器 ap2 和 ap1 網路資訊的 IP 位址，如下圖所示：

```
"Containers": {
    "56f076d84c3cf5b0a06502ecb7f6f0f9d5f668276ff3
        "Name": "ap2",
        "EndpointID": "29993ab01efc471771e9f1930b
        "MacAddress": "02:42:ac:11:00:05",
        "IPv4Address": "172.17.0.5/16",
        "IPv6Address": ""
    },
    "b40445fa1ddcb996f2364f50f776714c8c0bf3b8d0c8
        "Name": "ap1",
        "EndpointID": "c473a5465d05c776e69a832aef
        "MacAddress": "02:42:ac:11:00:04",
        "IPv4Address": "172.17.0.4/16",
        "IPv6Address": ""
    }
},
```

簡單的說，我們可以將 bridge 網路視為是一台 WiFi 分享器，可以分享 WiFi 網路給每一台連線的電腦，如同 bridge 網路替每一個建立的 Docker 容器分配一個 IP 位址和連接外部網路。

10-5 Docker Hub 倉庫的基本操作

Docker Hub 就是 Docker 官方倉庫，當我們在 Docker Hub 註冊帳戶後，我們就可以自行建立倉庫，然後將建立的映像檔推送至 Docker Hub 帳戶的公開或私人倉庫。

在 Docker Hub 新建倉庫

我們需要登入 Docker Hub 來新建名為 myimage 的倉庫，其步驟如下所示：

Step 1 請登入第 9-5 節註冊的 Docker Hub 後，在帳戶首頁點選【Create a Repository】來建立倉庫。

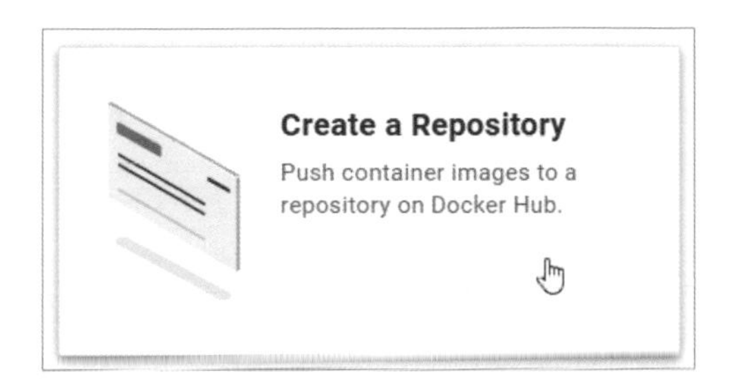

Step 2 在輸入倉庫名稱 myimage，和在下方選擇公開 Public 或私人 Private 倉庫後，按【Create】鈕建立倉庫。

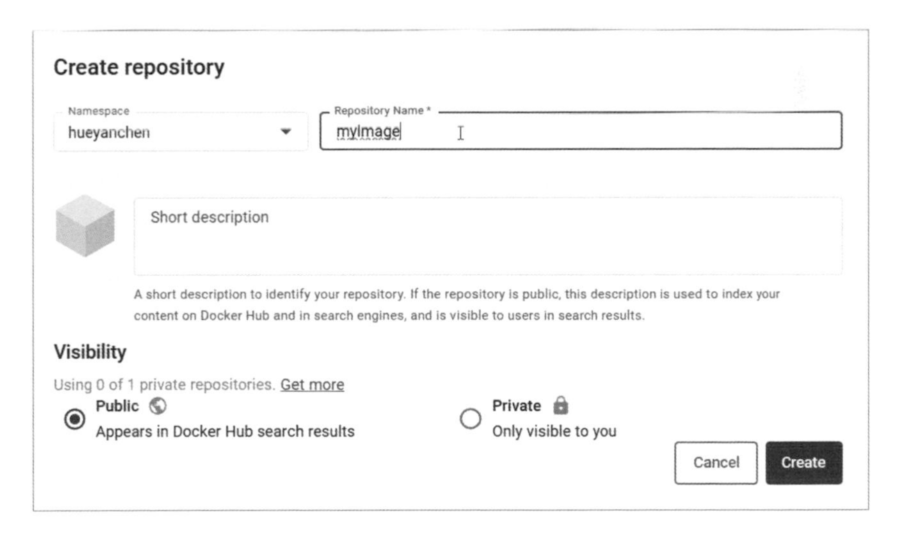

Step 3 可以看到我們建立的倉庫 hueyanchen/myimage，如下圖所示：

hueyanchen / Repositories / myimage / General

General　Tags　Builds　Collaborators　Webhooks　Settings

hueyanchen/myimage

Created less than a minute ago

將自己建立的映像檔推送至 Docker Hub 倉庫

現在，我們準備在 ap1 容器新增一個 test.txt 文字檔案，也就是在 alpine 映像檔之上建立一層可執行層來寫入 test.txt 檔案，然後將 ap1 容器 commit 提交成映像檔，此時這個新建的映像檔就是 alpine 映像檔，再加上一層 test.txt 檔案的可執行層。

在將提交的映像檔推送至倉庫前，我們還需要將映像檔 tag 標記成 Docker Hub 映像檔後，才能推送至 hueyanchen/myimage 倉庫，其步驟如下所示：

Step 1 請使用下列命令執行 ap1 容器進入 Shell 介面，然後使用 touch 命令新增 test.txt 後，即可執行 ls 命令檢視新增的檔案，如下所示：

```
$ docker container exec -it ap1 ash Enter
# touch test.txt Enter
# ls Enter
```

```
hueyan@DESKTOP-JOE:~$ docker container exec -it ap1 ash
/ # touch test.txt
/ # ls
bin     etc     lib     mnt     proc    run
dev     home    media   opt     root    sbin
/ # exit
hueyan@DESKTOP-JOE:~$ |
```

Step 2 然後，使用 docker commit 命令（或 docker container commit 命令）將 ap1 容器提交成映像檔 myimage，標籤是 latest，如下所示：

```
$ docker commit ap1 myimage:latest Enter
```

```
hueyan@DESKTOP-JOE:~$ docker commit ap1 myimage:latest
sha256:8f39def45d408e67ae2674448ec1e179d0fd84e648f476e0
hueyan@DESKTOP-JOE:~$ |
```

Step 3 當成功建立映像檔後，首先執行 docker images 命令顯示目前的映像檔清單，可以看到新建的映像檔，然後，使用 docker tag 或 docker image tag 命令標記本地映像檔來歸入某一個倉庫，如下所示：

```
$ docker images Enter
$ docker tag myimage:latest hueyanchen/myimage:latest Enter
```

上述 docker tag 命令是將之後本地的映像檔名稱，標記成最後 Docker Hub 倉庫的映像檔，即在映像檔名稱之前加上 Docker Hub 帳戶「hueyanchen/」，如下圖所示：

```
hueyan@DESKTOP-JOE:~$ docker images
REPOSITORY               TAG       IMAGE ID       CREATED          SIZE
myimage                  latest    8f39def45d40   34 seconds ago   7.38MB
nginx                    latest    7383c266ef25   6 days ago       188MB
ubuntu                   latest    de52d803b224   6 days ago       76.2MB
alpine                   latest    05455a08881e   3 months ago     7.38MB
hello-world              latest    d2c94e258dcb   12 months ago    13.3kB
docker/getting-started   latest    3e4394f6b72f   16 months ago    47MB
hueyan@DESKTOP-JOE:~$ docker tag myimage:latest hueyanchen/myimage:latest
hueyan@DESKTOP-JOE:~$ |
```

Step 4 接著，請執行 docker login 命令，即可輸入使用者名稱和密碼來登入 Docker Hub 帳戶，如下所示：

```
$ docker login Enter
```

```
hueyan@DESKTOP-JOE:~$ docker login
Log in with your Docker ID or email address to pu
 If you don't have a Docker ID, head over to http
You can log in with your password or a Personal A
scope PAT grants better security and is required
more at https://docs.docker.com/go/access-tokens/

Username: hueyanchen
Password:
Login Succeeded
hueyan@DESKTOP-JOE:~$ |
```

Step 5 最後，我們可以使用 docker push 或 docker image push 命令，將映像檔推送至 Docker Hub 的 hueyanchen/myimage 倉庫，如下所示：

```
$ docker push hueyanchen/myimage:latest Enter
```

```
hueyan@DESKTOP-JOE:~$ docker push hueyanchen/myimage:latest
The push refers to repository [docker.io/hueyanchen/myimage]
b616116375c0: Pushed
d4fc045c9e3a: Mounted from library/alpine
latest: digest: sha256:74f4c8cb113ffe365102d97f5cd80f2f4950c2
d0c size: 735
hueyan@DESKTOP-JOE:~$ |
```

在 Docker Hub 帳戶可以看到我們推送至倉庫的映像檔，如下圖所示：

Tags

This repository contains 1 tag(s).

Tag	OS	Type	Pulled	Pushed
latest		Image	---	a minute ago

See all

從 Docke Hub 倉庫提取自己建立的映像檔

因為已經將 myimage:latest 映像檔推送至 Docker Hub 帳戶的 hueyanchen/myimage 倉庫，現在，我們就可以提取此映像檔來建立名為 ap3 的容器，如下所示：

```
$ docker rmi hueyanchen/myimage Enter
$ docker run --name ap3 -it hueyanchen/myimage:latest ash Enter
# ls Enter
```

上述命令先使用 docker rmi 命令刪除本機 myimage 映像檔後，再使用 docker run 命令提取 Docker Hub 倉庫的 myimage:latest 映像檔來建立 ap3 容器，在進入 ash 的 Shell 介面後，執行 ls 命令，就可以看到 alpine 映像檔沒有的 test.txt 檔案，如下圖所示：

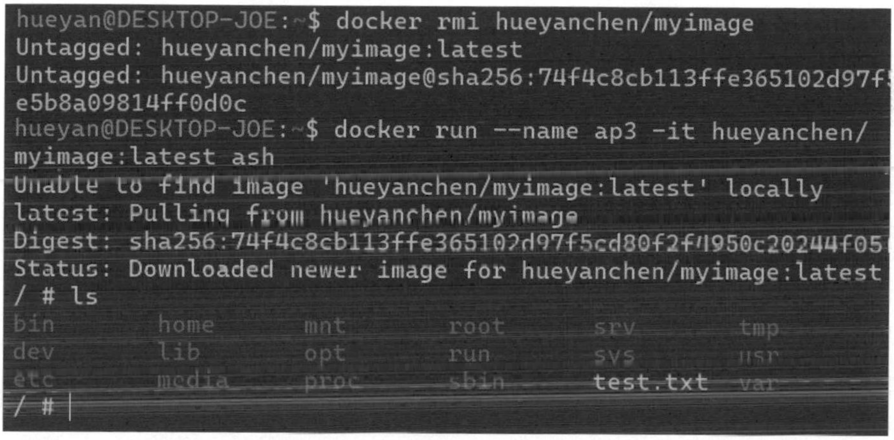

```
hueyan@DESKTOP-JOE:~$ docker rmi hueyanchen/myimage
Untagged: hueyanchen/myimage:latest
Untagged: hueyanchen/myimage@sha256:74f4c8cb113ffe365102d97f5
e5b8a09814ff0d0c
hueyan@DESKTOP-JOE:~$ docker run --name ap3 -it hueyanchen/
myimage:latest ash
Unable to find image 'hueyanchen/myimage:latest' locally
latest: Pulling from hueyanchen/myimage
Digest: sha256:74f4c8cb113ffe365102d97f5cd80f2f4950c20244f05
Status: Downloaded newer image for hueyanchen/myimage:latest
/ # ls
bin       home      mnt       root      srv       tmp
dev       lib       opt       run       sys       usr
etc       media     proc      sbin      test.txt  var
/ #
```

Note

使用 VS Code 在 Docker 容器開發應用程式

11-1 Docker Volume：容器的資料保存與交換

Docker 容器的資料保存與交換是使用 Docker Volume，或是使用 docker cp 命令來複製宿主作業系統和容器之間的檔案與目錄。

11-1-1 認識 Docker Volume

Docker Volume（容器資料卷）是 Docker 管理容器內部資料的特殊存儲區域，因為 Docker 容器本身只會短暫存在，而非持久長存，這意味著當容器停止或移除後，同時就一併丟失容器的資料，Docker Volume 就是為了解決此問題，可以持久地共享與保存容器的資料。

Docker Volume 是獨立於容器之外的存儲區域，可以讓我們使用 Docker Volume 儲存容器中的資料，並且輕鬆的在不同容器之間共享這些資料，可以做到：

- **在容器之間共享資料**：如果有多個容器需要存取相同資料時，我們可以使用 Docker Volume 來共享資料。
- **持久保存資料**：當容器停止或移除，儲存在 Docker Volume 的資料仍然存在，並不會隨著容器停止或移除而遺失資料。
- **Docker 資料備份與還原**：Docker Volume 可以用來作為 Docker 備份機制，平時備份資料，當出現問題時，幫助我們快速的還原資料。

11-1-2 保存和交換 Docker 容器的資料

對於 Docker Volume 來說，我們可以使用 Docker 命令來隱含建立或明確建立 Docker Volume，或執行 docker cp 命令來複製檔案或目錄。

請使用 Docker Desktop 的 Docker 來測試本節後的 Docker 命令，首先執行「開始 >Docker Desktop」命令啟動 Docker Desktop 後，就可以在 Windows 終端機啟動和進入預設 Linux 發行版來執行 Docker 命令。

使用 docker run 命令的 -v 選項掛載目錄

在 docker run 命令可以使用 -v 選項來掛載目錄，將宿主作業系統的目錄對應至容器的目錄。首先請在「/home/hueyan」使用者目錄下建立 data 目錄後，就可以建立名為 vol1 的 Docker 容器，如下所示：

```
$ mkdir data Enter
$ docker run --name vol1 -it -v /home/hueyan/data:/data alpine ash Enter
# ls Enter
```

上述命令是在使用者目錄「/home/hueyan」下建立 data 目錄，然後使用 docker run 命令建立容器和使用 -v 選項來掛載目錄，其選項值如下所示：

```
/home/hueyan/data:/data
```

上述「:」符號前是宿主作業系統的目錄，之後是容器中對應的目錄，最後執行 ash 命令進入 Shell 介面，請輸入 ls 命令，就可以看到 data 目錄，如下圖所示：

```
hueyan@DESKTOP-JOE:~$ mkdir data
hueyan@DESKTOP-JOE:~$ docker run --name vol1 -it -v /home/hueyan
/data:/data alpine ash
/ # ls
bin    dev    home   media  opt    root   sbin   sys    usr
data   etc    lib    mnt    proc   run    srv    tmp    var
/ # |
```

請在 Windows 終端機新增一頁標籤頁，然後啟動和進入預設的 Linux 發行版，在切換至使用者目錄後，再切換至 data 目錄來新增 test.txt 檔案，如下所示：

```
$ cd data Enter
$ touch test.txt Enter
```

```
PS C:\Users\hueya> wsl
hueyan@DESKTOP-JOE:/mnt/c/Users/hueya$ cd ~
hueyan@DESKTOP-JOE:~$ cd data
hueyan@DESKTOP-JOE:~/data$ touch test.txt
hueyan@DESKTOP-JOE:~/data$ |
```

然後切換標籤頁回到 Docker 容器 vol1 的 Shell 介面，請切換至 data 目錄，就可以看到我們在宿主作業系統新增的 test.txt 檔案，如下所示：

```
# cd data Enter
# ls Enter
```

```
/ # ls
bin    dev    home   media  opt
data   etc    lib    mnt    proc
/ # cd data
/data # ls
test.txt
/data # |
```

請注意！在 vol1 容器的 -v 選項因為有指定宿主作業系統的目錄，所以 Docker 單純只是執行 2 個目錄的對應，並沒有建立 Volume。

請再次執行 docker run 命令建立 vol2 容器，此次的 -v 選項並沒有指定宿主作業系統的目錄，只有容器目錄「/data」，此時的 Docker 就會隱含建立 Volume，請切換至「/data」容器新增 test2.txt，如下所示：

```
$ docker run --name vol2 -it -v /data alpine ash Enter
# cd data Enter
# touch test2.txt Enter
```

```
hueyan@DESKTOP-JOE:~$ docker run --name vol2 -it -v
/data alpine ash
/ # cd data
/data # touch test2.txt
/data # |
```

因為是使用 Docker Desktop 的 Docker，所以可以在 Docker Desktop 側邊欄選【Volumes】，檢視我們建立的 Volume，如下圖所示：

點選名稱欄的識別碼 ID，就可以看到在容器新增的 test2.txt，如下圖所示：

使用 docker run 命令的 --volumes-from 選項共享資料

在 docker run 命令可以使用 --volumes-from 選項在不同容器之間共享資料，請繼續上一小節的 vol2 容器，並且已經在容器「/data」目錄新增 test2.txt 檔案。

請在 Windows 終端機再新增一頁標籤頁，然後啟動進入 wsl 預設 Linux 發行版後，執行下列命令來建立名為 vol3 的容器，如下所示：

```
> wsl Enter
$ cd ~ Enter
$ docker run --name vol3 -it --volumes-from vol2 alpine ash Enter
# cd data Enter
# ls Enter
```

上述 docker run 命令是使用 --volumes-from 選項指定共享 vol2 容器的 Volume 來建立容器 vol3，當切換至 vol3 容器的 data 目錄，就可以看到共享的 test2.txt 檔案，如下圖所示：

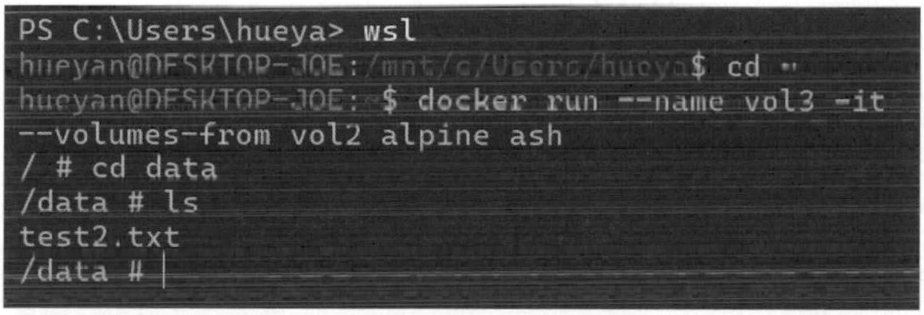

```
PS C:\Users\hueya> wsl
hueyan@DESKTOP-JOE:/mnt/c/Users/hueya$ cd ~
hueyan@DESKTOP-JOE:~$ docker run --name vol3 -it
--volumes-from vol2 alpine ash
/ # cd data
/data # ls
test2.txt
/data #
```

使用 docker volume 命令建立、查詢和移除 Volume

Docker 提供 docker volume 命令來明確的建立、查詢和移除 Volume。首先請使用 docker volume create 命令建立名為 my-vol 的 Volume，如下所示：

```
$ docker volume create my-vol Enter
```

```
hueyan@DESKTOP-JOE:~$ docker volume create my-vol
my-vol
hueyan@DESKTOP-JOE:~$
```

接著，請切換至 Docker Desktop 檢視我們建立的 Volume 清單，或執行 docker volume ls 命令檢視已建立的 Volume 清單，如下所示：

```
$ docker volume ls Enter
```

```
hueyan@DESKTOP-JOE:~$ docker volume ls
DRIVER    VOLUME NAME
local     b53bdd9d6c4e82b8a884d34831ceb7c0
local     my-vol
hueyan@DESKTOP-JOE:~$ |
```

上述 Volume 共有 2 個，第 1 個是 vol2 容器隱含建立的 Volume，第 2 個是使用 docker volume create 命令所建立。對於指定 Volume，我們可以使用 docker volume inspect 命令來檢視詳細資訊，如下所示：

```
$ docker volume inspect my-vol Enter
```

```
hueyan@DESKTOP-JOE:~$ docker volume inspect my-vol
[
    {
        "CreatedAt": "2024-05-03T03:33:01Z",
        "Driver": "local",
        "Labels": null,
        "Mountpoint": "/var/lib/docker/volumes/my-vol/_data",
        "Name": "my-vol",
        "Options": null,
        "Scope": "local"
    }
]
hueyan@DESKTOP-JOE:~$ |
```

現在，我們可以使用 docker run 命令建立容器 vol4，並且指定使用名為 my-vol 的 Volume，然後在「/data」目錄新增 test3.txt 檔案，如下所示：

```
$ docker run --name vol4 -it -v my-vol:/data alpine ash Enter
# cd data Enter
# touch test3.txt Enter
```

```
hueyan@DESKTOP-JOE:~$ docker run --name vol4 -it
-v my-vol:/data alpine ash
/ # cd data
/data # touch test3.txt
/data #
```

在 Docker Desktop 的 my-vol就可以看到 test3.txt，如下圖所示：

在 Docker 可以移除沒有使用的 Volume，使用的是 docker volume rm 命令，因為 my-vol 有被 vol4 容器所使用，所以需要先停止和移除此容器後，才能移除名為 my-vol 的 Volume，如下所示：

```
$ docker stop vol4 Enter
$ docker rm vol4 Enter
$ docker volume rm my-vol Enter
```

```
hueyan@DESKTOP-JOE:~$ docker stop vol4
vol4
hueyan@DESKTOP-JOE:~$ docker rm vol4
vol4
hueyan@DESKTOP-JOE:~$ docker volume rm my-vol
my-vol
hueyan@DESKTOP-JOE:~$
```

使用 docker cp 命令複製檔案與目錄至容器

在本小節之前已經在 vol2 容器建立「/data」目錄，我們準備從宿主作業系統複製檔案 file.txt 至 vol2 容器的「/data」目錄，如下所示：

```
$ ls Enter
$ docker cp file.txt vol2:/data Enter
```

上述命令首先顯示檔案和目錄資訊，可以看到 file.txt 檔案，然後複製此檔案至 vol2 容器，第 1 個參數是來源；第 2 個是目的（目的目錄需要是存在的目錄），如下圖所示：

```
hueyan@DESKTOP-JOE:~$ ls
Documents  Media.zip  data         file.txt   file3.txt  test.txt
Media      Tmp        file.tar.gz  file2.txt  koala.png
hueyan@DESKTOP-JOE:~$ docker cp file.txt vol2:/data
Successfully copied 1.54kB to vol2:/data
hueyan@DESKTOP-JOE:~$ |
```

在 Docker Desktop 點選此 Volume，就可以看到複製的檔案，如下圖所示：

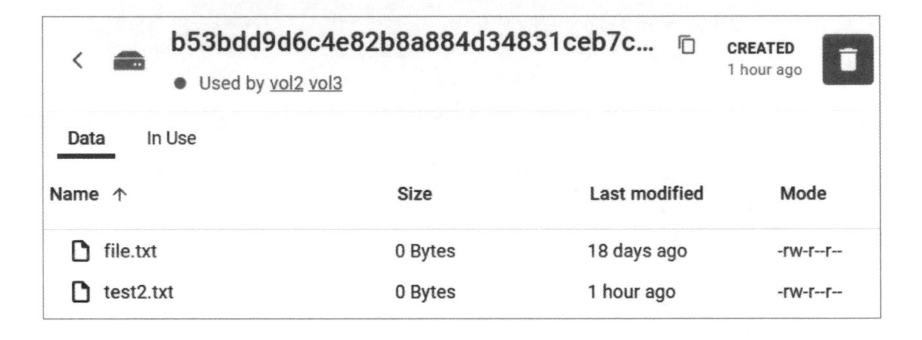

除了檔案，我們也可以複製整個 Documents 目錄至容器，如下所示：

```
$ ls Documents Enter
$ docker cp Documents vol2:/data Enter
```

上述命令首先顯示 Documents 目錄的檔案資訊，然後複製此目錄至 vol2 容器，如下圖所示：

```
hueyan@DESKTOP-JOE:~$ ls Documents
file.txt  file2.txt
hueyan@DESKTOP-JOE:~$ docker cp Documents vol2:/data
Successfully copied 2.56kB to vol2:/data
hueyan@DESKTOP-JOE:~$ |
```

然後，在 Docker Desktop 可以看到複製的整個目錄，如下圖所示：

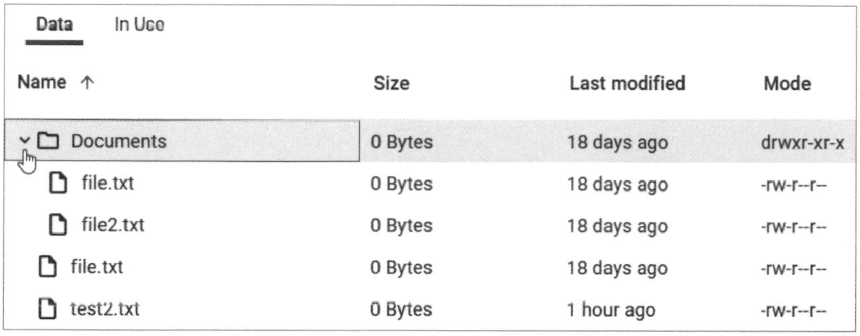

Data　In Use

Name ↑	Size	Last modified	Mode
Documents	0 Bytes	18 days ago	drwxr-xr-x
file.txt	0 Bytes	18 days ago	-rw-r--r--
file2.txt	0 Bytes	18 days ago	-rw-r--r--
file.txt	0 Bytes	18 days ago	-rw-r--r--
test2.txt	0 Bytes	1 hour ago	-rw-r--r--

使用 docker cp 命令從容器複製檔案與目錄

在 vol2 容器的「/data」目錄已經建立 test2.txt 檔案，和複製來的 Documents 子目錄，現在，我們準備複製容器的檔案和整個目錄，從容器複製至宿主作業系統，如下所示：

```
$ docker cp vol2:/data/test2.txt /home/hueyan Enter
$ docker cp vol2:/data/Documents ./Tmp Enter
$ ls test2.txt Enter
$ ls Tmp Enter
```

上述第 1 個 docker cp 命令複製 test2.txt 檔案至使用者目錄，第 2 個命令是複製整個 Documents 目錄至目前目錄「.」下的 Tmp 子目錄，然後分別顯示這 2 個目錄的檔案和 Tmp 子目錄的檔案與目錄清單，如下圖所示：

```
hueyan@DESKTOP-JOE:~$ docker cp vol2:/data/test2.txt /home/hueyan
Successfully copied 1.54kB to /home/hueyan
hueyan@DESKTOP-JOE:~$ docker cp vol2:/data/Documents ./Tmp
Successfully copied 2.56kB to /home/hueyan/Tmp
hueyan@DESKTOP-JOE:~$ ls test2.txt
test2.txt
hueyan@DESKTOP-JOE:~$ ls Tmp
Documents     file.txt   file3.txt        test.txt
file.tar.gz   file2.txt  nano.30857.save
hueyan@DESKTOP-JOE:~$ |
```

11-2 自行手動建立 Docker 容器的開發環境

Docker 提供 Dockerfile 批次檔案來自動化建立 Docker 開發與部署環境的映像檔，在此之前，我們準備自行手動建立 Docker 容器的開發環境，然後在第 12 章改成使用 Dockerfile 來實作。

請在 Windows 終端機啟動和進入預設 Linux 發行版的使用目錄，即可執行 cp 命令複製書附範例「ch11」目錄的程式檔案至使用者目錄，如下所示：

```
> wsl Enter
$ cd ~ Enter
$ cp -r /mnt/d/WSL/ch11 /home/hueyan/demo Enter
$ ls demo Enter
```

```
PS C:\Users\hueya> wsl
hueyan@DESKTOP-JOE:/mnt/c/Users/hueya$ cd ~
hueyan@DESKTOP-JOE:~$ cp -r /mnt/d/WSL/ch11 /home/hueyan/demo
hueyan@DESKTOP-JOE:~$ ls demo
app.js  app.py  test.html  test.js  test.py
hueyan@DESKTOP-JOE:~$ |
```

11-2-1 建立 Nginx 伺服器的 Docker 容器

Nginx 是一套開放原始碼的著名 Web 伺服器，我們可以在 Docker Hub：https://hub.docker.com/ 搜尋可用的映像檔（相同方式可以搜尋其他開發環境的映像檔），如下圖所示：

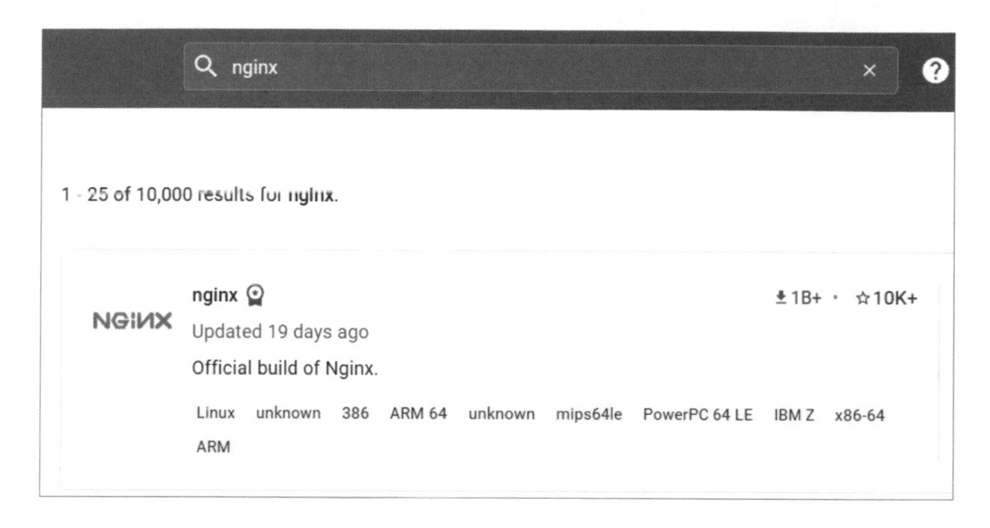

現在，我們不需要在 Windows 電腦安裝 Web 伺服器，就可以使用 nginx 映像檔建立 Docker 容器來打造自己的 Web 網站。

建立 Nginx 伺服器的 Docker 容器

我們準備使用名為 nginx 的映像檔（預設標籤 latest）來建立一個 Web 伺服器的 websrv 容器，如下所示：

```
$ docker run --name websrv -d -p 9090:80 nginx Enter
```

上述 docker run 命令是在 --name 選項指定容器名稱 websrv，-d 選項是背景執行，然後使用 -p 選項建立埠號對應，將埠號 9090 對應至「:」後的埠號 80（WWW 預設埠號），最後的 nginx 就是 Nginx 伺服器的映像檔名稱，如下所示：

```
hueyan@DESKTOP-JOE:~$ docker run --name websrv -d
 -p 9090:80 nginx
Unable to find image 'nginx:latest' locally
latest: Pulling from library/nginx
b0a0cf830b12: Already exists
8ddb1e6cdf34: Pull complete
5252b206aac2: Pull complete
988b92d96970: Pull complete
7102627a7a6e: Pull complete
93295add984d: Pull complete
ebde0aa1d1aa: Pull complete
Digest: sha256:ed6d2c43c8fbcd3eaa44c9dab6d94cb34623
Status: Downloaded newer image for nginx:latest
9612047223d12cf2d2c2a16c317d9689fec8ee2a7d70bc983ed
hueyan@DESKTOP-JOE:~$ |
```

上述執行結果可以看到先提取 library/nginx 映像檔，然後建立和執行容器，這是在背景執行容器的 Web 伺服器，因為需要存取網路，如果有看到「Windows 安全性資訊」視窗，請按【允許存取】鈕，如下圖所示：

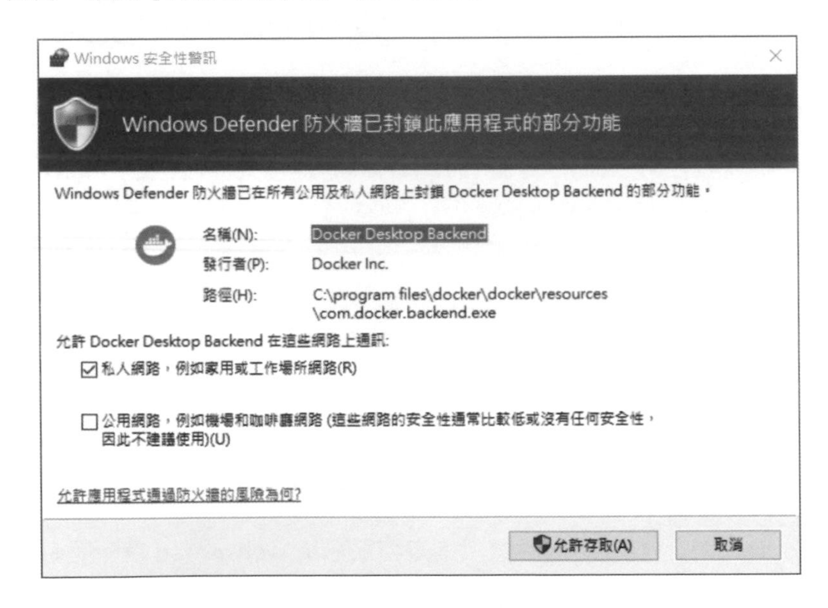

然後，我們可以啟動 Windows 瀏覽器進入 http://localhost:9090 的 URL 網址，可以看到 Nginx 歡迎頁面，如下圖所示：

使用 Docker 容器建立 Web 網站 | test.html

Nginx 伺服器的網頁根目錄是「/usr/share/nginx/html」，我們準備先執行 docker exec 命令來看一看此目錄下的檔案，如下所示：

```
$ docker exec -it websrv bash Enter
# cd /usr/share/nginx/html Enter
# ls Enter
```

```
hueyan@DESKTOP-JOE:~$ docker exec -it websrv bash
root@a4734750623d:/# cd /usr/share/nginx/html
root@a4734750623d:/usr/share/nginx/html# ls
50x.html  index.html
root@a4734750623d:/usr/share/nginx/html# |
```

上述命令的執行結果在進入 Shell 介面後，使用 cd 命令切換至網頁根目錄，就可以看到 index.html 首頁檔案，請執行 exit 命令離開容器。

因為在本節之前已經將書附範例的 HTML 檔案 test.html 複製至 demo 子目錄下，接著，我們就可以執行 docker cp 命令，將此檔案複製至「/usr/share/nginx/html」目錄，如下所示：

```
$ docker cp demo/test.html websrv:/usr/share/nginx/html Enter
```

```
hueyan@DESKTOP-JOE:~$ docker cp demo/test.html websrv:/usr/
share/nginx/html
Successfully copied 2.05kB to websrv:/usr/share/nginx/html
hueyan@DESKTOP-JOE:~$ |
```

然後，啟動 Windows 瀏覽器進入 http://localhost:9090/test.html 的 URL 網址，就可以看到 Hello World! 的 HTML 網頁內容，如下圖所示：

11-2-2 建立 Node.js 開發環境的 Docker 容器

因為有 Docker 容器，我們在 Windows 電腦並不需要安裝 Node.js 開發環境，就可以使用 Node.js 映像檔建立指定 Node.js 版本的 Docker 容器後，自行安裝模組套件來建立客製化的 Node.js 開發環境。

建立 Node.js 開發環境的 Docker 容器

我們準備使用 docker container run 命令使用 node:20-alpine 映像檔來建立容器，「:20」就是 Node.js v20 版，因為是使用 alpine 作業系統，所以在最後執行 ash 命令，如下所示：

```
$ docker container run --name node20 -it node:20-alpine ash Enter
```

```
hueyan@DESKTOP-JOE:~$ docker container run --name
node20 -it node:20-alpine ash
Unable to find image 'node:20-alpine' locally
20-alpine: Pulling from library/node
4abcf2066143: Already exists
3bce96456554: Pull complete
2bde47b9f7c3: Pull complete
db3e2f2b6054: Pull complete
Digest: sha256:7a91aa397f2e2dfbfcdad2e2d72599f374e
Status: Downloaded newer image for node:20-alpine
/ # |
```

上述命令成功建立和執行容器後，就會進入 Shell 介面。然後，我們可以使用 echo 命令建立 Node.js 程式 test.js，ls 命令顯示是否成功建立此檔案，最後使用 node 命令執行 test.js 程式，如下所示：

```
# echo "console.log('hello world!');" > test.js Enter
# ls Enter
# node test.js Enter
```

```
/ # echo "console.log('hello world!');" > test.js
/ # ls
bin     etc     lib     mnt     proc    run     test.js
dev     home    media   opt     root    sbin    tmp
/ # node test.js
hello world!
/ # |
```

上述 Node.js 程式 test.js 的執行結果可以顯示一段歡迎的訊息文字，這是使用 console.log() 函數顯示的文字內容，如下所示：

```
console.log('hello world!');
```

在 Node.js 的 Docker 容器執行第 1 個 Node.js 程式

現在，我們準備使用 docker run 命令的 -v 選項，使用 node:20-alpine 映像檔建立名為 test 容器，可以執行宿主作業系統「demo」子目錄的 test.js 程式（程式內容和上一小節相同），如下所示：

```
$ docker run --rm --name test -v $PWD/demo:/app -w /app node:20-alpine test.
js Enter
```

上述 -rm 選項是在成功停止容器後就會自動移除容器，可以避免佔用儲存空間，在 -v 選項的 $PWD 是宿主作業系統的工作目錄，可以將容器的「/app」目錄對應到宿主作業系統的「/home/hueyan/demo」目錄，在最後是執行 test.js 程式，其執行結果可以顯示 hello world! 訊息文字，如下圖所示：

```
hueyan@DESKTOP-JOE:~$ docker run --rm --name test -v
$PWD/demo:/app -w /app node:20-alpine test.js
hello world!
hueyan@DESKTOP-JOE:~$ |
```

在 Node.js 的 Docker 容器執行 Express 應用程式

如果 Node.js 程式需要安裝額外套件，例如：Express 應用程式的 express 套件，此時 docker run 命令除了使用 -v 選項指定目錄對應外，我們還需要開啟互動模式和虛擬終端機來安裝套件，如下所示：

```
$ docker run --rm --name test2 -it -v $PWD/demo:/app -w /app -p 8000:3000
node:20-alpine ash Enter
# npm install express Enter
```

上述 docker run 命令可以建立和啟動名為 test2 的容器，因為是 Web 伺服器，所以使用 -p 選項指定容器埠號 3000 對應宿主的 8000，在進入 Shell 介面後，預設切換至工作目錄「/app」，然後，請輸入 npm install 命令來安裝 express 套件，如下圖所示：

```
hueyan@DESKTOP-JOE:~$ docker run --rm --name test2 -it -v
$PWD/demo:/app -w /app -p 8000:3000 node:20-alpine ash
/app # npm install express

added 64 packages in 5s

12 packages are looking for funding
  run `npm fund` for details
```

在成功安裝 express 套件後，就可以執行位在 app 目錄的 app.js 程式檔案，其程式碼如下所示：

```
const express = require('express')
const app = express()
const port = 3000

app.get('/', (req, res) => {
  res.send('Hello World!')
})

app.listen(port, () => {
  console.log('Example app listening on port 3000')
})
```

上述程式碼可以建立埠號 3000 的 Web 伺服器，其「/」根路由的 URL 網址回應是 Hello World! 訊息文字，請在 Shell 介面使用 node 命令執行 app.js 程式，如下所示：

```
# node app.js Enter
```

```
/app # node app.js
Example app listening on port 3000
```

上述執行結果顯示監聽埠號 3000，對應的埠號是 8000（按 Ctrl 鍵 + Z 鍵離開），請啟動 Windows 瀏覽器進入 http://localhost:8000 的 URL 網址，可以看到 Hello World! 的 HTML 網頁內容，這就是根路由的回應訊息，如下圖所示：

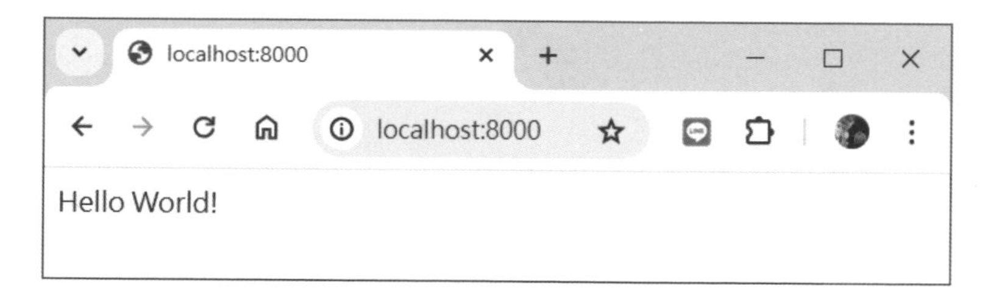

11-2-3 建立 Python 開發環境的 Docker 容器

因為有 Docker 容器，我們在 Windows 電腦並不需要安裝 Python 開發環境，就可以使用 Python 映像檔建立指定版本的 Docker 容器後，自行安裝模組套件來建立客製化的 Python 開發環境。

建立 Python 開發環境的 Docker 容器

我們準備使用 docker container run 命令使用 python:3.10-alpine 映像檔來建立容器，「:3.10」就是 Python 3.10 版，因為是使用 alpine 作業系統，所以在最後執行 ash 命令，如下所示：

```
$ docker container run --name python3 -it python:3.10-alpine ash Enter
```

```
hueyan@DESKTOP-JOE:~$ docker container run --name
python3 -it python:3.10-alpine ash
Unable to find image 'python:3.10-alpine' locally
3.10-alpine: Pulling from library/python
4abcf2066143: Already exists
c3cdf40b8bda: Pull complete
54daa9b7f407: Pull complete
d9a404906326: Pull complete
d2b8bce6272d: Pull complete
Digest: sha256:7edffe5acc6a2c4c009fece2fbdc85f04fde4c
Status: Downloaded newer image for python:3.10-alpine
/ # |
```

上述命令成功建立和執行容器後，就會進入 Shell 介面。然後，我們可以使用 echo 命令建立 Python 程式 test.py，ls 命令顯示是否成功建立此檔案，最後使用 python 命令執行 test.py 程式，如下所示：

```
# echo "print('hello world!')" > test.py Enter
# ls Enter
# python test.py Enter
```

```
/ # echo "print('hello world!')" > test.py
/ # ls
bin       etc       lib       mnt       proc        test.py
dev       home      media     opt       root        tmp
/ # python test.py
hello world!
/ # |
```

上述 Python 程式 test.py 的執行結果可以顯示一段歡迎的訊息文字，這是使用 print() 函數顯示的文字內容，如下所示：

```
print('hello world!')
```

在 Python 的 Docker 容器執行第 1 個 Python 程式

現在，我們準備使用 docker run 命令的 -v 選項，使用 python:3.10-alpine 映像檔建立名為 test3 的容器，可以執行宿主作業系統「demo」子目錄的 test.py 程式（程式內容和上一小節相同），如下所示：

```
$ docker run --rm --name test3 -v $PWD/demo:/app -w /app python:3.10-alpine
python test.py Enter
```

上述 -rm 選項是在成功停止容器後就會自動移除容器，可以避免佔用儲存空間，在 -v 選項的 $PWD 是宿主作業系統的工作目錄，可以將容器的「/app」目錄對應到宿主作業系統的「/home/hueyan/demo」目錄，在最後使用 python 命令來執行 test.py 程式，其執行結果可以顯示 hello world! 訊息文字，如下圖所示：

```
hueyan@DESKTOP-JOE:~$ docker run --rm --name test3 -v $PWD/demo
:/app -w /app python:3.10-alpine python test.py
hello world!
hueyan@DESKTOP-JOE:~$ |
```

在 Python 的 Docker 容器執行 Flask 應用程式

如果 Python 程式需要安裝額外套件，例如：Flask 應用程式的 flask 套件，此時 docker run 命令除了使用 -v 選項指定目錄對應外，我們還需要開啟互動模式和虛擬終端機來安裝套件，如下所示：

```
$ docker run --rm --name test4 -it -v $PWD/demo:/app -w /app -p 9000:8080
python:3.10-alpine ash Enter
# pip install flask Enter
```

上述 docker run 命令建立和啟動名為 test4 的容器，因為是 Web 伺服器，所以使用 -p 選項指定容器埠號 8080 對應宿主的 9000，在進入 Shell 介面後，預設切換至工作目錄「/app」，請輸入 pip install 命令來安裝 flask 套件，如下圖所示：

```
hueyan@DESKTOP-JOE:~$ docker run --rm --name test4 -it -v $PWD/d
emo:/app -w /app -p 9000:8080 python:3.10-alpine ash
/app # pip install flask
Collecting flask
  Downloading flask-3.0.3-py3-none-any.whl (101 kB)
     ━━━━━━━━━━━━━━━━━━━━━━━━━━━━━━━ 101.7/101.7 kB 509.0 kB/s eta 0:00:00
```

在成功安裝 flask 套件後，就可以執行位在 app 目錄的 app.py 程式檔案，其程式碼和第 7-3 節相同，如下所示：

```
from flask import Flask

app = Flask(__name__)
@app.route("/")
def main():
    return "Hello World!"

if __name__ == "__main__":
    app.run(host="0.0.0.0", port=8080, debug=True)
```

上述程式碼可以建立埠號 8080 的 Web 伺服器，其「/」根路由的 URL 網址回應是 Hello World! 訊息文字，請在 Shell 介面使用 python 命令來執行 app.py 程式，如下所示：

```
# python app.py Enter
```

```
/app # python app.py
 * Serving Flask app 'app'
 * Debug mode: on
WARNING: This is a development server. Do not use it in a produc
tion deployment. Use a production WSGI server instead.
 * Running on all addresses (0.0.0.0)
 * Running on http://127.0.0.1:8080
 * Running on http://172.17.0.6:8080
Press CTRL+C to quit
 * Restarting with stat
 * Debugger is active!
 * Debugger PIN: 107-945-111
```

上述執行結果顯示監聽埠號 8080，對應的埠號是 9000（按 Ctrl 鍵＋ C 鍵離開），請啟動 Windows 瀏覽器進入 http://localhost:9000 的 URL 網址，可以看到 Hello World! 的 HTML 網頁內容，如下圖所示：

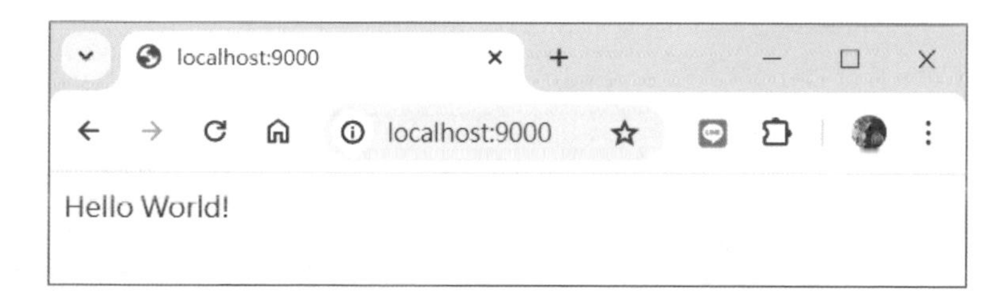

11-3 在 VS Code 安裝 Docker 與開發容器擴充功能

VS Code 如果需要在 Docker 容器開發應用程式，即在 Windows 作業系統搭配 WSL 2 的 Docker 來開發應用程式，我們需要在 VS Code 安裝 WSL 擴充功能，和 2 種 Docker 擴充功能，其說明如下所示：

- **WSL 擴充功能（WSL Extension）**：此擴充功能可以在 VS Code 開發 WSL 執行的 Linux 專案，而不用擔心路徑問題、二進位相容性或其他跨作業系統的問題，在第 7-1 節已經安裝過此擴充功能。

- **Docker 擴充功能（Docker Extension）**：此擴充功能會在 VS Code 新增功能來直接建置、管理及部署 Docker 容器化應用程式。請在 VS Code 左邊的側邊欄點選【Extensions】選項，然後在上方搜尋欄輸入 Docker，按 Enter 鍵，就可以找到 Docker 擴充功能，請按【Install】鈕進行安裝，如下圖所示：

- **開發容器擴充功能（Dev Containers Extension）**：此擴充功能可以讓我們直接開啟容器中的專案來開發應用程式。請在 VS Code 左邊的側邊欄點選【Extensions】選項，然後在上方搜尋欄輸入 Dev Containers，按 Enter 鍵，就可以找到開發容器擴充功能，請按【Install】鈕進行安裝，如下圖所示：

11-4 使用 VS Code 在 Docker 容器開發應用程式

當 VS Code 成功安裝支援 Docker 的 2 個擴充功能後，就可以使用 VS Code 直接開啟 Docker 容器中的程式檔案來進行應用程式開發。

11-4-1 在 Node.js 容器開發 Express 應用程式

因為 Node.js 模組套件是安裝在專案資料夾，在第 11-2-2 節我們已經在宿主作業系統的 demo 目錄安裝 express 套件，如下圖所示：

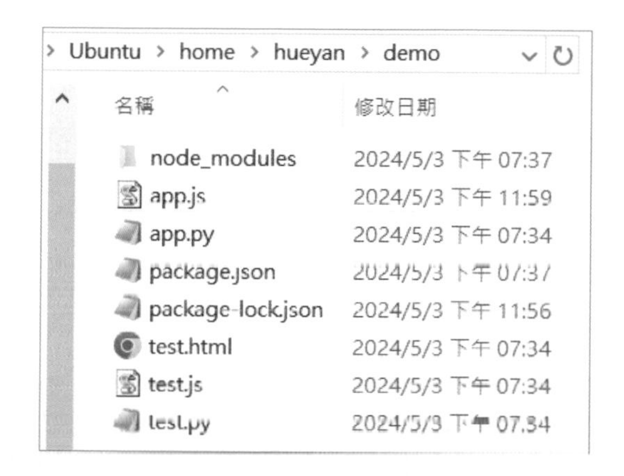

上述 node_modules 目錄是 Node.js 套件的安裝目錄，package.json 是專案描述的 JSON 檔案，提供版本、憑證、套件和相依等專案資訊（可以使用 npm init 命令來產生）。

我們準備改寫第 11-2-2 節 docker run 命令，建立 VS Code 開發所需的 Node.js 容器，如下所示：

```
$ docker run --name prj1 -it -v $PWD/demo:/app -w /app -p 8000:3000 node:20-alpine ash Enter
```

上述命令刪除了 --rm 選項，可以建立名為 prj1 的容器，因為在專案目錄已經安裝好 express 套件，所以並不需要再次安裝，如下圖所示：

```
hueyan@DESKTOP-JOE:~$ docker run --name prj1 -it -v $PWD
/demo:/app -w /app -p 8000:3000 node:20-alpine ash
/app # |
```

請注意！如果 prj1 容器不是在啟動執行中狀態，請先執行 docker start prj1 命令重新啟動 prj1 容器。

現在，我們就可以啟動 VS Code 附加啟動執行中的 prj1 容器，然後開啟 app.js 檔案來測試執行 Express 應用程式，其步驟如下所示：

Step 1 請啟動 VS Code 點選左下角圖示（如果不是此圖示，請先點選後再選【Close Remote Connection】命令關閉連接）。

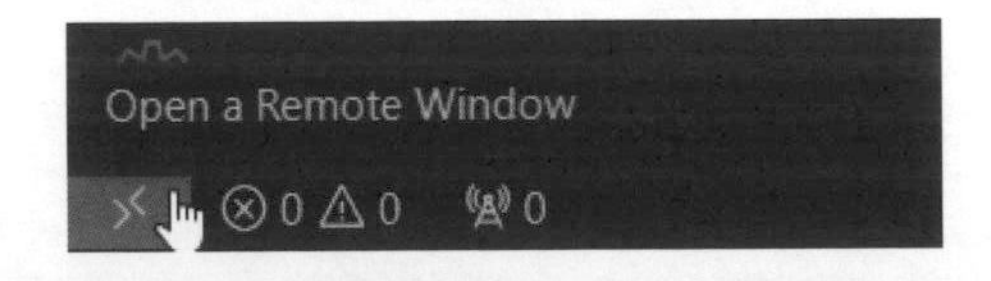

Step 2 選【Attach to Running Container】命令。

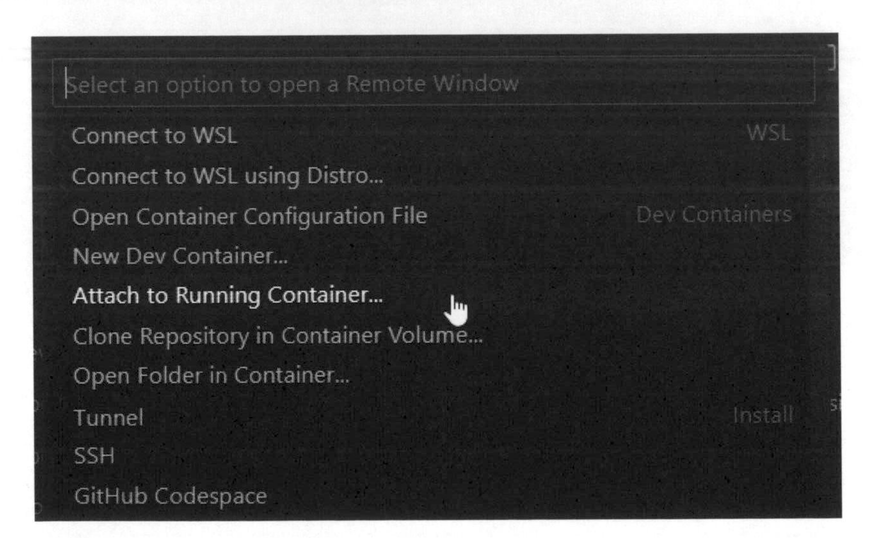

Step 3 再選啟動執行中的 prj1 容器。

Step 4 請稍等一下，可以在左下角看到已經連接 prj1 容器。

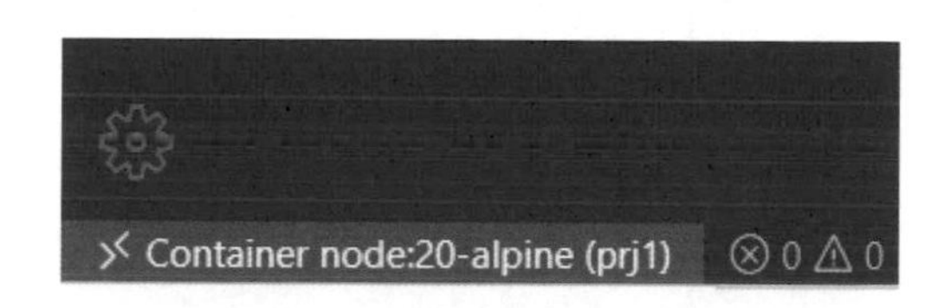

Step 5 點選上方【Open File...】後，點選【..】，再選【app】，就可以點選【app.js】開啟 Node.js 檔案。

Step 6 可以看到 app.js 檔案的 Node.js 程式碼，如下圖所示：

```
Welcome    JS app.js  ×
app > JS app.js > ...
1   const express = require('express')
2   const app = express()
3   const port = 3000
4
5   app.get('/', (req, res) => {
6     res.send('Hello World!')
7   })
8
9   app.listen(port, () => {
10    console.log('Example app listening on port 3000')
11  })
12
```

Step 7 在完成編輯後，按 F5 鍵執行 Node.js 程式，請選【Node.js】。

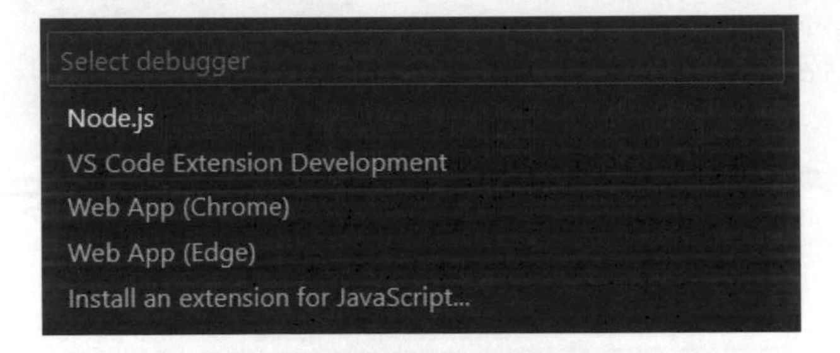

Step 8 可以在下方【DEBUG CONSOL】標籤頁看到 app.js 的執行結果，如下圖所示：

請啟動 Windows 瀏覽器進入 http://localhost:8000 的 URL 網址，就可以看到 Hello World! 的 HTML 網頁內容。

11-4-2 在 Python 容器開發 Flask 應用程式

不同於 Node.js，Python 套件是安裝在容器的「usr/local/bin」目錄，我們準備自行 commit 提交一個安裝好 Flask 套件的 flask:latest 映像檔，然後，使用此映像檔建立 VS Code 開發所需的 Python 容器。

請在 Windows 終端機再次執行第 11-2-3 節的命令，可以建立 test4 容器和安裝 flask，如下所示：

```
$ docker run --rm --name test4 -it -v $PWD/demo:/app -w /app -p 9000:8080
python:3.10-alpine ash Enter
# pip install flask Enter
```

上述命令在進入 Shell 介面後，請輸入 pip install falsk 命令安裝 Flask 套件。在完成 flask 套件安裝後，請在 Windows 終端機新增一頁標籤頁，然後啟動進入 wsl 預設 Linux 發行版後，執行 commit 命令提交 test4 容器成為 flask:latest 映像檔，如下所示：

```
> wsl Enter
$ cd ~ Enter
$ docker commit test4 flask:latest Enter
```

```
PS C:\Users\hueya> wsl
hueyan@DESKTOP-JOE:/mnt/c/Users/hueya$ cd ~
hueyan@DESKTOP-JOE:~$ docker commit test4 flask:latest
sha256:1da2079b3a5a5b3eedfae6ebd0663b9ada4e3c48a3d0f90d
hueyan@DESKTOP-JOE:~$ |
```

接著，請在 Windows 終端機切換至 test4 容器的標籤頁，輸入 exit 命令離開容器。然後，就可以使用 flask:latest 映像檔來建立和啟動 prj2 容器，如下所示：

```
$ docker run --name prj2 -it -v $PWD/demo:/app -w /app flask:latest ash Enter
```

上述命令建立名為 prj2 的容器，我們共刪除了 --rm 和 -p 選項（VS Code 的 Python Debugger 並不需要埠號對應來執行）和改用 flask:latest 映像檔，這是已經安裝好 flask 套件的 Python 映像檔，如下圖所示：

```
hueyan@DESKTOP-JOE:~$ docker run --name prj2 -it -v
$PWD/demo:/app -w /app flask:latest ash
/app # |
```

請注意！如果 prj2 容器不是在啟動執行中狀態，請先執行 docker start prj2 命令重新啟動 prj2 容器。

現在，我們就可以啟動 VS Code 附加啟動執行中的 prj2 容器，然後開啟 app.py 檔案來測試執行 Flask 應用程式，其步驟如下所示：

Step 1 請啟動 VS Code 點選左下角圖示（如果不是此圖示，請先點選後再選【Close Remote Connection】命令關閉連接）。

Step 2 選【Attach to Running Container】命令，再選啟動執行中的 prj2 容器。

Select the container to attach VS Code

/prj1 node:20-alpine 7a5300a61eac0d0c94aa25c16a9ac77df92097b541172ed95f236043591b8cdf

/prj2 flask:latest ba00babb2e4d38f85f3f06549101db311f636494c8bcc6fa7416d72ba66df0b1

Step 3 請稍等一下，可以在左下角看到已經連接 prj2 容器。

Step 4 點選上方【Open File...】後，點選【..】，再選【app】，就可以點選【app.py】開啟 Python 檔案，和看到 app.py 檔案的程式碼，如下圖所示：

```
app > app.py
1  from flask import Flask
2
3  app = Flask(__name__)
4  @app.route("/")
5  def main():
6      return "Hello World!"
7
8  if __name__ == "__main__":
9      app.run(host="0.0.0.0", port=8080, debug=True)
10
```

Step 5 在右下角如果顯示建議安裝 Python 擴充功能的訊息視窗，請按【Install】鈕安裝 Python 擴充功能。

Step 6 請稍等一下，等到完成 Python 擴充功能的安裝，請按 F5 鍵執行 Python 程式，選【Python Debugger】，再選【Flask】除錯設定，即可選【app.py】的 Python 程式檔案。

Step 7 可以在下方終端機顯示 Flask 應用程式的執行結果，此為 Web 伺服器，請按【Open in Browser】鈕開啟瀏覽器來顯示執行結果。

Note

DevOps 實作案例：用 Dockerfile 建立開發與部署環境

- 12-1 認識 Dockerfile
- 12-2 用 ChatGPT + Dockerfile 部署 Node.js 專案
- 12-3 用 ChatGPT + Dockerfile 部署 Python 專案
- 12-4 用 ChatGPT + Dockerfile 部署 Apache + PHP 專案

12-1 認識 Dockerfile

Dockerfile 是一個文字檔案用來建立 Docker 映像檔，可以將第 11 章手動建立 Docker 開發環境容器的步驟，轉化成自動執行的批次檔。

12-1-1 什麼是 Dockerfile

Dockerfile 檔案是一個名為 Dockerfile 的文字檔案（沒有副檔名），其檔案內容是一系列指令，告訴 Docker 如何建立開發專案所需容器的客製化映像檔，我們可以使用 Dockerfile 定義容器使用的映像檔、需要安裝的軟體或套件、設定環境變數和執行命令等操作。

當使用 Dockerfile 建立映像檔時，Docker 就會依據 Dockerfile 指令逐步一一執行操作，最終產生出客製化的全新映像檔，然後，我們就可以使用此映像檔啟動容器來執行我們開發的應用程式專案。

簡單的說，Dockerfile 可以讓開發者更容易管理應用程式的部署與環境配置，確保在不同的電腦系統都可以在相同環境下執行我們所開發的應用程式專案，其基本的檔案結構，如下所示：

- **映像檔（FROM）**：定義擴充哪一個基礎映像檔，而這就是你建立客製化映像檔的起點。
- **維護者（MAINTAINER）**：指定映像檔的維護者（新版本已經不支援）。
- **指令（INSTRUCTION）**：Dockerfile 檔案的主要內容就是一條一條指令，每一條指令都可以在映像檔自動執行特定的操作，例如：指定工作目錄、設定環境變數、複製檔案和安裝套件等操作。
- **啟動容器時執行的命令（CMD 或 ENTRYPOINT）**：指定啟動容器後預設執行的命令或應用程式。

12-1-2 Dockerfile 的指令

Dockerfile 支援多種指令來定義建立映像檔的所有建構過程，一些常用 Dockerfile 指令的簡單說明，如下表所示：

指令	說明
FROM	在 Dockerfile 第 1 個指令必需是 FROM 指令，這是用來指定基礎映像檔，同一個 Dockerfile 可以有多個 FROM 指令來建立多個映像檔。例如：FROM ubuntu:20.04
MAINTAINER	指定映像檔的維護者資訊，這是舊版指令，可有可無，在新版請用 LABEL 指令來指定此資訊
LABEL	指定 key=value 鍵值對的資料，例如：LABEL maintainer="hueyan"
RUN	指定在映像檔中執行的命令。例如：RUN apt-get update && apt-get install -y nginx
COPY	將檔案或目錄複製到映像檔。例如：COPY . /app
ADD	類似 COPY 指令，不只可以將檔案或目錄複製到映像檔，如果是 tar 檔案就會自動解壓縮，資料來源如果是 URL 網址，就會自動下載檔案
WORKDIR	指定工作目錄。例如：WORKDIR /app

指令	說明
ENV	定義環境變數。例如：ENV NODE_ENV production
EXPOSE	指定 Docker 容器伺服器的對外埠號，這就是應用程式傾聽的埠號。例如：EXPOSE 8080
VOLUME	定義從本地或其他容器掛載的掛載點，可以用來儲存資料庫或我們需要保存的資料。例如：VOLUME /var/log/nginx
CMD	指定啟動容器後預設執行的命令，在每一個 Dockerfile 只能有 1 個 CMD 指令，如果有多個 ，只會執行最後 1 個，當啟動容器時有指定命令，就會覆蓋 CMD 命令。例如：CMD ["nginx", "-g", "daemon off;"]
ENTRYPOINT	指定啟動容器後預設執行的命令，可以與 CMD 指令組合使用，此指令的命令並不會被 docker run 命令所覆蓋。例如：ENTRYPOINT ["nginx", "-g", "daemon off;"]

12-2 用 ChatGPT + Dockerfile 部署 Node.js 專案

因為 Dockerfile 類似 MS-DOS 的 .bat 批次檔案，只是一序列操作，所以我們準備使用 ChatGPT 幫助我們寫出 Dockerfile 的指令碼，然後使用 Dockerfile 建立部署 Express 應用程式的映像檔。

12-2-1 第 1 個 Node.js 的 Dockerfile 範例

在第 1 個 Node.js 的 Dockerfile 範例是使用 npm install express 命令來安裝 express 套件。

使用 ChatGPT 建立 Dockerfile 檔案

請參閱第 11-2-2 節手動建立 Docker 容器執行 Express 應用程式的過程，我們就可以寫出 ChatGPT 提示文字來幫助我們寫出 Dockerfile 的指令碼，其詳細的問題描述（ch12-2-1.txt），如下所示：

Q 提問

請依據下列 Docker 容器的描述，建立對應 Dockerfile 來產生客製化的 Node.js 映像檔，描述如下所示：

- 映像檔：node:20-alpine
- 維護者：hueyan
- 指令：指定工作目錄 /app
- 指令：在工作目錄安裝 express
- 指令：複製專案的檔案至工作目錄
- 指令：埠號 3000
- 啟動容器時執行的命令：執行工作目錄的 app.js

A 回答

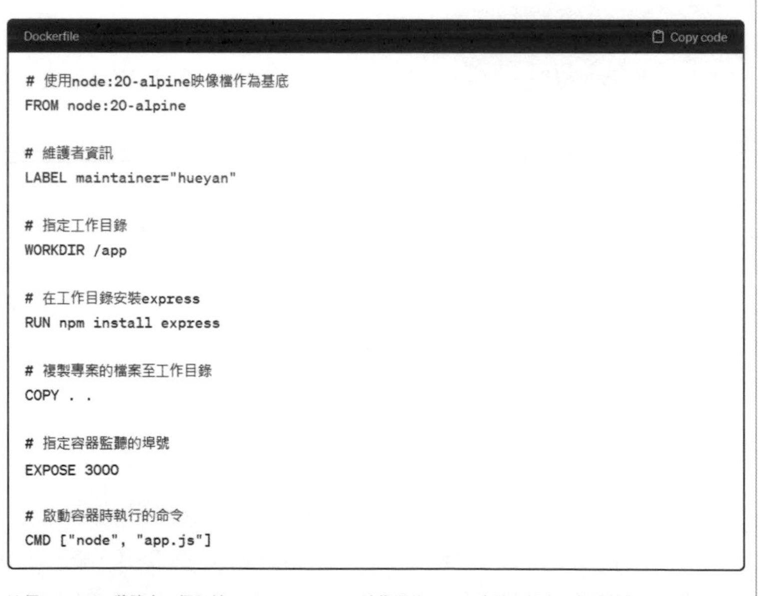

ChatGPT

以下是符合描述的Dockerfile：

Dockerfile　Copy code

```
# 使用node:20-alpine映像檔作為基底
FROM node:20-alpine

# 維護者資訊
LABEL maintainer="hueyan"

# 指定工作目錄
WORKDIR /app

# 在工作目錄安裝express
RUN npm install express

# 複製專案的檔案至工作目錄
COPY . .

# 指定容器監聽的埠號
EXPOSE 3000

# 啟動容器時執行的命令
CMD ["node", "app.js"]
```

這個Dockerfile將建立一個基於`node:20-alpine`映像檔的Docker容器，設定工作目錄為`/app`，並安裝了express套件。然後將專案的所有檔案複製至工作目錄中。容器將會監聽3000埠，並在啟動時執行`app.js`檔案。

上述回答就是 ChatGPT 幫助我們寫出的 Dockerfile 指令碼，請點選右上方【Copy code】超連結複製指令碼後，儲存至「ch12/nodejs」目錄，檔名是 Dockerfile，此檔案並沒有副檔名，如下圖所示：

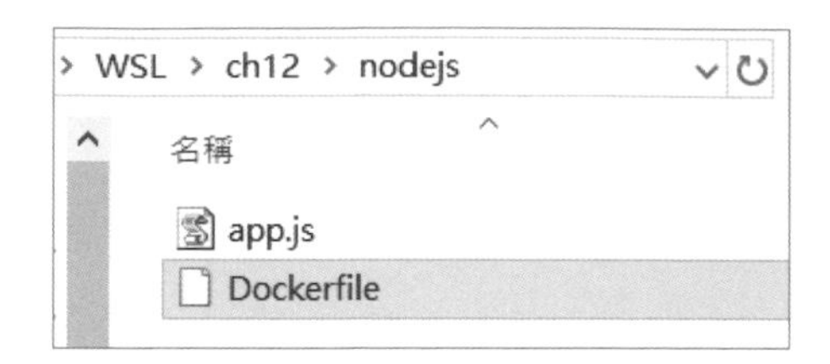

建構映像檔

在成功建立名為 Dockerfile 的檔案後，我們就可以在 Windows 終端機啟動和進入預設 Linux 發行版，並且切換至使用者目錄，如下所示：

```
> wsl Enter
$ cd ~ Enter
$ cp -r /mnt/d/WSL/ch12/nodejs /home/hueyan/prj1 Enter
$ ls prj1 Enter
```

上述命令執行 cp 命令複製書附範例「ch12/nodejs」目錄的檔案至使用者目錄的 prj1 子目錄，可以看到有 2 個檔案 Dockerfile 和 app.js，如下圖所示：

```
PS C:\Users\hueya> wsl
hueyan@DESKTOP-JOE:/mnt/c/Users/hueya$ cd ~
hueyan@DESKTOP-JOE:~$ cp -r /mnt/d/WSL/ch12/nodejs /home/hueyan/prj1
hueyan@DESKTOP-JOE:~$ ls prj1
Dockerfile  app.js
hueyan@DESKTOP-JOE:~$ |
```

然後，請切換至 prj1 目錄，執行 docker build 命令來建構映像檔，如下所示：

```
$ cd prj1 Enter
$ docker build --tag express:100 . Enter
```

上述 docker build 命令是用 --tag 選項（或 -t 選項）指定映像檔名稱 express:100，在最後的「.」表示是目前的 prj1 目錄，如下圖所示：

```
hueyan@DESKTOP-JOE:~$ cd prj1
hueyan@DESKTOP-JOE:~/prj1$ docker build --tag express:100 .
[+] Building 34.9s (9/9) FINISHED
```

上述命令的執行結果可以建立名為 express:100 的映像檔。

啟動容器來執行 Node.js 專案

當成功建立名為 express:100 的映像檔後，我們就可以使用此映像檔來建立和啟動名為 df1 的容器，對應埠號是 8000（按 Ctrl 鍵 + Z 鍵離開），如下所示：

```
$ docker run --name df1 -p 8000:3000 express:100 Enter
```

```
hueyan@DESKTOP-JOE:~/prj1$ docker run --name df1
-p 8000:3000 express:100
Example app listening on port 3000
```

請啟動 Windows 瀏覽器進入 http://localhost:8000 的 URL 網址，可以看到 Hello World! 的 HTML 網頁內容，如下圖所示：

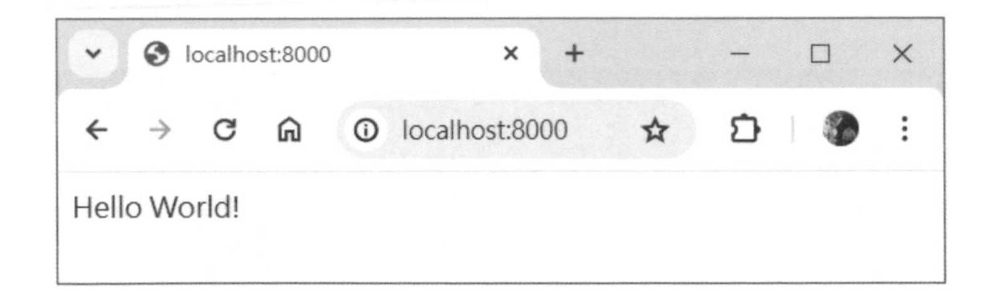

12-2-2 第 2 個 Node.js 的 Dockerfile 範例

在第 2 個 Node.js 的 Dockerfile 範例，我們準備改用第 7-2 節的 package.json 檔案來安裝 express 套件，其內容如下所示：

```
{
  "dependencies": {
    "express": "^4.19.2"
  }
}
```

使用 ChatGPT 建立 Dockerfile 檔案

請參閱第 11-2-2 節手動建立 Docker 容器執行 Express 應用程式的過程，我們就可以寫出 ChatGPT 提示文字來幫助我們寫出 Dockerfile 的指令碼，其詳細的問題描述（ch12-2-2.txt），如下所示：

Q 提問

請依據下列 Docker 容器的描述，建立對應 Dockerfile 來產生客製化的 Node.js 映像檔，描述如下所示：

- 映像檔：node:20-alpine
- 維護者：hueyan
- 指令：指定工作目錄 /app
- 指令：在工作目錄使用 package.json 檔案安裝套件
- 指令：複製專案的檔案至工作目錄
- 指令：埠號 3000
- 啟動容器時執行的命令：執行工作目錄的 app.js

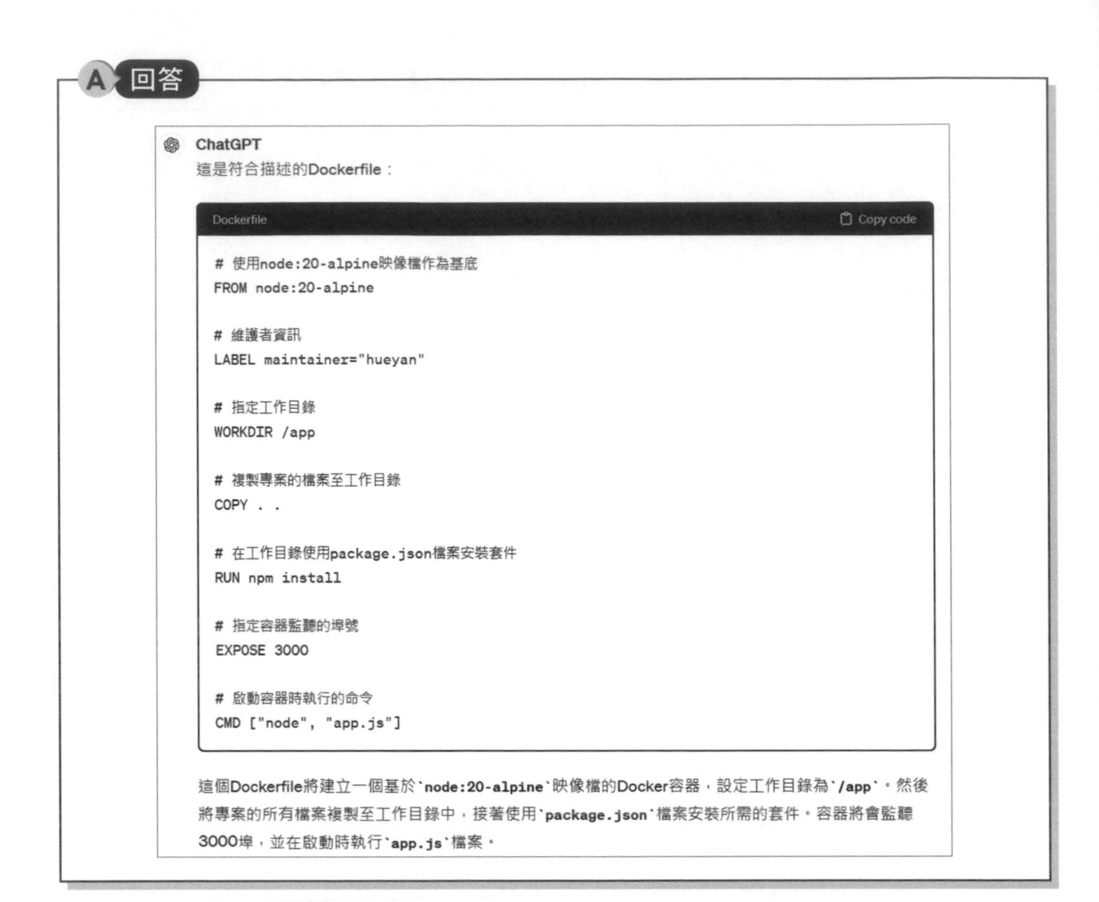

A 回答

ChatGPT
這是符合描述的Dockerfile：

Dockerfile　Copy code

```
# 使用node:20-alpine映像檔作為基底
FROM node:20-alpine

# 維護者資訊
LABEL maintainer="hueyan"

# 指定工作目錄
WORKDIR /app

# 複製專案的檔案至工作目錄
COPY . .

# 在工作目錄使用package.json檔案安裝套件
RUN npm install

# 指定容器監聽的埠號
EXPOSE 3000

# 啟動容器時執行的命令
CMD ["node", "app.js"]
```

這個Dockerfile將建立一個基於`node:20-alpine`映像檔的Docker容器，設定工作目錄為`/app`。然後將專案的所有檔案複製至工作目錄中，接著使用`package.json`檔案安裝所需的套件。容器將會監聽3000埠，並在啟動時執行`app.js`檔案。

上述回答就是 ChatGPT 幫助我們寫出的 Dockerfile 指令碼，可以看到安裝指令改為 RUN npm install（詳見第 7-2 節的說明）。請點選右上方【Copy code】超連結複製指令碼後，儲存至「ch12/nodejs2」目錄，檔名是 Dockerfile，此檔案並沒有副檔名，如下圖所示：

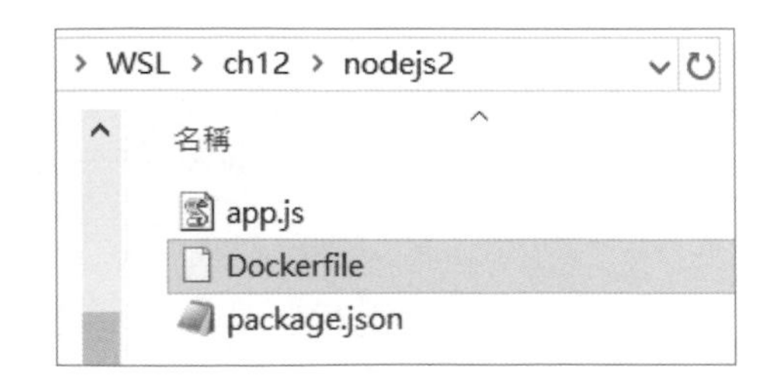

建構映像檔

在成功建立名為 Dockerfile 的檔案後，我們就可以在 Windows 終端機啟動和進入預設 Linux 發行版，並且切換至使用者目錄，如下所示：

```
> wsl Enter
$ cd ~ Enter
$ cp -r /mnt/d/WSL/ch12/nodejs2 /home/hueyan/prj2 Enter
$ ls prj2 Enter
```

上述命令執行 cp 命令複製書附範例「ch12/nodejs2」目錄的檔案至使用者目錄的 prj2 子目錄，可以看到有 3 個檔案 Dockerfile、app.js 和 package.json，如下圖所示：

```
PS C:\Users\hueya> wsl
hueyan@DESKTOP-JOE:/mnt/c/Users/hueya$ cd ~
hueyan@DESKTOP-JOE:~$ cp -r /mnt/d/WSL/ch12/nodejs2 /home/hueyan/prj2
hueyan@DESKTOP-JOE:~$ ls prj2
Dockerfile  app.js  package.json
hueyan@DESKTOP-JOE:~$ |
```

然後，請切換至 prj2 目錄，執行 docker build 命令來建構映像檔，如下所示：

```
$ cd prj2 Enter
$ docker build --tag express:200 . Enter
```

上述 docker build 命令是用 --tag 選項（或 -t 選項）指定映像檔名稱 express:200，在最後的「.」表示是目前的 prj2 目錄，如下圖所示：

```
hueyan@DESKTOP-JOE:~$ cd prj2
hueyan@DESKTOP-JOE:~/prj2$ docker build --tag express:200 .
[+] Building 6.6s (9/9) FINISHED
```

上述命令的執行結果可以建立名為 express:200 的映像檔。

啟動容器來執行 Node.js 專案

當成功建立名為 express:200 的映像檔後，我們就可以使用此映像檔來建立和啟動名為 df2 的容器，對應埠號是 8080（按 Ctrl 鍵＋ Z 鍵離開），如下所示：

```
$ docker run --name df2 -p 8080:3000 express:200 Enter
```

```
hueyan@DESKTOP-JOE:~/prj2$ docker run --name df2
-p 8080:3000 express:200
Example app listening on port 3000
```

請啟動 Windows 瀏覽器進入 http://localhost:8080 的 URL 網址，可以看到 Hello World! 的 HTML 網頁內容，如下圖所示：

12-3 用 ChatGPT + Dockerfile 部署 Python 專案

我們準備參閱第 11-2-3 節建立 Docker 容器執行 Flask 應用程式的過程，讓 ChatGPT 幫助我們寫出 Dockerfile 來部署 Python 專案。

使用 ChatGPT 建立 Dockerfile 檔案

請參閱第 11-2-3 節手動建立 Docker 容器的過程，我們就可以寫出 ChatGPT 提示文字來幫助我們寫出 Dockerfile 的指令碼，其詳細的問題描述（ch12-3.txt），如下所示：

Q 提問

請依據下列 Docker 容器的描述，建立對應 Dockerfile 來產生客製化的 Python 映像檔，描述如下所示：

- 映像檔：python:3.10-alpine
- 維護者：hueyan
- 指令：指定工作目錄 /app
- 指令：在工作目錄安裝 flask
- 指令：複製專案的檔案至工作目錄
- 指令：埠號 8080
- 啟動容器時執行的命令：執行工作目錄的 app.py

A 回答

ChatGPT
以下是符合描述的Dockerfile：

Dockerfile　Copy code

```
# 使用python:3.10-alpine映像檔作為基底
FROM python:3.10-alpine

# 維護者資訊
LABEL maintainer="hueyan"

# 指定工作目錄
WORKDIR /app

# 在工作目錄安裝flask
RUN pip install flask

# 複製專案的檔案至工作目錄
COPY . .

# 指定容器監聽的埠號
EXPOSE 8080

# 啟動容器時執行的命令
CMD ["python", "app.py"]
```

這個Dockerfile將建立一個基於`python:3.10-alpine`映像檔的Docker容器，設定工作目錄為`/app`，並安裝了Flask套件。然後將專案的所有檔案複製至工作目錄中。容器將會監聽8080埠，並在啟動時執行`app.py`檔案。

上述回答就是 ChatGPT 幫助我們寫出的 Dockerfile 指令碼，安裝 flask 套件的指令，如下所示：

```
RUN pip install flask
```

如果 Python 開發專案有 requirements.txt 需求檔（其內容就是需安裝套件名稱與版本清單），我們只需將此檔案複製至映像檔的工作目錄，就可以在 pip install 命令加上 -r 選項來進行安裝，如下所示：

```
RUN pip install -r requirements.txt
```

請點選右上方【Copy code】超連結複製指令碼後，儲存至「ch12/python」目錄，檔名是 Dockerfile，此檔案並沒有副檔名，如下圖所示：

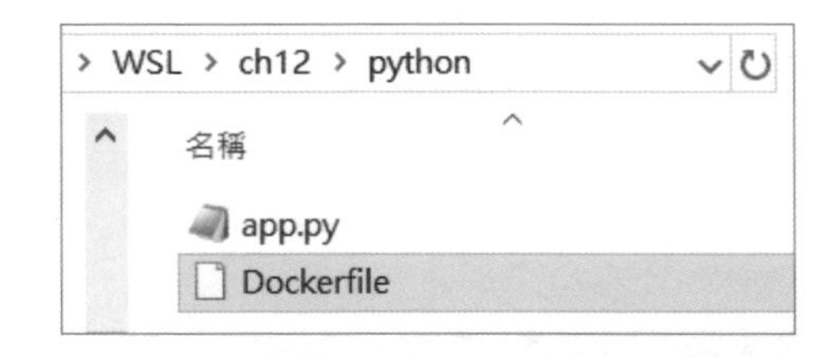

建構映像檔

在成功建立名為 Dockerfile 的檔案後，我們就可以在 Windows 終端機啟動和進入預設 Linux 發行版，並且切換至使用者目錄，如下所示：

```
> wsl Enter
$ cd ~ Enter
$ cp -r /mnt/d/WSL/ch12/python /home/hueyan/prj3 Enter
$ ls prj3 Enter
```

上述命令執行 cp 命令複製書附範例「ch12/python」目錄的檔案至使用者目錄的 prj3 子目錄，可以看到有 2 個檔案 Dockerfile 和 app.py，如下圖所示：

```
PS C:\Users\hueya> wsl
hueyan@DESKTOP-JOE:/mnt/c/Users/hueya$ cd ~
hueyan@DESKTOP-JOE:~$ cp -r /mnt/d/WSL/ch12/python /home/hueyan/prj3
hueyan@DESKTOP-JOE:~$ ls prj3
Dockerfile  app.py
hueyan@DESKTOP-JOE:~$ |
```

然後，請切換至 prj3 目錄，執行 docker build 命令來建構映像檔，如下所示：

```
$ cd prj3 Enter
$ docker build --tag flask:100 . Enter
```

上述 docker build 命令是用 --tag 選項（或 -t 選項）指定映像檔名稱 flask:100，在最後的「.」表示是目前的 prj3 目錄，如下圖所示：

```
hueyan@DESKTOP-JOE:~$ cd prj3
hueyan@DESKTOP-JOE:~/prj3$ docker build --tag flask:100 .
[+] Building 7.8s (9/9) FINISHED
```

上述命令的執行結果可以建立名為 flask:100 的映像檔。

啟動容器來執行 Python 專案

當成功建立名為 flask:100 的映像檔後，我們就可以使用此映像檔來建立和啟動名為 df3 的容器，對應埠號是 9000（按 Ctrl 鍵＋ C 鍵離開），如下所示：

```
$ docker run --name df3 -p 9000:8080 flask:100 Enter
```

```
hueyan@DESKTOP-JOE:~/prj3$ docker run --name df3
-p 9000:8080 flask:100
 * Serving Flask app 'app'
 * Debug mode: on
WARNING: This is a development server. Do not use
 it in a production deployment. Use a production
WSGI server instead.
 * Running on all addresses (0.0.0.0)
 * Running on http://127.0.0.1:8080
 * Running on http://172.17.0.2:8080
Press CTRL+C to quit
 * Restarting with stat
 * Debugger is active!
 * Debugger PIN: 834-443-554
|
```

請啟動 Windows 瀏覽器進入 http://localhost:9000 的 URL 網址，可以看到 Hello World! 的 HTML 網頁內容，如下圖所示：

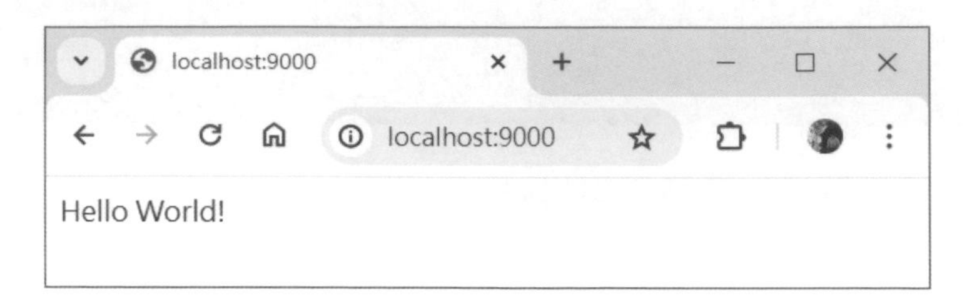

12-4 用 ChatGPT + Dockerfile 部署 Apache + PHP 專案

第 5 章已經說明過如何在 WSL 2 的 Linux 子系統安裝 PHP 開發環境，在這一節我們準備改用 Dockerfile 建立 Apache + PHP 開發環境來部署 PHP 專案。

使用 ChatGPT 建立 Dockerfile 檔案

我們準備請 ChatGPT 幫助我們寫出 Dockerfile 指令碼來建立客製化的 PHP 映像檔，其詳細的問題描述（ch12-4.txt），如下所示：

Q 提問

請依據下列 Docker 容器的描述，建立對應 Dockerfile 來產生客製化的 PHP 映像檔，描述如下所示：

- 映像檔：php:7.2-apache
- 維護者：hueyan
- 指令：指定工作目錄 /var/www/html/
- 指令：複製專案 www 子目錄至工作目錄
- 指令：埠號 80

A 回答

ChatGPT

這是符合你描述的 Dockerfile：

Dockerfile　　Copy code

```
# 使用官方的 PHP 7.2 Apache 映像檔
FROM php:7.2-apache

# 定義維護者
LABEL maintainer="hueyan"

# 指定工作目錄
WORKDIR /var/www/html/

# 複製專案的 www 子目錄至工作目錄
COPY ./www/ .

# 指定容器埠號為 80
EXPOSE 80
```

這個 Dockerfile 會建立一個基於官方的 PHP 7.2 Apache 映像檔的客製化映像檔。它會將專案的 www 子目錄複製到容器中的 /var/www/html/ 工作目錄。容器會對外開放 80 埠號。

上述回答就是 ChatGPT 幫助我們寫出的 Dockerfile 指令碼，不同於之前的 Dockerfile，因為映像檔就包含 Web 伺服器 Apache，所以在最後並不需要 CMD 指令，在啟動容器時執行命令。

請點選右上方【Copy code】超連結複製指令碼後，儲存至「ch12/php」目錄，檔名是 Dockerfile，此檔案並沒有副檔名，在 www 目錄下就是 PHP 專案的程式檔案 index.php，如下圖所示：

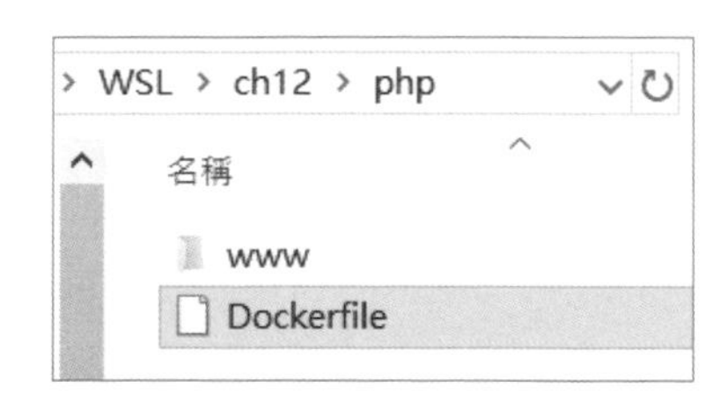

建構映像檔

在成功建立名為 Dockerfile 的檔案後，我們就可以在 Windows 終端機啟動和進入預設 Linux 發行版，並且切換至使用者目錄，如下所示：

```
> wsl Enter
$ cd ~ Enter
$ cp -r /mnt/d/WSL/ch12/php /home/hueyan/prj4 Enter
$ ls prj4 Enter
```

上述命令執行 cp 命令複製書附範例「ch12/php」目錄的檔案至使用者目錄的 prj4 子目錄，可以看到 Dockerfile 檔案和 www 子目錄，如下圖所示：

```
PS C:\Users\hueya> wsl
hueyan@DESKTOP-JOE:/mnt/c/Users/hueya$ cd ~
hueyan@DESKTOP-JOE:~$ cp -r /mnt/d/WSL/ch12/php /home/hueyan/prj4
hueyan@DESKTOP-JOE:~$ ls prj4
Dockerfile  www
hueyan@DESKTOP-JOE:~$ |
```

然後，請切換至 prj4 目錄，執行 docker build 命令來建構映像檔，如下所示：

```
$ cd prj4 Enter
$ docker build -t php:100 . Enter
```

上述 docker build 命令改用 -t 選項（或 --tag 選項）指定映像檔名稱 php:100，在最後的「.」表示是目前的 prj4 目錄，如下圖所示：

```
hueyan@DESKTOP-JOE:~$ cd prj4
hueyan@DESKTOP-JOE:~/prj4$ docker build -t php:100 .
[+] Building 206.8s (9/9) FINISHED
```

上述命令的執行結果可以建立名為 php:100 的映像檔。

啟動容器來執行 PHP 專案

當成功建立名為 php:100 的映像檔後，我們就可以使用此映像檔來建立和啟動名為 df4 的容器，不同於之前範例是使用 -p 選項指定對應的埠號，這次改用 -P 選項（大寫 P）和 -d 選項的背景執行，如下所示：

```
$ docker run --name df4 -d -P php:100 Enter
$ docker ps Enter
```

因為 docker run 命令是使用 -P 選項，Docker 會自動配置宿主作業系統的可用埠號來對應 EXPOSE 指令的埠號 80，此時，可以執行 docker ps 命令來查詢配置的埠號，以此例是 32768，如下圖所示：

請啟動 Windows 瀏覽器進入 http://localhost:32768 的 URL 網址，預設就是執行 PHP 程式 index.php，其執行結果可以看到 " 我的第一個 PHP 程式 " 和 PHP 資訊的 HTML 網頁內容，如下圖所示：

Note

Note

Note

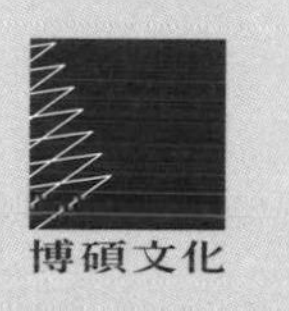
博碩文化

博碩文化